电子元器件识别检测与焊接
（第2版）

陈学平　主　编

李　响　副主编

赵子晓　参　编

电子工业出版社
Publishing House of Electronics Industry
北京·BEIJING

内 容 简 介

本书主要介绍了常用电子元器件的识别与检测，包括电阻器、电容器、电感器、二极管、三极管、晶闸管、场效应管、集成稳压器、集成电路。除此之外，还介绍了万用表的使用和电子元器件的焊接技巧，并对本书介绍的电子元器件识别检测和焊接设置了综合训练。本书注重应用与实践相结合，图文并茂，形象直观，使专业知识更易成体系地被学生吸收和掌握，使学生能够快速将所学知识应用于实际电路检测中，可提高学生的专业素质和综合应用能力。

本书可作为职业院校电子类专业的教材，也可作为电子行业技能型人才的培训用书，还可供电工电子技术爱好者使用。

未经许可，不得以任何方式复制或抄袭本书之部分或全部内容。
版权所有，侵权必究。

图书在版编目（CIP）数据

电子元器件识别检测与焊接 / 陈学平主编. -- 2 版.

北京 : 电子工业出版社, 2025. 5. -- ISBN 978-7-121-50088-6

Ⅰ．TN60

中国国家版本馆 CIP 数据核字第 2025PX3504 号

责任编辑：蒲　玥
印　　刷：三河市华成印务有限公司
装　　订：三河市华成印务有限公司
出版发行：电子工业出版社
　　　　　北京市海淀区万寿路 173 信箱　邮编：100036
开　　本：880×1 230　1/16　印张：13.75　字数：360 千字
版　　次：2013 年 7 月第 1 版
　　　　　2025 年 5 月第 2 版
印　　次：2025 年 8 月第 2 次印刷
定　　价：42.00 元

凡所购买电子工业出版社图书有缺损问题，请向购买书店调换。若书店售缺，请与本社发行部联系，联系及邮购电话：（010）88254888，88258888。

质量投诉请发邮件至 zlts@phei.com.cn，盗版侵权举报请发邮件至 dbqq@phei.com.cn。

本书咨询联系方式：（010）88254485，puyue@phei.com.cn。

前言

随着电子信息产业的发展，与电子制造相关的行业对技能型人才的需求与日俱增。电子信息产业需要大量的电子产品安装调试人员、电子产品检测维修人员，而他们都需要有较强的电子技术基本技能才能胜任工作。

本书各章相对独立，介绍的知识面宽、内容精炼、文字简明、浅显易懂、实用性强。在形式结构和内容上具有鲜明的特色，每章先对电子元器件进行基础介绍，然后逐渐加深学生对电子元器件的认识，并对电子元器件进行检测，最后一章专门介绍了焊接技巧，对本书的知识进行巩固。

本书的主要内容如下：第 1 章介绍了万用表的使用；第 2 章介绍了电阻器的识别与检测；第 3 章介绍了电容器的识别与检测；第 4 章介绍了电感器的识别与检测；第 5 章介绍了二极管的识别与检测；第 6 章介绍了三极管的识别与检测；第 7 章介绍了晶闸管的识别与检测；第 8 章介绍了场效应管的识别与检测；第 9 章介绍了集成稳压器的识别与检测；第 10 章介绍了集成电路的识别与检测；第 11 章进行了焊接训练；附录 A 给出了电子元器件识别与检测技能综合训练任务，帮助学生巩固所学知识并提高就业能力。

本书在内容上深入浅出，强调综合概念的形成与技能技术的掌握，淡化了理论性与系统性，突出了实用、够用原则，大大提高了从书本知识到实际动手能力的转化效率，最大限度地提高学生的专业素质和综合应用能力。

本书采用新形态教材编写样式，提供了近百个微课教学视频，并生成二维码，实现扫码即学，提供了与教材配套的电子教学课件（以小任务形式制作）、可灵活选用的教案、课程标准、授课计划，体现了新质生产力背景下数字化、智能化技术的应用，提供了多种形式的辅助学习材料。

本书配套的教学资源请到华信教育资源网注册后免费下载。

本书由重庆电子科技职业大学的陈学平担任主编，李响担任副主编，赵子晓参与编写。编写人员分工如下：李响编写第 1 章和第 2 章，赵子晓编写第 9 章和第 10 章，陈学平编写了本书其余内容并统稿。本书在编写过程中参考了电子技术方面的相关文章与资料，在此一并向这些文章与资料的作者表示感谢。此外，还要感谢家人对编者的支持。

编者水平有限，书中难免存在不妥之处，敬请广大读者批评指正。

编 者

第1章 万用表的使用	1
1.1 指针式万用表	1
1.1.1 指针式万用表的结构	1
1.1.2 指针式万用表的使用前准备和注意事项	3
1.1.3 指针式万用表电阻挡的使用方法	3
1.1.4 指针式万用表电压挡的使用方法	5
1.1.5 指针式万用表电流挡的使用方法	7
1.2 数字万用表	8
1.2.1 数字万用表的结构和工作原理	8
1.2.2 DT-9205A 数字万用表的使用方法	9
1.2.3 DT-9205A 数字万用表的使用注意事项	11
1.3 技能训练——万用表的使用	11
实训1 指针式万用表的使用	11
实训2 数字万用表的使用	13
第2章 电阻器的识别与检测	15
2.1 电阻器的感性认识	15
2.1.1 常见电阻器的外形	15
2.1.2 印制电路板上的电阻器	16
2.2 电阻器的分类、型号命名方法及主要参数	16
2.2.1 电阻器的分类	16
2.2.2 电阻器的型号命名方法	18
2.2.3 电阻器的主要参数	19
2.3 电阻的标注方法	25
2.4 固定电阻器的检测与代换	27
2.4.1 固定电阻器的检测方法	27
2.4.2 固定电阻器的修复与代换	28
2.5 电位器	29
2.5.1 电位器的作用和分类	29
2.5.2 常用电位器介绍	30
2.5.3 电位器的选用和质量检测	34
2.5.4 电位器的修复	36
2.6 技能训练——用万用表测量电阻	37

第3章 电容器的识别与检测 ································· 39
3.1 电容器的感性认识 ································· 39
3.1.1 印制电路板上的电容器 ································· 39
3.1.2 常见电容器的外形 ································· 40
3.2 电容器的电容量及单位 ································· 42
3.3 电容器的作用及电路符号 ································· 43
3.3.1 电容器的作用 ································· 43
3.3.2 电容器的电路符号 ································· 43
3.4 电容器的型号命名方法 ································· 43
3.5 电容器的主要参数 ································· 44
3.6 电容器的分类 ································· 46
3.7 常用电容器介绍 ································· 46
3.7.1 电解电容器 ································· 46
3.7.2 固体有机介质电容器 ································· 47
3.7.3 固体无机介质电容器 ································· 48
3.7.4 可变电容器 ································· 49
3.7.5 微调电容器 ································· 50
3.8 电容器的选用、代换、检测与修复 ································· 51
3.8.1 电容器的选用 ································· 51
3.8.2 电容器的代换 ································· 52
3.8.3 电容器的检测 ································· 52
3.8.4 电容器的修复 ································· 53
3.9 技能训练——电容器的识别与检测 ································· 53
实训1 电容器的直观识别 ································· 53
实训2 电容器的质量检测 ································· 54

第4章 电感器的识别与检测 ································· 56
4.1 电感器的感性认识 ································· 56
4.1.1 印制电路板上的电感器 ································· 56
4.1.2 常见电感器的外形 ································· 57
4.2 电感器的定义、分类及电路符号 ································· 58
4.2.1 电感器的定义 ································· 58
4.2.2 电感器的分类 ································· 58
4.2.3 电感器的电路符号 ································· 58
4.3 电感器的主要参数 ································· 58
4.4 电感器的分类和特点 ································· 60
4.4.1 单层空心线圈 ································· 60
4.4.2 多层线圈 ································· 60
4.4.3 蜂房式线圈 ································· 60
4.4.4 磁芯线圈 ································· 61
4.4.5 扼流线圈 ································· 61

  4.4.6 脱胎空心线圈 ……………………………………………………………… 61
4.5 小型固定电感器的标识方法 ………………………………………………………… 62
4.6 电感器的应用 ………………………………………………………………………… 63
4.7 电感器的检测与代换 ………………………………………………………………… 64
  4.7.1 电感器的检测 …………………………………………………………… 64
  4.7.2 电感器的代换 …………………………………………………………… 65
4.8 变压器 ………………………………………………………………………………… 65
  4.8.1 变压器的概述 …………………………………………………………… 65
  4.8.2 变压器的分类 …………………………………………………………… 66
  4.8.3 变压器的基本结构 ……………………………………………………… 68
  4.8.4 变压器的参数 …………………………………………………………… 69
  4.8.5 变压器的参数检测 ……………………………………………………… 69
  4.8.6 常用变压器介绍 ………………………………………………………… 71
  4.8.7 变压器的选用与代换 …………………………………………………… 74
  4.8.8 电源变压器的检测 ……………………………………………………… 74
  4.8.9 行输出变压器的检测 …………………………………………………… 75
4.9 技能训练——电感器、变压器的识别与检测 …………………………………… 76
  实训 1 电感器的直观识别 ………………………………………………………… 76
  实训 2 电感器的质量检测及变压器一次、二次绕组的判别 ………………… 76

第 5 章 二极管的识别与检测 ……………………………………………………… 78
5.1 二极管的感性认识 …………………………………………………………………… 78
  5.1.1 常见二极管的外形 ……………………………………………………… 78
  5.1.2 印制电路板上的二极管 ………………………………………………… 79
5.2 二极管的电路符号 …………………………………………………………………… 79
5.3 国产二极管的型号命名方法 ………………………………………………………… 80
5.4 二极管的分类 ………………………………………………………………………… 80
  5.4.1 按 PN 结构造分类 ……………………………………………………… 80
  5.4.2 按用途分类 ……………………………………………………………… 82
5.5 二极管的主要参数 …………………………………………………………………… 85
5.6 二极管的特性与应用 ………………………………………………………………… 86
5.7 二极管的识别、检测与代换 ………………………………………………………… 87
  5.7.1 二极管的识别与检测 …………………………………………………… 87
  5.7.2 二极管的选用与代换 …………………………………………………… 89
5.8 技能训练——二极管的识别与检测 ……………………………………………… 91

第 6 章 三极管的识别与检测 ……………………………………………………… 93
6.1 三极管的感性认识 …………………………………………………………………… 93
  6.1.1 印制电路板上的三极管 ………………………………………………… 93
  6.1.2 常见三极管的外形 ……………………………………………………… 93
6.2 三极管的结构与电路符号 …………………………………………………………… 94
  6.2.1 三极管的结构 …………………………………………………………… 94

6.2.2　三极管的电路符号 ·· 95
6.3　三极管的分类 ·· 95
6.4　国产三极管的型号命名方法 ·· 96
6.5　三极管在电路中的工作状态 ·· 97
6.6　三极管的作用 ·· 97
6.7　三极管的识别 ·· 98
　　6.7.1　三极管电极的直观识别 ·· 98
　　6.7.2　用指针式万用表判别三极管电极 ·· 98
　　6.7.3　用指针式万用表测量三极管放大倍数 ·· 99
　　6.7.4　用数字万用表判别三极管电极 ·· 99
　　6.7.5　三极管的质量检测 ··· 99
6.8　三极管的选用与代换 ·· 101
　　6.8.1　三极管的选用 ··· 101
　　6.8.2　三极管的代换 ··· 103
6.9　技能训练——三极管的识别与检测 ·· 104

第 7 章　晶闸管的识别与检测 ··· 106
7.1　晶闸管的感性认识 ·· 106
　　7.1.1　印制电路板上的晶闸管 ·· 106
　　7.1.2　常见晶闸管的外形 ··· 106
7.2　晶闸管的概念和结构 ·· 107
7.3　晶闸管的工作特性 ·· 107
7.4　晶闸管的分类 ··· 108
7.5　单向晶闸管和双向晶闸管 ··· 108
　　7.5.1　单向晶闸管的外形 ··· 108
　　7.5.2　用指针式万用表判别单向晶闸管 ·· 109
　　7.5.3　双向晶闸管的结构和电路符号 ·· 109
　　7.5.4　用指针式万用表判别双向晶闸管 ·· 110
7.6　晶闸管的选用及代换 ·· 111
　　7.6.1　晶闸管的选用 ··· 111
　　7.6.2　晶闸管的代换 ··· 112
7.7　技能训练——晶闸管的识别与检测 ·· 112

第 8 章　场效应管的识别与检测 ·· 115
8.1　场效应管的感性认识 ·· 115
　　8.1.1　印制电路板上的场效应管 ··· 115
　　8.1.2　常见场效应管的外形 ·· 115
8.2　场效应管的概念、特点和分类 ··· 116
　　8.2.1　场效应管的概念 ·· 116
　　8.2.2　场效应管的特点和分类 ·· 116
8.3　结型场效应管 ··· 116
　　8.3.1　结型场效应管的结构和电路符号 ·· 116

8.3.2　结型场效应管的工作原理 …………………………………………………117
 8.4　绝缘栅场效应管 ……………………………………………………………………117
　　8.4.1　N沟道增强型绝缘栅场效应管 ………………………………………………117
　　8.4.2　N沟道耗尽型绝缘栅场效应管 ………………………………………………118
 8.5　场效应管的主要参数 ………………………………………………………………118
 8.6　场效应管的特点 ……………………………………………………………………119
 8.7　场效应管的型号命名方法 …………………………………………………………119
 8.8　场效应管的作用 ……………………………………………………………………120
 8.9　场效应管的应用 ……………………………………………………………………120
 8.10　场效应管的检测和使用 ……………………………………………………………121
　　8.10.1　用指针式万用表检测场效应管 ………………………………………………121
　　8.10.2　场效应管的使用注意事项 ……………………………………………………123
　　8.10.3　VMOS场效应管的检测与使用 ………………………………………………123
 8.11　技能训练——场效应管的识别与检测 ……………………………………………125

第9章　集成稳压器的识别与检测 …………………………………………………128
 9.1　集成稳压器的感性认识 ……………………………………………………………128
 9.2　78××系列集成稳压器 ……………………………………………………………128
　　9.2.1　78××系列集成稳压器的性能特点 …………………………………………128
　　9.2.2　78××系列集成稳压器的检测方法 …………………………………………129
 9.3　79××系列集成稳压器 ……………………………………………………………130
　　9.3.1　79××系列集成稳压器的性能特点 …………………………………………130
　　9.3.2　79××系列集成稳压器的检测方法 …………………………………………130
 9.4　三端可调集成稳压器 ………………………………………………………………131
　　9.4.1　三端可调集成稳压器的分类和性能特点 ……………………………………131
　　9.4.2　三端可调集成稳压器的外形 …………………………………………………131
　　9.4.3　三端可调集成稳压器的基本应用电路 ………………………………………132
　　9.4.4　三端可调集成稳压器的检测方法 ……………………………………………132
 9.5　技能训练——集成稳压器的应用 …………………………………………………133

第10章　集成电路的识别与检测 ……………………………………………………136
 10.1　集成电路的感性认识 ………………………………………………………………136
　　10.1.1　集成电路的封装形式 …………………………………………………………136
　　10.1.2　印制电路板上的集成电路 ……………………………………………………136
 10.2　集成电路的基本知识 ………………………………………………………………137
　　10.2.1　集成电路的分类 ………………………………………………………………137
　　10.2.2　集成电路的型号 ………………………………………………………………138
　　10.2.3　集成电路的封装 ………………………………………………………………138
　　10.2.4　集成电路的使用 ………………………………………………………………144
 10.3　集成电路的选用、代换与检测 ……………………………………………………145
　　10.3.1　集成电路的选用与代换 ………………………………………………………145
　　10.3.2　集成电路的检测 ………………………………………………………………146

10.4 技能训练——集成电路的识别与检测 ·· 148

第 11 章 焊接训练 ··· 150

11.1 焊接材料 ··· 150
 11.1.1 焊料 ··· 150
 11.1.2 助焊剂 ·· 151
 11.1.3 阻焊剂 ·· 152

11.2 手工焊接技术 ·· 153
 11.2.1 焊接操作姿势与注意事项 ··· 153
 11.2.2 手工焊接的要求 ·· 154
 11.2.3 五步操作法 ··· 156
 11.2.4 手工焊接的操作要领 ·· 157

11.3 实用焊接技术 ·· 159
 11.3.1 印制电路板的焊接 ·· 159
 11.3.2 导线的焊接 ··· 160
 11.3.3 易损电子元器件的焊接 ··· 161

11.4 焊接质量的检查 ··· 162
 11.4.1 焊点缺陷及质量分析 ·· 162
 11.4.2 直观检查 ·· 165
 11.4.3 手触检查 ·· 166
 11.4.4 通电检查 ·· 166

11.5 拆焊 ·· 166

11.6 技能训练——焊接与拆焊 ··· 168
 实训 1 电烙铁的使用 ··· 168
 实训 2 焊接大头针 ·· 169
 实训 3 焊点练习 ··· 170
 实训 4 导线焊接 ··· 170
 实训 5 焊接练习 ··· 171
 实训 6 铜丝造型焊接 ··· 172
 实训 7 焊接电子元器件 ··· 173
 实训 8 焊接实用电路（电子产品） ·· 173
 实训 9 检测与评价焊点质量 ·· 174
 实训 10 装焊技术综合训练（焊接考核） ································ 174
 实训 11 调光台灯电路的制作与调试 ······································· 176

附录 A 电子元器件识别与检测技能 ································ 179

综合训练 1 电阻器的识别与检测 ·· 179
综合训练 2 电容器的识别与检测 ·· 186
综合训练 3 电感器、变压器的识别与检测 ·································· 192
综合训练 4 半导体器件的识别与检测 ··· 197

参考文献 ··· 210

第1章 万用表的使用

1.1 指针式万用表

万用表又称复用电表，是一种可测量多种电量的多量程便携式仪表。由于它具有测量种类多、测量范围宽、使用和携带方便、价格低等优点，因此常被用来检验电源或仪器的好坏、检查电路故障、判别电子元器件的好坏、测量电子元器件的参数等，应用十分广泛。

通常情况下，万用表都可以用于测量直流电流、直流电压、交流电压、电阻等，部分万用表还可以用于测量音频电平、交流电流、电容量、电感量和三极管的 β 值等。

万用表的基本原理是建立在欧姆定律和电阻器串、并联（分流、分压）规律的基础之上的。万用表由表头、转换开关（又称选择开关）、分流和分压电路、整流电路等组成。在测量不同的电量或使用不同的量程时，可通过转换开关进行切换。

1.1.1 指针式万用表的结构

指针式万用表实物简介

1. 指针式万用表的表头和转换开关

指针式万用表的形式很多，但基本结构是类似的。指针式万用表主要由表头、转换开关、测量线路三部分组成。下面以 MF-47A 型万用表为例进行介绍。MF-47A 型万用表的外形如图 1-1 所示。

表头采用高灵敏度的磁电式机构，是测量电量的显示装置。表头实际上是一只灵敏电流计。表头的表盘上印有多种符号、刻度线和数值。

在 MF-47A 型万用表的表盘部分，符号 A-V-Ω 表示这只万用表是可以测量电流、电压和电阻的多用表。表盘上印有六条刻度线，第一条供测量电阻使用，第二条供测量交直流电压、直流电流使用，第三条供测量三极管的 β 值使用，第四条供测量电容量使用，第五条供测量电感量使用，第六条供测量音频电平使用。其中右端标有"Ω"的是电阻刻度线，其右端为零，左端为∞，刻度分布是不均匀的。符号"－"表示直流，"～"表示交流，"≈"表示交流和直流共用。刻度线下的几行数字是与不同量程相对应的刻度值。表头上还设有机械调零螺钉，用以校正指针，使其在左端指向零位。

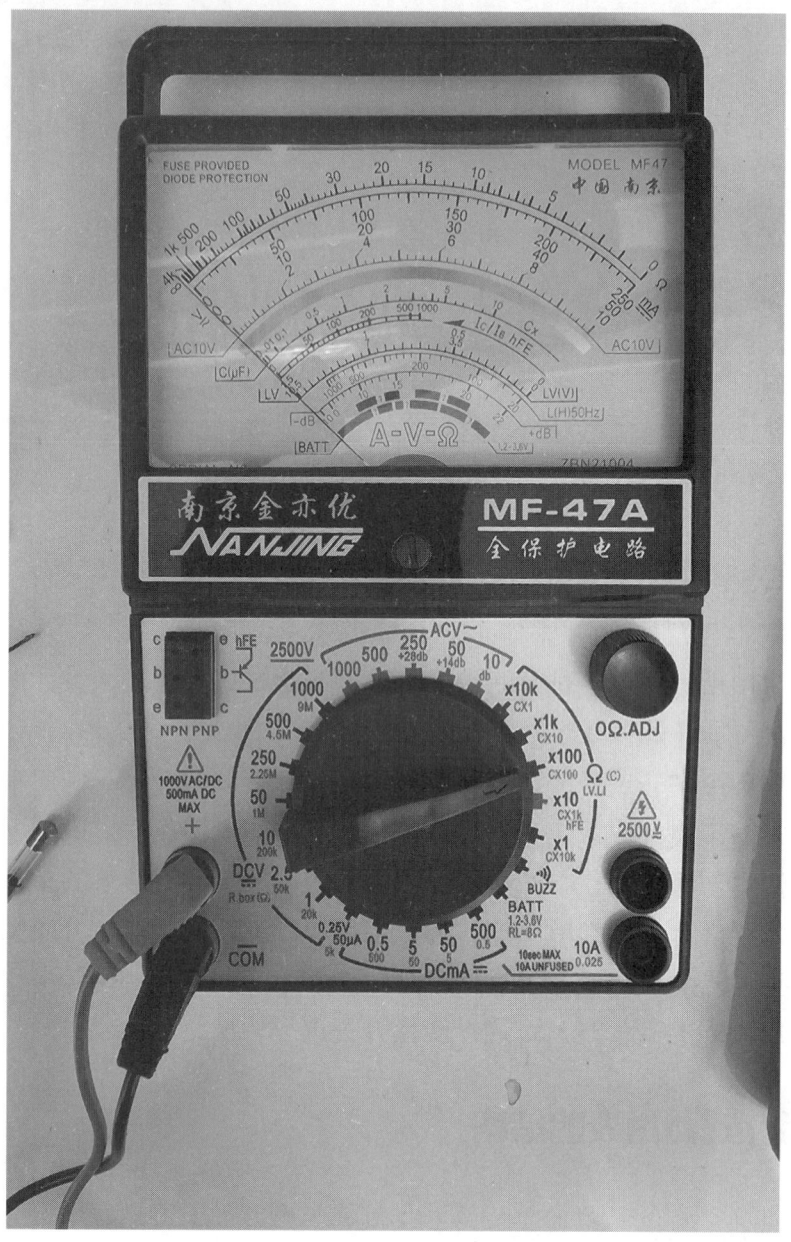

图 1-1 MF-47A 型万用表的外形

指针式万用表的转换开关是一个多挡位的旋转开关,用来选择测量项目和量程(或倍率)。一般情况下,指针式万用表测量项目包括直流电流(mA)、直流电压(V)、交流电压(V)、电阻(Ω)等。每个测量项目又划分为几个不同的量程(或倍率)以供选择。

MF-47A 型万用表可以用于测量直流电流、直流电压、交流电压和电阻等多种电量。当转换开关被旋至直流电流挡时,可分别与 5 个接触点接通,用于测量 500mA、50mA、5mA、0.5mA 和 50μA 量程的直流电流。同样地,当转换开关被旋至电阻挡时,可用×1Ω、×10Ω、×100Ω、×1kΩ、×10kΩ 的倍率测量电阻;当转换开关被旋至直流电压挡时,可用于测量 0.25V、1V、2.5V、10V、50V、250V、500V 和 1000V 量程的直流电压;当转换开关被旋至交流电压挡时,可用于测量 10V、50V、250V、500V、1000V 量程的交流电压。MF-47A 型万用表也可以测量最大 2500V 的交直流电压和最大 10A 的电流,测量时将红表笔插入对应的插孔("2500V"插孔或"10A"插孔),将黑表笔插入"COM"插孔,即可进行相应的测量。

2. 指针式万用表的表笔和表笔插孔

指针式万用表的表笔分为红表笔、黑表笔两只，如图 1-2 所示。使用时应将红表笔插入"+"插孔，将黑表笔插入"-"插孔。

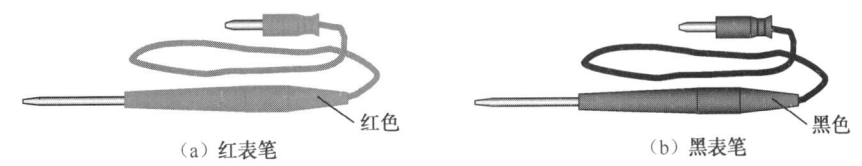

图 1-2　指针式万用表的表笔

1.1.2　指针式万用表的使用前准备和注意事项

指针式万用表的使用

1. 使用前的准备

使用指针式万用表前，要进行机械调零。把指针式万用表水平放置好，查看指针是否指向电压刻度线的零点，若未指向零点，则应旋动机械调零螺钉，使指针准确指向零点。

指针式万用表有红、黑两只表笔，使用前应分别将其插入指针式万用表下方的"+"插孔和"-"（或"*"）插孔。

2. 使用指针式万用表的注意事项

（1）正确选择被测电量的挡位，不能选错；禁止带电旋转转换开关；切忌用电流挡或电阻挡测量电压。

（2）在测量电流或电压时，如果无法估计被测电流、电压的大小，应先选择最大量程进行测量，然后根据测量结果换到合适的量程上进行测量。

（3）测量直流电压或直流电流时，必须注意极性。指针式万用表的正、负极应分别与电路的正、负极相接。

（4）测量电流时，应特别注意把电路断开，将指针式万用表串联在电路中。

（5）测量电阻时，不可带电测量，并要将被测电阻器与电路断开。使用电阻挡时，换挡后需重新调零。

（6）每次使用完毕，应将转换开关旋至空挡或最高交流电压挡，以免造成仪表损坏。长期不使用时，应将指针式万用表中的电池取出。

总之，在平时的测量过程中应养成正确使用指针式万用表的习惯，每次测量前，应该习惯性地对指针式万用表的挡位、量程、连接方法进行检查。

1.1.3　指针式万用表电阻挡的使用方法

指针式万用表最常用的功能之一就是能测量各种规格电阻器的电阻。本节主要学习指针式万用表电阻挡的正确操作方法及测量过程中应注意的问题。

1. 指针式万用表电阻挡的工作原理

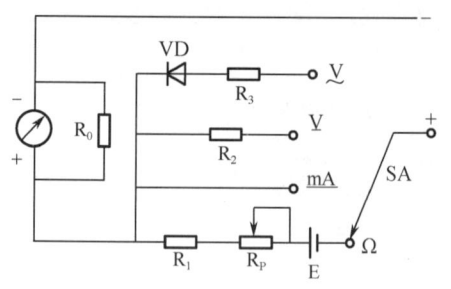

图 1-3 指针式万用表的测量原理

指针式万用表的测量原理如图 1-3 所示。测量电阻时把转换开关 SA 旋至电阻挡（"Ω"挡），使用内部电池作为电源，由外接的被测电阻器、E、R_P、R_1 和表头部分组成闭合电路，形成的电流使指针偏转。设被测电阻器的电阻为 R_X，表内的总电阻为 R，形成的电流为 I，则

$$I = \frac{E}{R_X + R}$$

由上式可知：I 与 R_X 不成线性关系，所以表盘上电阻刻度线的刻度是不均匀分布的。电阻刻度线是反向分度，即当 R_X=0Ω时，指针指向满刻度处；当 R_X→∞时，指针指向表头机械零点。电阻刻度线上的刻度从右向左表示电阻逐渐增加，这与其他仪表指示正好相反，在读数时应注意。

2. 用电阻挡测量电阻的操作步骤

（1）机械调零：将指针式万用表按放置方式（MF-47A 型指针式万用表是水平放置）放置好（一放）；查看指针式万用表的指针是否指在左端的零刻度上（二看）；若指针未指在左端的零刻度上，则用一字螺丝刀调整机械调零螺钉，使之指零（三调节）。

（2）初测（试测）：把指针式万用表的转换开关旋至 R×100 挡，将红、黑表笔分别接至被测电阻器的两引脚进行测量。观察指针的指示位置。

（3）选择合适倍率：根据指针所指的位置选择合适的倍率。

① 合适倍率的选择标准：使指针指示在中值附近。最好不使用电阻刻度线左边 1/3 的部分，这部分刻度密集，读数误差较大，应使指针尽量指在电阻刻度线上的数字 5～50 之间。

② 快速选择合适倍率的方法：示数偏大，倍率增大；示数偏小，倍率减小。

注：示数偏大或偏小是相对电阻刻度线上的数字 5～50 的区间而言的。若指针指向 5 的右边，则表明示数偏小；若指针指向 50 的左边，则表明示数偏大。

（4）欧姆调零：倍率选好后要进行欧姆调零，将两表笔短接后，转动欧姆调零旋钮，使指针指在电阻刻度线右边的 0Ω处。

（5）测量及读数：将红、黑表笔分别接触被测电阻器的两端，读出电阻大小。

读数方法：指针所指示的刻度值乘所选的倍率，即为被测电阻器的电阻。例如，选 R×100 挡进行测量，指针指向 40，则被测电阻器的电阻为 40×100=4000Ω=4kΩ。

3. 用电阻挡测量的注意事项

（1）当电阻器连接在电路中时，应先将电路的电源断开，绝不允许带电测量。带电测量容易烧坏指针式万用表，并且使测量结果不准确。

（2）指针式万用表内干电池的正极与面板上的"-"插孔相连，干电池的负极与面板上的"+"插孔相连。在测量电解电容器和三极管等器件的电阻时要注意极性。

（3）每换一次电阻挡，都要重新进行欧姆调零。

（4）不允许用指针式万用表的电阻挡直接测量高灵敏度表头的内阻，这样做可能使流过

表头的电流超过其承受能力（μA 级），从而烧坏表头。

（5）测量电阻时，不准用两只手同时捏住表笔的金属部分，否则会将人体电阻并联于被测电阻器，这时测得的电阻是人体电阻与被测电阻器并联后得到的等效电阻，而不是被测电阻器的电阻。

（6）对电路中的电阻器进行测量时可能会引起较大偏差，这是因为此时测得的电阻是部分电路电阻与被测电阻器并联后得到的等效电阻，而不是被测电阻器的电阻。最好将被测电阻器的一只引脚拆下后进行测量。

（7）用指针式万用表不同倍率的电阻挡测量非线性元件的等效电阻时，测出的电阻是不同的，这是由各挡位的中值电阻和满度电流不同造成的。在指针式万用表中，一般倍率越小，测得的电阻越小。

（8）测量三极管、电解电容器等有极性元件的等效电阻时，必须注意两只表笔的极性。

（9）测量完毕，将转换开关置于最高交流电压挡或空挡。

1.1.4　指针式万用表电压挡的使用方法

指针式万用表可以用来测量直流电压、交流电压。下面分别介绍使用 MF-47A 型万用表测量直流电压、交流电压的方法及注意事项。

1．测量直流电压

MF-47A 型万用表的直流电压挡有 0.25V、1V、2.5V、10V、50V、250V、500V、1000V、2500V 共 9 挡。测量直流电压时，应先估计一下被测直流电压的大小；然后将转换开关旋至适当量程的直流电压挡（指针式万用表的直流电压挡标有"V"或"DCV"符号），将红表笔接至被测电压"+"端，即高电位端，将黑表笔接至被测电压"−"端，即低电位端；最后根据所选挡位与标直流符号"DC"的刻度线（表盘上的第二条线）上指针所指的数字来读出被测电压的大小。例如，用 500V 直流电压挡进行测量时，被测电压最大是 500V。若用 50V 直流电压挡进行测量，则被测电压最大是 50V。

使用 MF-47A 型万用表测量电压的具体操作步骤如下。

（1）旋转 MF-47A 型万用表的转换开关至合适挡位：明确被测电压是直流电压还是交流电压，将转换开关旋至对应的电压挡（直流电压挡或交流电压挡）。若不清楚被测电压的性质，可先用最高直流电压挡试测，若指针动，则说明被测电压是直流电压；若指针不动，则说明此时所选量程太大或被测电压是交流电压，转至最高交流电压挡再次试测。若指针动，则说明被测电压是交流电压；若指针不动，则转至低一挡的直流电压挡试测。若指针动，则说明被测电压是直流电压；若指针不动，则转至低一挡的交流电压挡试测。重复上述步骤，直到选到合适的挡位。

（2）选择合适量程：根据被测电路中电源电压的大小大致估计被测直流电压的大小，然后选择量程。若不清楚直流电压的大小，则应先用最高直流电压挡试测，后逐渐换用低直流电压挡，直到找到合适的量程为止。

电压挡合适量程的标准：指针尽量指在刻度线的满刻度的 2/3 以上位置（与电阻挡合适倍率的标准有所不同，这点要注意）。

（3）测量方法：使用 MF-47A 型万用表测量直流电压时，应使 MF-47A 型万用表与被测电路并联。将 MF-47A 型万用表的红表笔接至被测电路的高电位端，即直流电流流入该电路的一端；将黑表笔接至被测电路的低电位端，即直流电流流出该电路的一端。例如，测量干电池的电压时，将红表笔接至干电池的正极，将黑表笔接至干电池的负极。

（4）正确读数。

① 找到所读电压刻度线：仔细观察表盘，直流电压刻度线应是表盘中的第二条刻度线。表盘第二条刻度线下方有"V"符号，表明该刻度线可用来测量交直流电压。

② 选择合适的标度尺：在第二条刻度线的下方有三个不同的标度尺：0-50-100-150-200-250、0-10-20-30-40-50、0-2-4-6-8-10。根据所选用的量程选择合适的标度尺。例如，0.25V、2.5V、250V 量程可选用 0-50-100-150-200-250 标度尺进行读数；1V、10V、1000V 量程可选用 0-2-4-6-8-10 标度尺进行读数；50V、500V 量程可选用 0-10-20-30-40-50 标度尺进行读数。因为这样读数比较容易、方便。

③ 确定最小刻度单位：根据所选用的标度尺来确定最小刻度单位。例如，用 0-50-100-150-200-250 标度尺进行读数时，每一小格代表 5 个单位；用 0-10-20-30-40-50 标度尺进行读数时，每一小格代表 1 个单位；用 0-2-4-6-8-10 标度尺进行读数时，每一小格代表 0.2 个单位。

④ 读出指针示数大小：根据指针所指位置和所选标度尺读出示数大小。例如，指针指在 0-50-100-150-200-250 标度尺的 100 向右 2 小格时，读数为 110。

⑤ 读出电压的大小：根据示数大小及所选量程读出所测电压的大小。例如，所选量程是 2.5V，示数是 110（用 0-50-100-150-200-250 标度尺进行读数），则所测电压是（110/250）× 2.5=1.1V。

⑥ 读数时，视线应正对指针，即只能看见指针实物而不能看见指针在弧形反光镜中的像。

如果被测直流电压大于 1000V，则可将 1000V 直流电压挡扩展为 2500V 直流电压挡。方法很简单：将转换开关旋至 1000V 直流电压挡，将红表笔从原来的"+"插孔中取出，插入"2500V"插孔，即可测量 1000～2500V 的高电压。

2．测量交流电压

MF-47A 型万用表的交流电压挡主要有 10V、50V、250V、500V、1000V、2500V 共 6 挡。使用交流电压挡测量交流电压的方法与使用直流电压挡测量直流电压的方法相同，不同之处在于测量交流电压时，转换开关要置于交流电压挡处，并且红、黑表笔搭接时无须区分高、低电位（正、负极）。对于交流电压的测量方法，此处不再赘述。

3．使用 MF-47A 型万用表测量电压时的注意事项

（1）在使用 MF-47A 型万用表之前，应先进行"机械调零"，即在没有被测电量时，使 MF-47A 型万用表的指针指在零电压或零电流的位置上。

（2）在使用 MF-47A 型万用表的过程中，不能用手接触表笔的金属部分，这样不仅可以保证测量结果的准确性，还可以保证人身安全。

（3）在测量某一电量时，不能在测量的同时换挡，尤其是在测量高电压或大电流时更应注意，否则会使 MF-47A 型万用表毁坏。若需换挡，应先断开表笔，换挡后再进行测量。

（4）在使用 MF-47A 型万用表时，必须水平放置，以免造成误差。同时，还要注意避免外界磁场对 MF-47A 型万用表的影响。

（5）MF-47A 型万用表使用完毕后，应将转换开关置于最高交流电压挡。如果长期不使用，还应将 MF-47A 型万用表内部的电池取出来，以免电池泄漏，腐蚀 MF-47A 型万用表内的其他部件。

1.1.5 指针式万用表电流挡的使用方法

指针式万用表除用于进行电阻、电压的测量之外，最常用的功能是测量电流。MF-47A 型万用表只可以测量直流电流，而不能进行交流电流的测量（需要测量交流电流的场合较少）。若要测量交流电流，可选用 MF116 型万用表等有测量交流电流功能的指针式万用表。

1. 使用 MF-47A 型万用表测量直流电流的步骤

（1）机械调零。

和测量电阻、电压一样，在使用之前需要对 MF-47A 型万用表进行机械调零。机械调零方法与测量电阻、电压时的机械调零方法一样，此处不再赘述。通常情况下，经常使用的指针式万用表无须每次都进行机械调零。

（2）选择合适量程。

根据被测电路中的电源电流大致估计被测直流电流的大小，选择合适量程。若不清楚电流的大小，应先用最高电流挡（500mA 电流挡）进行测量，然后逐渐换用低电流挡，直至找到合适的量程（合适量程的选择标准同测量电压时合适量程的选择标准一样）。

（3）测量方法。

使用 MF-47A 型万用表的电流挡测量电流时，应将 MF-47A 型万用表串联在被测电路中，因为只有串联连接才能使流过 MF-47A 型万用表的电流与被测电路的电流相同。测量时，应断开被测电路，将 MF-47A 型万用表的红、黑表笔串联在被断开的两点之间。应特别注意，MF-47A 型万用表不能并联在被测电路中，这样做是很危险的，极易使 MF-47A 型万用表烧毁。同时需注意，红表笔应接在被测电路的电流流入端，黑表笔应接在被测电路的电流流出端。

（4）正确使用刻度和读数。

使用 MF-47A 型万用表测量直流电流时，选择的刻度线也是第二条刻度线（第二条刻度线的右边有"mA"符号）。其刻度特点、读数方法与测量电压时一样。

如果被测电流大于 500mA，可选用 10A 电流挡。操作方法：将转换开关置于 500mA 电流挡，将红表笔从原来的"+"插孔中取出，插入 MF-47A 型万用表右下角的"10A"插孔，即可测量 10A 以下的大电流。

2. 使用 MF-47A 型万用表测量直流电流时的注意事项

（1）测量直流电流时，转换开关一定要置于电流挡。

（2）MF-47A 型万用表与被测电路之间必须串联连接。

（3）不能带电测量。测量过程中，人手不能碰到表笔的金属部分，以免触电。

1.2 数字万用表

1.2.1 数字万用表的结构和工作原理

1. 数字万用表的组成及测量过程

数字万用表主要由液晶显示器（LCD）、模拟（A）/数字（D）转换器、电子计数器、旋钮开关等组成，其测量过程如图 1-4 所示。被测模拟量先由 A/D 转换器转换成数字量，然后通过电子计数器计数，最后把测量结果以数字形式直接显示在液晶显示器上。可见，数字万用表的核心部件是 A/D 转换器。目前，教学、科研领域使用的数字万用表大多数以 ICL7106、ICL7107 大规模集成电路为主芯片。该芯片内部包含双斜积分 A/D 转换器、显示锁存器、七段译码器、显示驱动器等。双斜积分 A/D 转换器的基本工作原理是在一个测量周期内用同一个积分器进行两次积分，将被测电压 U_X 转换成与其成正比的时间间隔，在此间隔内填充标准频率的时钟脉冲，通过用仪器记录的脉冲个数来返回 U_X 的值。

被测模拟量U_X → A/D转换器 → 数字量 → 电子计数器 → 液晶显示器

图 1-4 数字万用表的测量过程

数字万用表简介

2. DT-9205A 数字万用表操作面板简介

DT-9205A 数字万用表具有 $3\frac{1}{2}$ 位自动极性显示功能。该表以双斜积分 A/D 转换器为核心，采用 26mm 字高液晶显示器，可用来测量交直流电压、交直流电流、电阻、电容量、温度及频率等参数。图 1-5 所示为其操作面板。

操作面板说明如下。

（1）液晶显示器：显示仪表测量的数值及单位。

（2）POWER：电源开关，用于开启、关闭数字万用表的电源。

（3）旋钮开关：用于选择测量功能及量程。

（4）"Cx"插孔：用于连接被测电容器。

（5）"20A"插孔：当被测电流大于 200mA 且小于 20A 时，应将红表笔插入此插孔。

（6）"mA"插孔：当被测电流小于 200mA 时，应将红表笔插入此插孔。

（7）"COM"插孔：测量时，将黑表笔插入此插孔。

（8）"VΩ"插孔：测量电压、电阻时，将红表笔插入此插孔。

（9）刻度盘：共 8 个测量功能。"Ω"为电阻测量功能，有 7 个量程；"$\overline{V}$"为直流电压测量功能，"$\widetilde{V}$"为交流电压测量功能，各有 5 个量程；"$\overline{A}$"为直流电流测量功能，"$\widetilde{A}$"为交流电流测量功能，各有 6 个量程；"F"为电容量测量功能，有 5 个量程；"hFE"为三极管 h_{FE} 值测量功能；"⊶⊢"为二极管及通断测试功能，测试二极管时，近似显示二极管的正向压降，当导通电阻小于 70 Ω时，内置蜂鸣器发声。

（10）hFE 插孔：用于连接被测三极管，以测量其 h_{FE} 值。

图 1-5　DT-9205A 数字万用表的操作面板

1.2.2　DT-9205A 数字万用表的使用方法

DT-9205A 数字万用表的使用方法

1. 直流电压的测量

（1）将黑表笔插入"COM"插孔，将红表笔插入"VΩ"插孔。

（2）将旋钮开关旋至"$\overline{V}$"（直流电压挡）相应的量程。

（3）将表笔跨接在被测电路上，被测电压和红表笔所接点电压的极性将显示在液晶显示器上。

2. 交流电压的测量

（1）将黑表笔插入"COM"插孔，将红表笔插入"VΩ"插孔。

(2）将旋钮开关旋至"$\tilde{V}$"（交流电压挡）相应的量程。

(3）将表笔跨接在被测电路上，被测电压将显示在液晶显示器上。

3．直流电流的测量

(1）将黑表笔插入"COM"插孔，将红表笔插入"200mA"或"20A"插孔。

(2）将旋钮开关旋至"$\overline{A}$"（直流电流挡）相应的量程。

(3）将DT-9205A数字万用表串联在被测电路中，被测电流及红表笔所接点电流的极性将显示在液晶显示器上。

4．交流电流的测量

(1）将黑表笔插入"COM"插孔，将红表笔插入"200mA"或"20A"插孔。

(2）将旋钮开关旋至"$\tilde{A}$"（交流电流挡）相应的量程。

(3）将DT-9205A数字万用表串联在被测电路中，被测电流将显示在液晶显示器上。

5．电阻的测量

(1）将黑表笔插入"COM"插孔，将红表笔插入"VΩ"插孔。

(2）将旋钮开关旋至"Ω"（电阻挡）相应的量程。

(3）将表笔跨接在被测电阻器上，被测电阻将显示在液晶显示器上。

6．电容量的测量

将旋钮开关旋至"F"（电容量）相应的量程，将被测电容器插入"Cx"插孔，其电容量将显示在液晶显示器上。

7．三极管 h_{FE} 的测量

(1）将旋钮开关旋至hFE挡。

(2）根据被测三极管的类型（NPN型或PNP型），将发射极E、基极B、集电极C分别插入相应的插孔，被测三极管的 h_{FE} 值将显示在液晶显示器上。

8．二极管及通断测试

(1）将红表笔插入"VΩ"插孔（注意：数字万用表红表笔为表内电池的正极；指针式万用表则相反，红表笔为表内电池的负极），将黑表笔插入"COM"插孔。

(2）将旋钮开关旋至"⊶))⊦"（二极管/蜂鸣挡），将红表笔接至二极管正极，将黑表笔接至二极管负极，显示值为二极管正向压降的近似值（若显示值为0.55～0.70V，则二极管为硅管；若显示值为0.15～0.30V，则二极管为锗管）。

(3）测量二极管正、反向压降时，若只有最高位且均显示"1"（超出量程），则二极管开路；若正、反向压降均显示"0"，则二极管击穿或短路。

(4）将两表笔分别连接到被测电路的两点，如果内置蜂鸣器发声，则两点之间的电阻低于70Ω，电路导通，否则电路开路。

1.2.3 DT-9205A 数字万用表的使用注意事项

（1）测量电压时，被测直流电压切勿超过 1000V，被测交流电压有效值切勿超过 700V。

（2）测量电流时，切勿输入超过 20A 的电流。

（3）被测直流电压高于 36V 或被测交流电压有效值高于 25V 时，应仔细检查两表笔是否可靠接触、连接是否正确、绝缘是否良好等，以防发生电击。

（4）测量时，应选择正确的功能和量程，谨防误操作；切换功能和量程时，两表笔应离开测试点；显示值的"单位"与相应量程的"单位"一致。

（5）若测量前不知被测电量的范围，应先将旋钮开关置于最大量程处，再根据显示值调整到合适的量程。

（6）测量时，若只有最高位显示"1"或"-1"，表示被测电量超过了量程范围，应将旋钮开关旋至较大的量程。

（7）在线测量电阻时，只有确认被测电路所有电源已关断且所有电容器都已完全放完电后，方可进行测量，即不能带电测量电阻。

（8）使用 200Ω量程时，应先将表笔短路以测量引线电阻，然后进行测量，测量结果减去所测得的引线电阻得到被测电阻；使用 200MΩ量程时，将表笔短路，DT-9205A 数字万用表显示 1.0MΩ，这属于正常现象，不影响测量精度，测量结果减去该值即可得到被测电阻。

（9）测量电容量前，应对被测电容器进行充分放电；用大电容量挡测量电容器的漏电流或击穿电容时读数将不稳定；测量电解电容器时，应注意正、负极，切勿插错。

（10）当液晶显示器显示 时，应及时更换 9V 碱性电池，以减小测量误差。

1.3 技能训练——万用表的使用

实训 1 指针式万用表的使用

1. 实训目的

练习连接电路，使用指针式万用表测量直流电压和直流电流。

2. 实训内容

测量直流电压和直流电流。

3. 实训器材

电池 2 节（放在电池盒中）、100Ω/8W 固定电阻器、470Ω电位器、发光二极管各 1 只，导线，指针式万用表 1 块。

4. 实训步骤

（1）测量直流电压。

① 将各电子元器件连接成图 1-6 所示的电路，旋转电位器转轴轴柄，使发光二极管正常发光。发光二极管是一种特殊的二极管，向其通入一定电流时，它的透明管壳就会发光。发光二极管有多种颜色，常在电路中用作指示灯。我们将利用图 1-6 所示电路练习使用指针式万用表测量直流电压和直流电流。

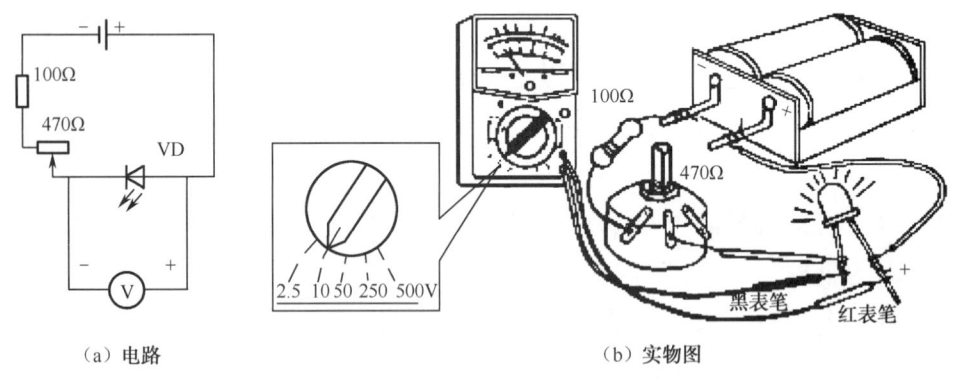

图 1-6 用指针式万用表测量直流电压

注意：按图 1-6（a）连接电路，电路不做焊接。可采用图 1-7 所示的方法将导线两端的绝缘皮剥去，缠绕在电子元器件接点或引线上。相邻接点间的引线不可相碰。

② 检查电路无误后接通电源，旋转电位器转轴轴柄，发光二极管的亮度将发生变化，使发光二极管的亮度适中。

③ 将指针式万用表按照使用前的准备要求准备好，并将转换开关置于 10V 直流电压挡。指针式万用表应与被测电路并联。红表笔应接至被测电路和电源正极相接处，黑表笔应接至被测电路和电源负极相接处。

④ 手持表笔绝缘杆，使红、黑表笔分别接触电池盒正、负两极的引出焊片，测量电源电压，正确读出电压数值。仔细观察表盘，直流电压刻度线是第二条刻度线，用 10V 直流电压挡进行测量时，可根据刻度线下 0-2-4-6-8-10 标度尺直接读出被测电压。注意：读数时，视线应正对指针。

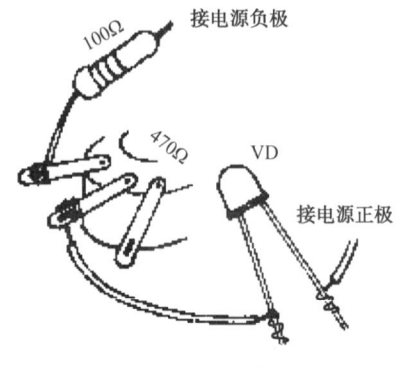

图 1-7 电路的连接方法

记录：电源电压为_____V。

⑤ 将指针式万用表的红、黑表笔按图 1-7 接触发光二极管的两引脚，测量发光二极管两端电压，正确读出电压数值。

记录：发光二极管两端电压为_____V。

⑥ 用指针式万用表测量固定电阻器两端电压。首先判断红、黑表笔应接触的位置，然后测量。

记录：固定电阻器两端电压为_____V。

在以上测量过程中，若测得的电压小于 2.5V，可将指针式万用表的转换开关置于 2.5V 直流电压挡再测量一次，比较两次测量结果（更换量程后应注意刻度线的读数）。

⑦ 测量完毕，断开电路电源，按要求收好指针式万用表。

（2）测量直流电流。

① 选择量程：指针式万用表的直流电流挡标有量程，应根据电路中的电流大小选择合适的量程。若电流大小未知，应选用最大量程。

② 测量方法：指针式万用表应与被测电路串联。应将电路相应部分断开后，将指针式万用表表笔接在断点的两端。红表笔应接在和电源正极相连的断点上，黑表笔应接在和电源负极相连的断点上，如图1-8所示。

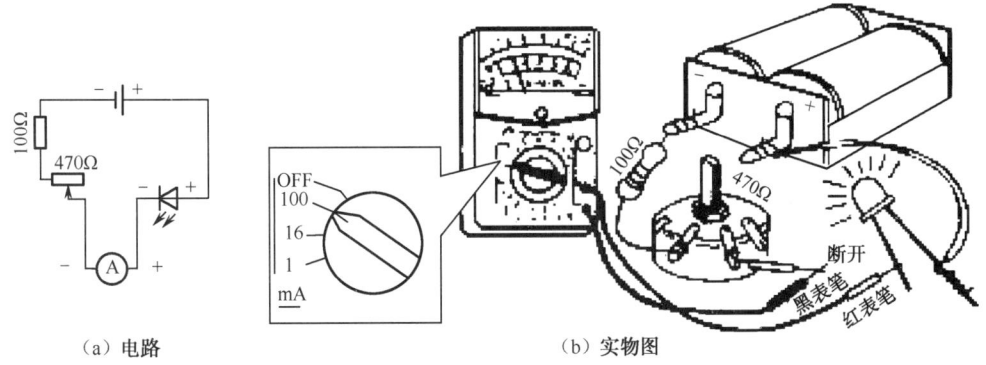

图1-8 用指针式万用表测量直流电流

③ 断开电位器中间接点和发光二极管负极间引线，形成"断点"。这时，发光二极管熄灭。

④ 将指针式万用表串联在断点处。将红表笔接至发光二极管负极，将黑表笔接至电位器中间接点引线。这时，发光二极管重新发光。指针式万用表指针所指刻度即为通过发光二极管的电流。

⑤ 正确读出通过发光二极管的电流。

记录：通过发光二极管的电流是_____mA。

⑥ 旋转电位器转轴轴柄，观察指针式万用表指针的变化情况和发光二极管的亮度变化，可以看出：_____。

记录：通过发光二极管的最大电流是_____mA，最小电流是_____mA。

通过以上操作，可以进一步体会电阻器在电路中的作用。

⑦ 测量完毕，断开电源，按要求收好指针式万用表。

实训2 数字万用表的使用

1．实训目的

（1）通过对各种人体电阻及电子元器件的测量，增强安全用电意识。

（2）进一步学会使用数字万用表。

2．实训内容

（1）测量人体的电阻。

（2）测量电子元器件的电压。

(3)测量家用电源插座的电压。

3．实训器材

数字万用表 1 块，全新 7 号电池 1 节（自备），用过的 7 号电池 1 节（自备），台灯 1 个（自备）。

4．实训步骤

(1) 测量人体电阻。

① 将数字万用表置于 20MΩ 挡，左、右手分别用力捏住红、黑表笔，测量人体两手间的电阻，将结果填入表 1-1。

② 两手蘸少量水后，重复上一步骤。

表 1-1 人体电阻

	成员一	成员二	成员三	成员四	成员五	成员六	成员七	成员八	成员九
姓名									
两手干燥时的电阻/Ω									
两手湿润时的电阻/Ω									

(2) 测量电子元器件的电压。

① 测量全新 7 号电池的电压，将结果填入表 1-2。

② 测量用过的 7 号电池的电压，将结果填入表 1-2。

表 1-2 电子元器件的电压

电压/V	
全新 7 号电池	用过的 7 号电池

③ 将台灯插头插入家用电源插座，测量家用电源插座的电压，将结果填入表 1-3。

表 1-3 家用电源插座的电压

	成员一	成员二	成员三	成员四	成员五	成员六	成员七	成员八	成员九
姓名									
测量值									

5．思考

(1) 人体电阻与皮肤的潮湿程度之间有何关系？

(2) 使用数字万用表时有哪些注意事项？

第 2 章

电阻器的识别与检测

电阻器的英文名称是 Resistor，顾名思义，电阻器就是对电流起某种阻碍作用的电子元器件。电阻器在电子设备和无线电工程中有着广泛的应用，可用于限流、分流、分压等电路，是电器中不可缺少的基本电子元器件。

2.1 电阻器的感性认识

电阻器外形识别

2.1.1 常见电阻器的外形

在讲述电阻器的相关知识之前，首先通过一些图片来认识电阻器，以便对电阻器有一个感性的认识。电阻器的外形如图 2-1 和图 2-2 所示。

电阻器的种类很多，形状也各式各样。普通电阻器一般有两只引脚。对于贴片电阻器来说，它的两端就是两只引脚。而一些可调电阻器有三只引脚，电阻排有很多只引脚。电阻器的应用场合不同，其体积也不同；电阻器采用的材料不同，其电阻也不同。在人们所熟悉的金属中，铜的电阻率较小，铁的电阻率较大。

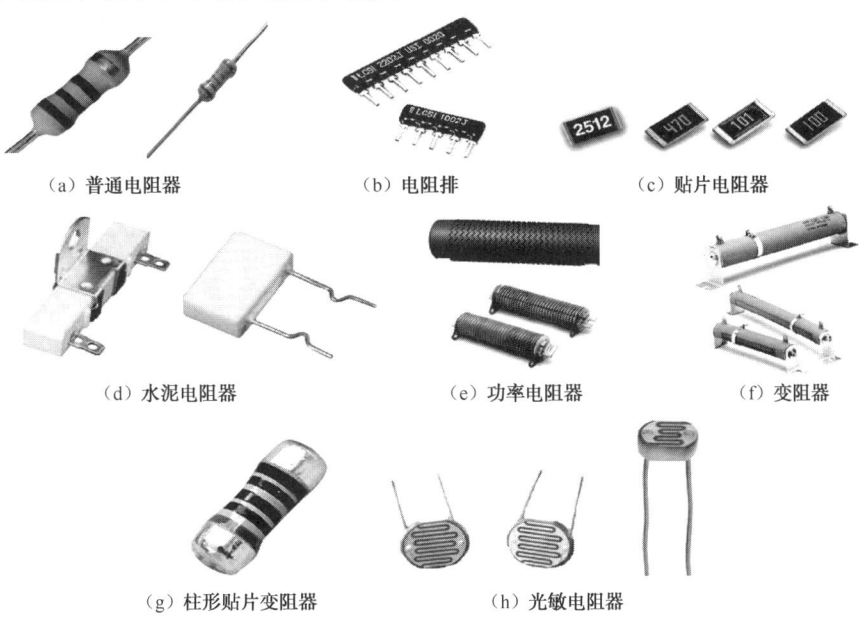

图 2-1 电阻器的外形（一）

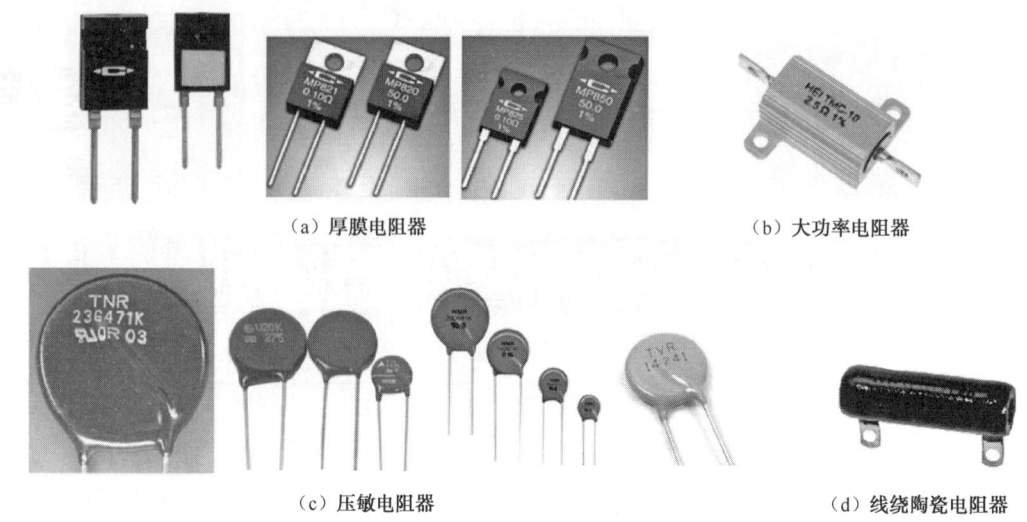

(a) 厚膜电阻器　　　　　　　　(b) 大功率电阻器

(c) 压敏电阻器　　　　　　　　(d) 线绕陶瓷电阻器

图 2-2　电阻器的外形（二）

在图 2-1 中，图 2-1（a）所示为普通电阻器，图 2-1（b）所示为电阻排，图 2-1（c）所示为贴片电阻器，图 2-1（d）所示为水泥电阻器，图 2-1（e）所示为功率电阻器，图 2-1（f）所示为变阻器，图 2-1（g）所示为柱形贴片电阻器，图 2-1（h）所示为光敏电阻器。

在图 2-2 中，图 2-2（a）所示为厚膜电阻器，图 2-2（b）所示为大功率电阻器，图 2-2（c）所示为压敏电阻器，图 2-2（d）所示为线绕陶瓷电阻器。

2.1.2　印制电路板上的电阻器

电阻器一般有两只引脚，普通电阻器表面印有色环，不同的色环表示不同的电阻。在印制电路板上，电阻器旁边一般标有字母 R，图 2-3 中的 R9、R10 表示编号为 9、10 的电阻器。

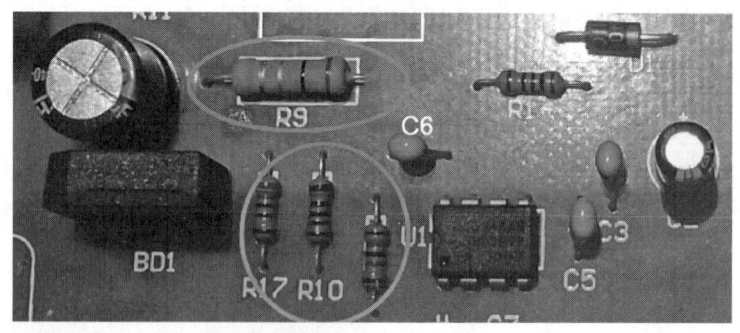

图 2-3　印制电路板上的电阻器及表示

2.2　电阻器的分类、型号命名方法及主要参数

2.2.1　电阻器的分类

常用电阻器一般分为两大类：电阻固定的电阻器称为固定电阻器；电阻连续可变的电阻

器称为可变电阻器（包括微调电阻器和电位器）。根据制作的材料不同，电阻器可分为碳膜电阻器、金属膜电阻器和线绕电阻器等；根据用途不同，电阻器可分为精密电阻器、高频电阻器、功率电阻器和敏感型电阻器等。

1．固定电阻器

（1）碳膜电阻器。

碳膜电阻器的电阻体是在高温下将有机化合物热分解产生的碳沉积在瓷棒或瓷管表面而制成的，其型号标志为RT。改变碳膜的厚度和用刻槽的方法改变碳膜的长度，可得到不同的电阻。

碳膜电阻器的电阻范围宽，有良好的电阻稳定性，高频特性好，电阻温度系数不大且是负值，价格低廉。

除普通碳膜电阻器外，碳膜电阻器还包括高频碳膜电阻器和精密型碳膜电阻器等。

碳膜电阻器是我国目前生产量最大、应用最广的一种电阻器，它广泛应用于收音机、录音机、电视机，以及其他电子设备和仪器。

（2）金属膜电阻器。

金属膜电阻器的电阻体采用真空蒸发或阴极溅射等工艺制成，使合金粉沉积在陶瓷基体表面，并形成一层很薄的金属膜或合金膜，可以通过改变金属膜厚度或用刻槽的方法改变金属膜的长度来精确地控制其电阻。金属膜电阻器的型号标志为RJ。

金属膜电阻器的主要特点是耐热性能好，其额定工作温度为70℃，最高可达155℃。与碳膜电阻器相比，它具有体积小、稳定性好、噪声低、温度系数小等优点，但成本稍高。

通过调节合金粉成分和更换成膜工艺，还可制成精密型、高阻型、高频型、高压型和高温型等多种类型的金属膜电阻器。

金属膜电阻器在要求较高的通信机、雷达机、医疗和电子仪器中得到了广泛应用，在收音机、录音机、电视机等民用电子产品中也有较多的应用。

（3）线绕电阻器。

线绕电阻器是用高电阻率的镍铬合金或锰铜合金等金属线在绝缘骨架上绕制而成的。它具有耐高温（可达300℃）、温度系数小、电阻精度高、稳定性好、强度高、耐腐蚀性能好等优点，其型号标志为RX。线绕电阻器的额定功率较大（4～300W），常在电源电路中用作限流电阻器等。功率较大的精密型线绕电阻器可用作分流电阻器，常应用于电动仪表、万用表等设备。但由于线绕电阻器的分布电容和分布电感大、高频性能差，因此不宜用于高频电路。

除上述3种电阻器外，还有合成膜电阻器（RH型）、有机实芯电阻器（RS型）、无机实心电阻器（RN型）、氧化膜电阻器（RY型）、玻璃釉膜电阻器（RI型）等，它们各具特点，在电路中都有一定的应用。

2．可变电阻器

可变电阻器又称半可调电阻器，它的电阻可在一定范围内进行手动调整，主要用在电阻无须经常变动的电路中，用来进行工作点的精确调整（如三极管的偏置电流或偏置电压）或电压定位。常见可变电阻器的外形如图2-4所示。

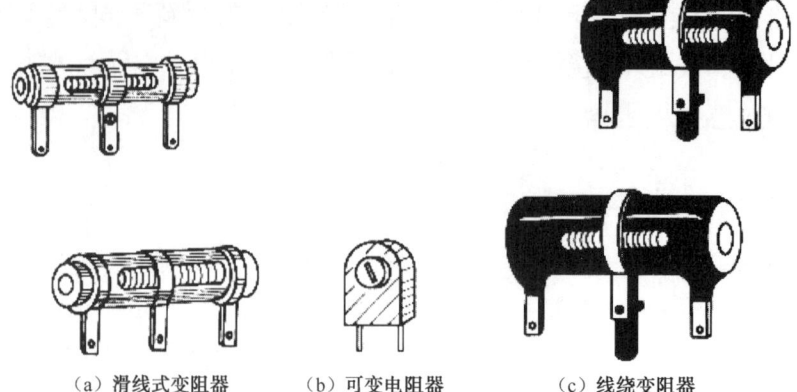

图 2-4　常见可变电阻器的外形

常见的可变电阻器有两种：一种是滑线式电阻器，其多为线绕电阻器，主要用在电流较大的电路中，如电源整流滤波电路和电源电压调整电路等；另一种是碳膜电阻器或合成膜电阻器，其额定功率较小，主要用在小电流偏置电路或精确定位电路中。

3．特种电阻器

所谓特种电阻器，是指不具有普通电阻器的阻流或降压的功能，而是具有某种特定功能的电阻器。例如，熔断电阻器，当电路过电流时，其会熔断，起保护电路作用。此外，特种电阻器还包括功率电阻器、水泥电阻器等。

4．敏感型电阻器

敏感型电阻器的电阻随所处环境的某种物理量（如温度、湿度、光强、电压、气体浓度等）的变化而变化，也称为电阻型敏感元件。这类电阻器在自动检测和控制电路中应用广泛。

2.2.2　电阻器的型号命名方法

前面介绍了常见的固定电阻器和可变电阻器，实际上电阻器的种类很多。不同种类的电阻器，其电阻体使用的材料不同，制作工艺也不同，特性各异，并采用了不同的符号标志。那么，电阻器的型号是如何命名的呢？有什么规律呢？

电位器实际上是一种电阻连续可调的电阻器，因此，它的型号命名方法与电阻器的型号命名方法相同。

根据国家标准《电子设备用固定电阻器、固定电容器型号命名方法》（GB/T 2470—1995）中的相关规定，电阻器的型号由以下四部分组成。

第一部分：用字母表示产品的主称。
第二部分：用字母表示产品的主要材料。
第三部分：产品的主要特征，一般用一个数字或一个字母来表示。
第四部分：用数字表示序号。

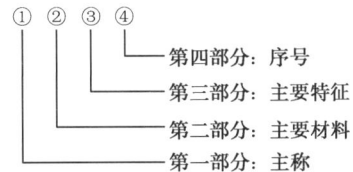

电阻器型号中的符号及意义如表 2-1 所示。

表 2-1 电阻器型号中的符号及意义

第一部分：主称		第二部分：主要材料		第三部分：主要特征		第四部分：序号
符号	意义	符号	意义	符号	意义	
R	电阻器	T	碳膜	1	普通	对于材料、特征相同，仅尺寸和性能指标略有差别但基本上不影响互换使用的产品，可以给同一序号；对于材料、特征相同，仅尺寸、性能指标有所差别已明显影响互换使用的产品，仍给同一序号，但在序号后面用一个字母作为区别代号
		H	合成膜	2	普通	
		S	有机实芯	3	超高频	
		N	无机实心	4	高阻	
		J	金属膜（箔）	5	高温	
		Y	氧化膜	6	—	
		I	玻璃釉膜	7	精密	
		X	线绕	8	高压	
				9	特殊	
				G	高功率	
				T	可调	
				X	—	
				D	—	
				B	温度补偿用	

2.2.3 电阻器的主要参数

电阻器的主要参数有标称电阻值、额定功率、温度系数、非线性度、噪声等。由于电阻器表面积有限，因此通常只标明标称电阻值、材料和额定功率，而对于额定功率小于 0.5W 的电阻器，通常只标明标称电阻值，材料及额定功率根据外形颜色和尺寸判断。

（1）标称电阻值：标注在电阻器上的电阻（标称电阻）和允许偏差，单位有Ω、kΩ、MΩ。标称电阻值是根据国家制定的标准系列标注的。

E24 系列标称电阻值适用于允许偏差为 1%、5%的贴片电阻器，其标注如表 2-2 所示。

表 2-2 E24 系列标称电阻值的标注

范围														
1～9.9Ω			10～99Ω			100Ω～999Ω			1～9.9kΩ			10～99kΩ			100kΩ～0.99MΩ			1～9.9MΩ		
实际值/Ω	3位标注	4位标注	实际值/Ω	3位标注	4位标注	实际值/Ω	3位标注	4位标注	实际值/kΩ	3位标注	4位标注	实际值/kΩ	3位标注	4位标注	实际值/kΩ	3位标注	4位标注	实际值/MΩ	3位标注	4位标注
1.0	1R0	1R00	10	100	10R0	100	101	100R	1	102	1001	10	103	1002	100	104	1003	1	105	1004

续表

范围																				
1~9.9Ω			10~99Ω			100Ω~999Ω			1~9.9kΩ			10~99kΩ			100kΩ~0.99MΩ			1~9.9MΩ		
实际值/Ω	3位标注	4位标注	实际值/Ω	3位标注	4位标注	实际值/Ω	3位标注	4位标注	实际值/kΩ	3位标注	4位标注	实际值/kΩ	3位标注	4位标注	实际值/kΩ	3位标注	4位标注	实际值/MΩ	3位标注	4位标注
1.1	1R1	1R10	11	110	11R0	110	111	110R	1.1	112	1101	11	113	1102	110	114	1103	1.1	115	1104
1.2	1R2	1R20	12	120	12R0	120	121	120R	1.2	122	1201	12	123	1202	120	124	1203	1.2	125	1204
1.3	1R3	1R30	13	130	13R0	130	131	130R	1.3	132	1301	13	133	1302	130	134	1303	1.3	135	1304
1.5	1R5	1R50	15	150	15R0	150	151	150R	1.5	152	1501	15	153	1502	150	154	1503	1.5	155	1504
1.6	1R6	1R60	16	160	16R0	160	161	160R	1.6	162	1601	16	163	1602	160	164	1603	1.6	165	1604
1.8	1R8	1R80	18	180	18R0	180	181	180R	1.8	182	1801	18	183	1802	180	184	1803	1.8	185	1804
2.0	2R0	2R00	20	200	20R0	200	201	200R	2	202	2001	20	203	2002	200	204	2003	2	205	2004
2.2	2R2	2R20	22	220	22R0	220	221	220R	2.2	222	2201	22	223	2202	220	224	2203	2.2	225	2204
2.4	2R4	2R40	24	240	24R0	240	241	240R	2.4	242	2401	24	243	2402	240	244	2403	2.4	245	2404
2.7	2R7	2R70	27	270	27R0	270	271	270R	2.7	272	2701	27	273	2702	270	274	2703	2.7	275	2704
3.0	3R0	3R00	30	300	30R0	300	301	300R	3	302	3001	30	303	3002	300	304	3003	3	305	3004
3.3	3R3	3R30	33	330	33R0	330	331	330R	3.3	332	3301	33	333	3302	330	334	3303	3.3	335	3304
3.6	3R6	3R60	36	360	36R0	360	361	360R	3.6	362	3601	36	363	3602	360	364	3603	3.6	365	3604
3.9	3R9	3R90	39	390	39R0	390	391	390R	3.9	392	3901	39	393	3902	390	394	3903	3.9	395	3904
4.3	4R3	4R30	43	430	43R0	430	431	430R	4.3	432	4301	43	433	4302	430	434	4303	4.3	435	4304
4.7	4R7	4R70	47	470	47R0	470	471	470R	4.7	472	4701	47	473	4702	470	474	4703	4.7	475	4704
5.1	5R1	5R10	51	510	51R0	510	511	510R	5.1	512	5101	51	513	5102	510	514	5103	5.1	515	5104
5.6	5R6	5R60	56	560	56R0	560	561	560R	5.6	562	5601	56	563	5602	560	564	5603	5.6	565	5604
6.2	6R2	6R20	62	620	62R0	620	621	620R	6.2	622	6201	62	623	6202	620	624	6203	6.2	625	6204
6.8	6R8	6R80	68	680	68R0	680	681	680R	6.8	682	6801	68	683	6802	680	684	6803	6.8	685	6804
7.5	7R5	7R50	75	750	75R0	750	751	750R	7.5	752	7501	75	753	7502	750	754	7503	7.5	755	7504
8.2	8R2	8R20	82	820	82R0	820	821	820R	8.2	822	8201	82	823	8202	820	824	8203	8.2	825	8204
9.1	9R1	9R10	91	910	91R0	910	911	910R	9.1	912	9101	91	913	9102	910	914	9103			

E96 系列标称电阻值的标注如表 2-3 所示。

表 2-3 E96 系列标称电阻值的标注

E96 系列标称电阻值

范围												
10~99Ω		100Ω~999Ω		1~9.9kΩ		10~99kΩ		100kΩ~999kΩ		1MΩ	
电阻/Ω	标注	电阻/Ω	标注	电阻/Ω	标注	电阻/Ω	标注	电阻/Ω	标注	电阻/Ω	标注
10	01X	100	01A	1.00k	01B	10.0k	01C	100k	01D	1M	01E
10.2	02X	102	02A	1.02k	02B	10.2k	02C	102k	02D		
10.5	03X	105	03A	1.05k	03B	10.5k	03C	105k	03D		
10.7	04X	107	04A	1.07k	04B	10.7k	04C	107k	04D		
11	05X	110	05A	1.10k	05B	11.0k	05C	110k	05D		
11.3	06X	113	06A	1.13k	06B	11.3k	06C	113k	06D		
11.5	07X	115	07A	1.15k	07B	11.5k	07C	115k	07D		

续表

范围											
10~99Ω		100Ω~999Ω		1~9.9kΩ		10~99kΩ		100kΩ~999kΩ		1MΩ	
电阻/Ω	标注	电阻/Ω	标注	电阻/Ω	标注	电阻/Ω	标注	电阻/Ω	标注	电阻/Ω	标注
11.8	08X	118	08A	1.18k	08B	11.8k	08C	118k	08D		
12.1	09X	121	09A	1.21k	09B	12.1k	09C	121k	09D		
12.4	10X	124	10A	1.24k	10B	12.4k	10C	124k	10D		
12.7	11X	127	11A	1.27k	11B	12.7k	11C	127k	11D		
13	12X	130	12A	1.30k	12B	13.0k	12C	130k	12D		
13.3	13X	133	13A	1.33k	13B	13.3k	13C	133k	13D		
13.7	14X	137	14A	1.37k	14B	13.7k	14C	137k	14D		
14	15X	140	15A	1.40k	15B	14.0k	15C	140k	15D		
14.3	16X	143	16A	1.43k	16B	14.3k	16C	143k	16D		
14.7	17X	147	17A	1.47k	17B	14.7k	17C	147k	17D		
15	18X	150	18A	1.50k	18B	15.0k	18C	150k	18D		
15.4	19X	154	19A	1.54k	19B	15.4k	19C	154k	19D		
15.8	20X	158	20A	1.58k	20B	15.8k	20C	158k	20D		
16.2	21X	162	21A	1.62k	21B	16.2k	21C	162k	21D		
16.5	22X	165	22A	1.65k	22B	16.5k	22C	165k	22D		
16.9	23X	169	23A	1.69k	23B	16.9k	23C	169k	23D		
17.4	24X	174	24A	1.74k	24B	17.4k	24C	174k	24D		
17.8	25X	178	25A	1.78k	25B	17.8k	25C	178k	25D		
18.2	26X	182	26A	1.82k	26B	18.2k	26C	182k	26D		
18.7	27X	187	27A	1.87k	27B	18.7k	27C	187k	27D		
19.1	28X	191	28A	1.91k	28B	19.1k	28C	191k	28D		
19.6	29X	196	29A	1.96k	29B	19.6k	29C	196k	29D		
20	30X	200	30A	2.00k	30B	20.0k	30C	200k	30D		
20.5	31X	205	31A	2.05k	31B	20.5k	31C	205k	31D		
21	32X	210	32A	2.10k	32B	21.0k	32C	210k	32D		
21.5	33X	215	33A	2.15k	33B	21.5k	33C	215k	33D		
22.1	34X	221	34A	2.21k	34B	22.1k	34C	221k	34D		
22.6	35X	226	35A	2.26k	35B	22.6k	35C	226k	35D		
23.2	36X	232	36A	2.32k	36B	23.2k	36C	232k	36D		
23.7	37X	237	37A	2.37k	37B	23.7k	37C	237k	37D		
24.3	38X	243	38A	2.43k	38B	24.3k	38C	243k	38D		
24.9	39X	249	39A	2.49k	39B	24.9k	39C	249k	39D		
25.5	40X	255	40A	2.55k	40B	25.5k	40C	255k	40D		
26.1	41X	261	41A	2.61k	41B	26.1k	41C	261k	41D		
26.7	42X	267	42A	2.67k	42B	26.7k	42C	267k	42D		
27.4	43X	274	43A	2.74k	43B	27.4k	43C	274k	43D		
28	44X	280	44A	2.80k	44B	28.0k	44C	280k	44D		
28.7	45X	287	45A	2.87k	45B	28.7k	45C	287k	45D		
29.4	46X	294	46A	2.94k	46B	29.4k	46C	294k	46D		
30.1	47X	301	47A	3.01k	47B	30.1k	47C	301k	47D		
30.9	48X	309	48A	3.09k	48B	30.9k	48C	309k	48D		
31.6	49X	316	49A	3.16k	49B	31.6k	49C	316k	49D		

续表

范围											
10～99Ω		100Ω～999Ω		1～9.9kΩ		10～99kΩ		100kΩ～999kΩ		1MΩ	
电阻/Ω	标注	电阻/Ω	标注	电阻/Ω	标注	电阻/Ω	标注	电阻/Ω	标注	电阻/Ω	标注
32.4	50X	324	50A	3.24k	50B	32.4k	50C	324k	50D		
33.2	51X	332	51A	3.32k	51B	33.2k	51C	332k	51D		
34	52X	340	52A	3.40k	52B	34.0k	52C	340k	52D		
34.8	53X	348	53A	3.48k	53B	34.8k	53C	348k	53D		
35.7	54X	357	54A	3.57k	54B	35.7k	54C	357k	54D		
36.5	55X	365	55A	3.65k	55B	36.5k	55C	365k	55D		
37.4	56X	374	56A	3.74k	56B	37.4k	56C	374k	56D		
38.3	57X	383	57A	3.83k	57B	38.3k	57C	383k	57D		
39.2	58X	392	58A	3.92k	58B	39.2k	58C	392k	58D		
40.2	59X	402	59A	4.02k	59B	40.2k	59C	402k	59D		
41.2	60X	412	60A	4.12k	60B	41.2k	60C	412k	60D		
42.2	61X	422	61A	4.22k	61B	42.2k	61C	422k	61D		
43.2	62X	432	62A	4.32k	62B	43.2k	62C	432k	62D		
44.2	63X	442	63A	4.42k	63B	44.2k	63C	442k	63D		
45.3	64X	453	64A	4.53k	64B	45.3k	64C	453k	64D		
46.4	65X	464	65A	4.64k	65B	46.4k	65C	464k	65D		
47.5	66X	475	66A	4.75k	66B	47.5k	66C	475k	66D		
48.7	67X	487	67A	4.87k	67B	48.7k	67C	487k	67D		
49.9	68X	499	68A	4.99k	68B	49.9k	68C	499k	68D		
51.1	69X	511	69A	5.11k	69B	51.1k	69C	511k	69D		
51.3	70X	523	70A	5.23k	70B	52.3k	70C	523k	70D		
53.6	71X	536	71A	5.36k	71B	53.6k	71C	536k	71D		
54.9	72X	549	72A	5.49k	72B	54.9k	72C	549k	72D		
56.2	73X	562	73A	5.62k	73B	56.2k	73C	562k	73D		
57.6	74X	576	74A	5.76k	74B	57.6k	74C	576k	74D		
59	75X	590	75A	5.90k	75B	59.0k	75C	590k	75D		
60.4	76X	604	76A	6.04k	76B	60.4k	76C	604k	76D		
61.9	77X	619	77A	6.19k	77B	61.9k	77C	619k	77D		
63.4	78X	634	78A	6.34k	78B	63.4k	78C	634k	78D		
64.9	79X	649	79A	6.49k	79B	64.9k	79C	649k	79D		
66.5	80X	665	80A	6.65k	80B	66.5k	80C	665k	80D		
68.1	81X	681	81A	6.81k	81B	68.1k	81C	681k	81D		
69.8	82X	698	82A	6.98k	82B	69.8k	82C	698k	82D		
71.5	83X	715	83A	7.15k	83B	71.5k	83C	715k	83D		
73.2	84X	732	84A	7.32k	84B	73.2k	84C	732k	84D		
75	85X	750	85A	7.50k	85B	75.0k	85C	750k	85D		
76.8	86X	768	86A	7.68k	86B	76.8k	86C	768k	86D		
78.7	87X	787	87A	7.87版	87B	78.7k	87C	787k	87D		
80.6	88X	806	88A	8.06k	88B	80.6k	88C	806k	88D		
82.5	89X	825	89A	8.25k	89B	82.5k	89C	825k	89D		

续表

续表

范围										
10~99Ω		100Ω~999Ω		1~9.9kΩ		10~99kΩ		100kΩ~999kΩ		1MΩ	
电阻/Ω	标注	电阻/Ω	标注	电阻/Ω	标注	电阻/Ω	标注	电阻/Ω	标注	电阻/Ω	标注
84.5	90X	845	90A	8.45k	90B	84.5k	90C	845k	90D		
86.6	91X	866	91A	8.66k	91B	86.6k	91C	866k	91D		
88.7	92X	887	92A	8.87k	92B	88.7k	92C	887k	92D		
90.9	93X	908	93A	9.09k	93B	90.9k	93C	909k	93D		
93.1	94X	931	94A	9.31k	94B	93.1k	94C	931k	94D		
95.3	95X	953	95A	9.53k	95B	95.3k	95C	953k	95D		
97.6	96X	976	96A	9.76k	96B	97.6k	96C	976k	96D		

允许偏差是指电阻器的实际电阻相对于标称电阻的最大允许偏差范围，即标称电阻与实际电阻的差值和标称电阻之比的百分数。

电阻器的精度等级如表2-4所示。

表2-4　电阻器的精度等级

允许偏差/%	±0.1	±0.25	±0.5	±1	±5	±10	±20	+20 −10
字母代号	B	C	D	F	J	K	M	
曾用符号				0	I	II	III	IV
备注	精密元件				一般元件			

（2）额定功率：在规定的环境温度下，假设周围空气不流通，在长期连续工作而不损坏或基本不改变电阻器性能的情况下，电阻器上所允许消耗的最大功率。

电阻器的额定功率不是电阻器在实际工作时所必须消耗的功率，而是电阻器在工作时，允许消耗功率的限制。

在电路图中，常用图2-5中的符号表示电阻器的额定功率（额定功率为1W或大于1W的电阻器，一律以阿拉伯数字标出）。

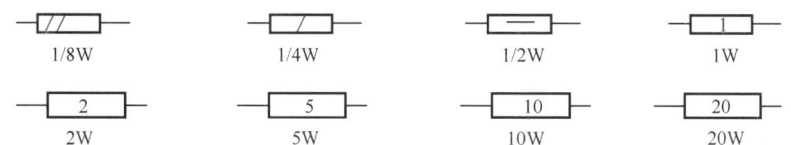

图2-5　电阻器的额定功率表示

常用电阻器的额定功率与外形尺寸如表2-5所示。

表2-5　常用电阻器的额定功率与外形尺寸

名　　称	型　　号	额定功率/W	外形尺寸	
			最大直径/mm	最大长度/mm
超小型碳膜电阻器	RT13	0.125	1.8	4.1
小型碳膜电阻器	RTX	0.125	2.5	5.4

续表

名　　称	型　　号	额定功率/W	外形尺寸 最大直径/mm	外形尺寸 最大长度/mm
碳膜电阻器	RT	0.25	5.5	18.5
碳膜电阻器	RT	0.5	5.5	28.0
碳膜电阻器	RT	1	7.2	30.5
碳膜电阻器	RT	2	9.5	48.5
金属膜电阻器	RJ	0.125	2.2	7.0
金属膜电阻器	RJ	0.25	2.8	8.0
金属膜电阻器	RJ	0.5	4.2	10.8
金属膜电阻器	RJ	1	5.6	13.0
金属膜电阻器	RJ	2	8.6	18.5

注：有些碳膜电阻器会在型号后标有 0.25、0.5 等数值，如 RT0.25、RT0.5 等，该数值表示额定功率，单位为 W。

（3）额定电压和极限电压。

额定电压：由电阻和额定功率换算出的电压，即 $U=\sqrt{P\times R}$。

极限电压：电阻器两端电压增加到一定数值时，会发生击穿现象，使电阻器损坏，这个电压即为电阻器的极限电压。它取决于电阻器的外形尺寸及工艺结构。

常用电阻器额定功率与极限电压的对应关系为 0.25W—250V，0.5W—500V，1～2W—750V。

（4）温度系数：温度每变化 1℃所引起的电阻的相对变化。所有材料的电阻都随温度而变化，在衡量电阻器温度稳定性时，使用温度系数：

$$\alpha_R = \frac{R_2-R_1}{R_1(t_2-t_1)}$$

式中，α_R 为电阻器的温度系数，单位为 1/℃；R_1、R_2 分别是温度为 t_1、t_2 时电阻器的电阻，单位为Ω。温度系数越小，电阻的稳定性越好。

若电阻器的电阻随温度的升高而增大，则其温度系数为正温度系数；反之，则为负温度系数。

（5）老化系数：电阻器在额定功率下长期工作时，电阻相对变化的百分数。它是表示电阻器寿命长短的参数。

（6）非线性度：当流过电阻器的电流与加在其两端的电压不成正比变化时，称该电阻器具有非线性。电阻器的非线性度用电压系数表示，即在规定电压范围内，电压每改变1V，电阻的平均相对变化量。

$$K = \frac{R_2-R_1}{R_1(U_2-U_1)} \times 100\%$$

式中，U_2 为额定电压；U_1 为测试电压；R_1、R_2 分别为在 U_1、U_2 条件下测得的电阻。

（7）噪声：产生于电阻器中的一种不规则的电压起伏，包括热噪声和电流噪声两部分。

任何电阻器都有热噪声，它是由电子在电阻器中无规则运动造成的，与电阻器的材料、形状无关，主要由温度引起。降低电阻器的工作温度可以减少热噪声。

电流噪声是由导电微粒与非导电微粒之间的碰撞引起的，与电阻器材料的微观结构有关。

除上述参数外，电阻器还有静噪声、频率特性、稳定度等参数。对于要求较高的电路，如低噪声放大器和超高频电路等，其要求静噪声低、电阻器的分布电容和分布电感尽量小、电阻不随频率的升高而变化等，因此会对电阻器提出静噪声和频率特性等要求。

2.3 电阻的标注方法

电阻的标注方法

电阻器的标称电阻及允许偏差通常有三种标注方法，即直标法、文字符号法和色标法。

1. 直标法

直标法是用阿拉伯数字和单位符号在电阻器的表面直接标出标称电阻和允许偏差的方法，如图 2-6 所示。

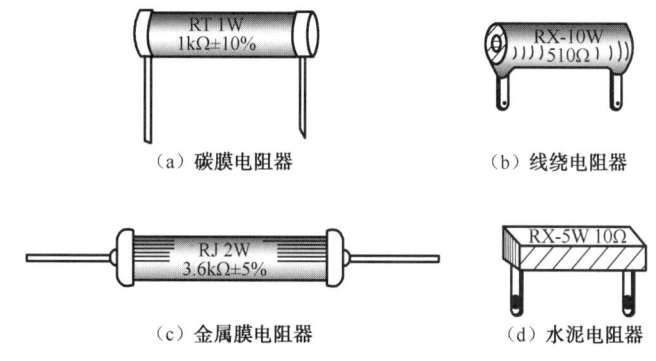

图 2-6　直标法举例

碳膜电阻器（型号为 RT 或 RTX）的标称电阻和允许偏差一般不标注在电阻体的表面上。

2. 文字符号法

文字符号法是指将阿拉伯数字和文字符号有规律地组合起来以表示标称电阻，允许偏差也用文字符号表示。若没有标注允许偏差，则默认允许偏差为 20%。在文字符号法中，R 表示小数点。表示允许偏差的文字符号如表 2-6 所示。

表 2-6　表示允许偏差的文字符号

精密电阻器		普通电阻器	
文 字 符 号	允 许 偏 差	文 字 符 号	允 许 偏 差
B	±0.1%	J	±5%
C	±0.25%	K	±10%
D	±0.5%	M	±20%
F	±1%	N	±30%
G	±2%		

例如，4.7Ω 电阻器上标有"4.7"或"4R7"字样；7.5kΩ 电阻器上标有"7.5k"或"7k5"字样，如图 2-7 所示。

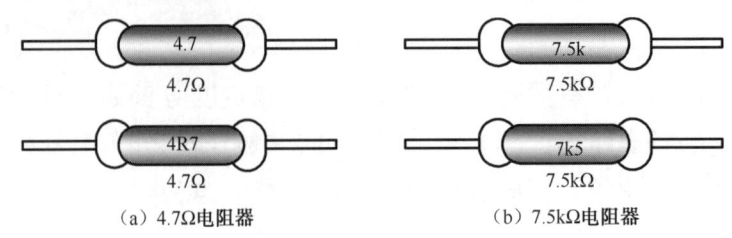

(a) 4.7Ω电阻器　　　　　　　(b) 7.5kΩ电阻器

图 2-7　文字符号法

3．色标法

用不同颜色的色带或色点在电阻器表面标出标称电阻和允许偏差的方法称为色标法。国外生产的电阻器大部分采用色标法，包括两种：四环电阻器和五环电阻器。

当电阻器为四环时，最后一环必为金色或银色，前两环表示有效数字，第三环表示乘数，第四环表示允许偏差。当电阻器为五环时，最后一环与前面四环之间的距离较大。前三环表示有效数字，第四环表示乘数，第五环表示允许偏差。采用色标法标注电阻器时，还常用背景颜色区分电阻器的类型，用浅色（淡绿色、浅棕色）表示碳膜电阻器，用红色（或浅蓝色）表示金属膜电阻器或氧化膜电阻器，用深绿色表示线绕电阻器。色标法如图 2-8 所示。

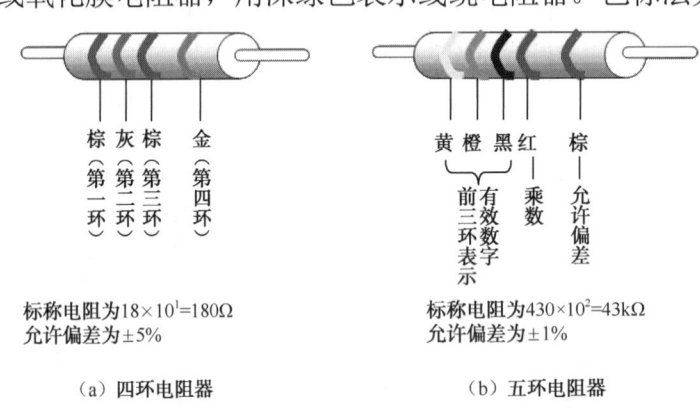

(a) 四环电阻器　　　　　　　(b) 五环电阻器

图 2-8　色标法

四环电阻器中色环表示的含义如表 2-7 所示。

表 2-7　四环电阻器中色环表示的含义

颜　色	第 一 环	第 二 环	第 三 环	第 四 环
	十 位 数 字	个 位 数 字	乘　数	允许偏差/%
棕	1	1	$\times 10^1$	±1
红	2	2	$\times 10^2$	±2
橙	3	3	$\times 10^3$	—
黄	4	4	$\times 10^4$	—
绿	5	5	$\times 10^5$	±0.5
蓝	6	6	$\times 10^6$	±0.25
紫	7	7	$\times 10^7$	±0.1
灰	8	8	$\times 10^8$	—
白	9	9	$\times 10^9$	—
黑	0	0	$\times 10^0$	—
金	—	—	$\times 10^{-1}$	±5
银	—	—	$\times 10^{-2}$	±10
无色	—	—	$\times 10^{-3}$	±20

色环的颜色有黑、棕、红、橙、黄、绿、蓝、紫、灰、白 10 种，每种颜色表示一个数字（从 0 到 9）。金色不表示有效数字，只表示乘数 10^{-1}（0.1）或允许偏差±5%；银色只表示乘数 10^{-2}（0.01）或允许偏差±10%。

（1）四环电阻器：前两环表示有效数字，第三环表示零的个数（乘数 10^n），最后一环表示允许偏差。

（2）五环电阻器：有效数字多一个，前三环表示有效数字，第四环表示零的个数（乘数 10^n），最后一环表示允许偏差。

例如，四环电阻器的色环颜色依次为红、红、棕、金，前两环（红色）代表的数为22，第三环（棕色）则表示前面两个数乘上 10^1（10），即在前面的两个数字之后要加上 1 个"0"，该四环电阻器的标称电阻是 220Ω，允许偏差是±5%。

五环电阻器的色环颜色依次为红、黄、橙、金、棕，前三环代表的数为243，第四环（金色）则表示前面三个数乘上 10^{-1}（0.1），该五环电阻器的标称电阻是 24.3Ω，允许偏差是±1%。

注意：在识别电阻器的参数时，应明确第三环所表示的是乘数（四环电阻器）还是有效数字（五环电阻器）。不管是四环电阻器还是五环电阻器，最后一环表示的都是允许偏差。

2.4 固定电阻器的检测与代换

2.4.1 固定电阻器的检测方法

1. 电阻器额定功率的简易判别

小型电阻器的额定功率一般并不在电阻体上标出，但根据电阻器的长度和直径可以确定其额定功率。表 2-8 列出了常用的不同长度和直径的碳膜电阻器、金属膜电阻器所对应的额定功率，供读者使用时参考。

表 2-8 常用的不同长度和直径的碳膜电阻器、金属膜电阻器所对应的额定功率

额定功率/W	碳膜电阻器		金属膜电阻器	
	长度/mm	直径/mm	长度/mm	直径/mm
1/8	11	3.9	6～7	2～2.5
1/4	18.5	5.5	7～8.3	2.5～2.9
1/2	28.5	5.5	10.8	4.2
1	30.5	7.2	13	6.6
2	48.5	9.5	18.5	8.6

2. 测量实际电阻

（1）将指针式万用表的转换开关旋至适当量程的电阻挡，进行欧姆调零，如图 2-9 所示。先将两根表笔短接，将电位器的电阻调节为 0Ω，使指针满度，指向电阻刻度线的"0"处，然后进行测量。并且在测量过程中每次变换量程，如从 R×1 挡换到 R×10 挡或其他挡后，都

必须重新进行欧姆调零后再进行测量（凡使用电阻挡进行测量，均应先进行欧姆调零）。

（2）按照图 2-10 所示的方法，将两表笔（不分正负）分别与被测电阻器的两只引脚相接，即可测出被测电阻器的实际电阻。为了提高测量精度，应根据被测电阻器的标称电阻和允许偏差来选择量程。由于电阻刻度线是不均匀分布的，它开头和中间的分度较为精细，因此通常使指针指示值尽可能落到电阻刻度线的中段位置，即全电阻刻度线起始的 20%～80%弧度内，以使测量更准确。例如，测量 50Ω 以下的电阻器用 R×1 挡；测量 50～1000Ω 的电阻器用 R×10 挡；测量 1～500kΩ 的电阻器用 R×1k 挡；测量 500kΩ 以上的电阻器用 R×10k 挡。在测量时，指针式万用表所测得的电阻应与被测电阻器的标称电阻相符合。根据电阻器精度等级不同，读数与标称电阻之间分别允许有±5%、±10%或±20%的偏差。如果指针式万用表所测得的电阻与被测电阻器的标称电阻不相符，超出允许偏差范围，则说明该电阻器已变值。如果测得的电阻是 0Ω，则说明该电阻器已经短路；如果测得的电阻是无穷大，则表示该电阻器开路，不能再继续使用。

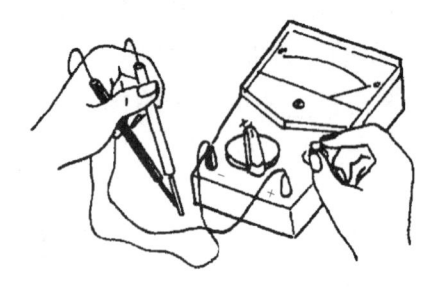

图 2-9　指针式万用表欧姆调零 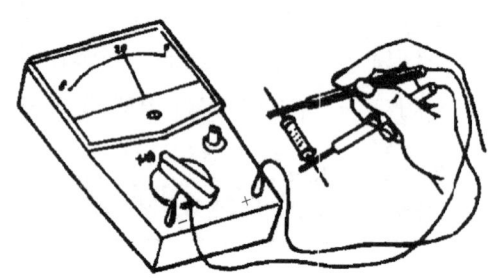　　　图 2-10　电阻器的正确连接方法

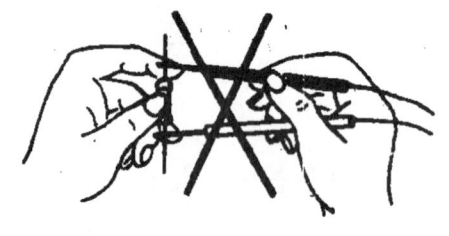

图 2-11　电阻器的错误连接方法

3. 测量操作注意事项

（1）测量电阻器，特别是在测量几十千欧姆以上的电阻器时，手不要触及表笔和电阻器的导电部分，即不要用图 2-11 所示的方法进行测量。因为人体具有一定电阻，会对测量结果产生一定的影响，使读数偏小。

（2）必须将被测电阻器从电路中拆焊下来，至少要焊开一只引脚，以免电路中的其他电子元器件对测量结果产生影响，造成测量误差。

（3）虽然色环电阻器的电阻能根据色环标注来确定，但在使用时最好还是用万用表测量一下其实际电阻，特别是无线电爱好者购买的成包混装电阻器，其色环标注未必可靠，在上机前一定要细心地逐个进行测量，然后进行焊接。

2.4.2　固定电阻器的修复与代换

（1）对于碳膜电阻器或金属膜电阻器，如果出现引线折断故障，可以把断头的铜压帽（卡圈）上的漆膜刮去，重新焊出引线，继续使用。但要注意的是，操作时动作要快，以免电阻器因受热过度导致电阻变化或造成铜压帽松脱。

（2）如果碳膜电阻器的电阻偏高，则可以用小刀刮去保护漆，露出碳膜，然后用铅笔在碳膜上来回涂，使电阻变小，直至电阻达到所需值，最后涂上一层漆作为绝缘保护膜。如果碳膜电阻器的电阻偏低，则可以将碳膜用砂纸或小刀轻轻地刮掉一些。刮时不能太急、太重，应边刮边用万用表测量,得到所需电阻后,再用漆将被刮表面涂覆住即可。

(3) 在修复中,若发现某一电阻器变值或损坏,手头又没有同规格的电阻器可以置换,还可采用串、并联电阻器的方法进行应急处理。

① 利用电阻串联公式,将小电阻变成所需的大电阻。电阻串联公式为

$$R_x = R_1 + R_2 + R_3 + \cdots$$

② 利用电阻并联公式,将大电阻变成所需的小电阻。电阻并联公式为

$$\frac{1}{R_x} = \frac{1}{R_1} + \frac{1}{R_2} + \frac{1}{R_3} + \cdots$$

③ 利用电阻串联和并联相结合,可以将大电阻变成所需的小电阻。

注意:在采用串、并联电阻器方法时,除应计算总电阻是否符合要求外,还必须检查每只电阻器的额定功率是否比其在电路中所承受的实际功率大一倍以上。

2.5 电位器

电位器是一种可调节电阻的电阻器,在电路中可用作分压器和变阻器,以及进行工作点调整。它的型号、规格较多,可按不同方式分类。电位器除具有一般电阻器的技术参数外,还具有电阻变化特性(X 型、Z 型和 D 型)。电阻变化特性不同,电位器的用途和使用场合也不同。

2.5.1 电位器的作用和分类

1. 电位器在电路中的作用

电位器可动臂的接触刷在电阻体上滑动,可获得与加在电位器上的输入电压和接入电路的电阻(由可动臂的位置确定)成一定关系的输出电压。也就是说,通过调节电位器的转轴,可使输出电位发生改变,故名为电位器。

电位器在电路图中的文字符号为 R_P。

2. 电位器的分类

电位器的种类很多,可按不同方式分类,如按照电阻体所用材料、结构特点、调节方式或用途等进行分类。

按电阻体所用材料划分,电位器可分为薄膜型电位器、合成型电位器及合金型电位器。

按结构特点划分,电位器可分为单联电位器、多联电位器、带开关电位器、锁紧型电位器等。

按调节方式划分,电位器可分为直滑式电位器和旋转式电位器等。

按用途划分,电位器可分为普通型电位器、精密型电位器、微调型电位器、功率型电位器及专用型电位器等。

按接触方式划分,电位器可分为接触式电位器和非接触式电位器两大类。

2.5.2 常用电位器介绍

电位器的型号、种类很多，下面介绍几种常用的电位器。

1. 碳膜电位器

碳膜电位器的电阻体是用碳粉和树脂的混合物喷涂（或蒸涂）在马蹄形胶木片上制成的。电阻体两端涂有一层银粉，以确保电阻体与引线接触良好。电位器的引线是由与转轴相连的可动臂和电阻体胶木片上的接触环形成的。碳膜电位器的外形、内部结构及连接方式如图 2-12 所示。

（a）外形　　　　（b）内部结构及连接方式

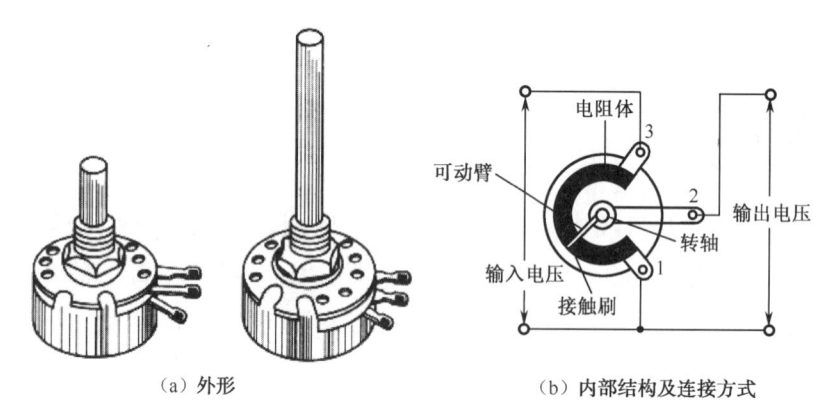

图 2-12　碳膜电位器的外形、内部结构及连接方式

碳膜电位器的种类很多，如片状微调电位器、半可调电位器、带开关的电位器等。根据结构不同，碳膜电位器可分为单联碳膜电位器、双联碳膜电位器等。

碳膜电位器的型号命名为 WT××。它的额定功率有 0.1W、0.25W 和 0.5W 三种，最高工作电压为 200V，标称电阻为 510Ω～5.1MΩ（其标称电阻值系列与电阻器 E12 系列相同）。

碳膜电位器结构简单、成本低、噪声小、电阻范围宽，广泛应用于收录机、录音机和电视机中，进行音量控制、音调调节，以及亮度、对比度调节等。

2. 合成膜电位器

合成膜电位器是在碳膜电位器的基础上改进得来的，其电阻体所用的导电材料不再是单一的碳膜，而是用炭黑和石墨作为导电材料，用云母或石英细粉末作为绝缘材料，根据电阻范围的要求，将两种材料合成，再加上黏合剂，然后喷涂在绝缘基片上加热并固化。因此，合成膜电位器不但比碳膜电位器的功率大，而且耐压高、噪声低、工作更稳定。合成膜电位器的外形和内部结构如图 2-13 所示。

合成膜电位器的型号命名为 WTH××或 WH××，它的额定功率有 0.5W、1W 和 2W 三种，最高工作电压为 400～500V，电阻有 220Ω～2.2MΩ 和 470Ω～4.7MΩ 两个系列（其标称电阻值系列与电阻器 E12 系列相同）。

合成膜电位器的电阻体是将经过研磨的炭黑、石墨、石英等材料涂敷在基板表面制成的。合成膜电位器的制作工艺简单，是一种应用较广泛的电位器。其优点是分辨率高、耐磨性好、寿命长；缺点是电流噪声大、非线性明显、耐湿性和电阻稳定性差。图 2-14 所示为小型或超小型合成膜电位器的结构外形，有带开关和不带开关两种结构形式，常用于便携式收音机、小型收录机和助听装置中。

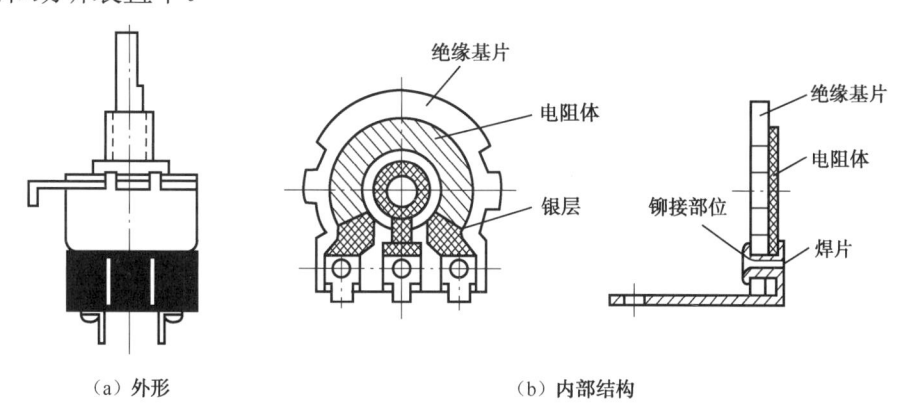

(a) 外形　　　　　　　　　　(b) 内部结构

图 2-13　合成膜电位器的外形和内部结构

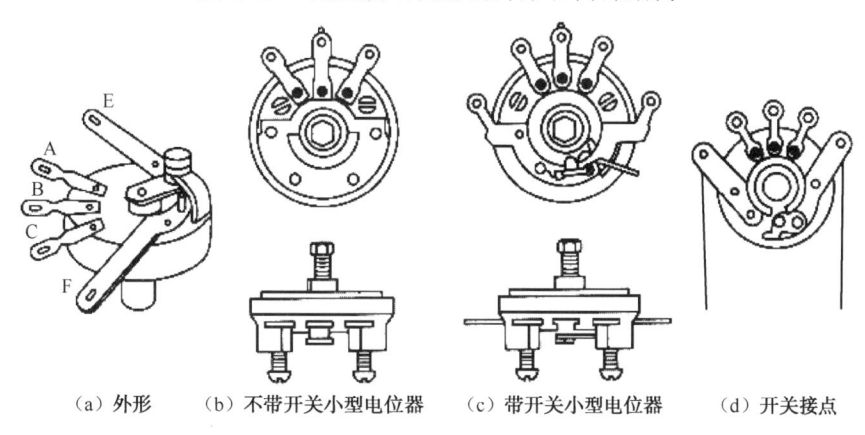

(a) 外形　(b) 不带开关小型电位器　(c) 带开关小型电位器　(d) 开关接点

图 2-14　小型或超小型合成膜电位器的结构外形

3．有机实芯电位器

有机实芯电位器的实芯电阻体是由导电材料与有机填料、热固性树脂配制成电阻粉，经过热压在基座上制成的。有机实芯电位器的典型外形如图 2-15 所示。轴端尺寸与形状分为多种规格，有带锁紧的和不带锁紧的两种。

有机实芯电位器的优点是结构简单、耐高温、体积小、寿命长、可靠性高；缺点是耐压稍低、噪声较大、转动力矩大。有机实芯电位器多用于对可靠性要求较高的电子仪器中，电阻为 47Ω～4.7MΩ，额定功率多为 0.25～2W，允许偏差为±5%、±10%、±20%。

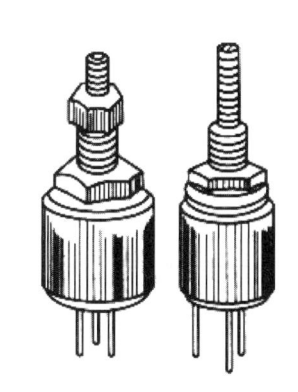

图 2-15　有机实芯电位器的典型外形

4．线绕电位器

线绕电位器的电阻体是将康铜丝或镍铬合金线绕制在一个环状绝缘骨架上制成的，它的外形和电阻体结构如图 2-16 所示。

线绕电位器具有耐热性好、额定功率大（几瓦或数十瓦）、稳定性好等优点，但分辨率有限，电阻呈阶梯式变化（这是由电阻丝一圈一圈绕制及线绕是一圈到另一圈滑落接触造成的），同时还具有分布电感大的缺点。因此，线绕电位器不宜用在高频电路中。

线绕电位器的电阻一般为几十欧姆至几千欧姆，电阻的允许偏差为±5%或±10%，常用于大电流分压电路、电源调节电路，以及高精度、大功率电路中。

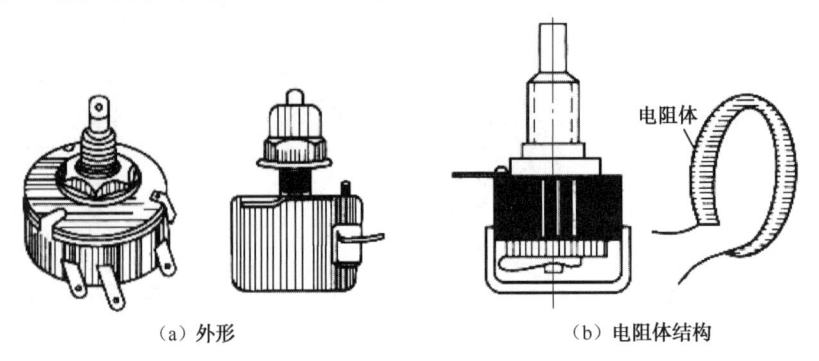

(a) 外形　　　　　　　　　(b) 电阻体结构

图 2-16　线绕电位器的外形和电阻体结构

5．多圈电位器

多圈电位器属于精密型电位器，调整其电阻需使转轴旋转多圈（可多达 40 圈），因而精度高。当电阻需要在大范围内进行微量调整时，可选用多圈电位器。多圈电位器的种类也很多，有线绕型、块金属膜型、有机实芯型等，调节方式包括螺旋（指针）式、螺杆式等不同形式。多圈电位器的外形和结构如图 2-17 所示。

多圈电位器用于电阻需要精密调节的电路中，如彩色电视机中的频道预选、精确电位比较或校准电路等。

6．带开关电位器

带开关电位器附带一个开关，在电路中可省去一个控制开关。常见的带开关电位器有两种：一种是推拉式开关电位器；另一种是旋转式开关电位器，如图 2-18 所示。它们的开关和电阻体虽然与转轴相连，但电阻的调节与开、关动作互不影响，彼此独立。

(a) 外形

(b) 结构

立式　　扁平式　　超小型

(a) 推拉式开关电位器　　(b) 旋转式开关电位器

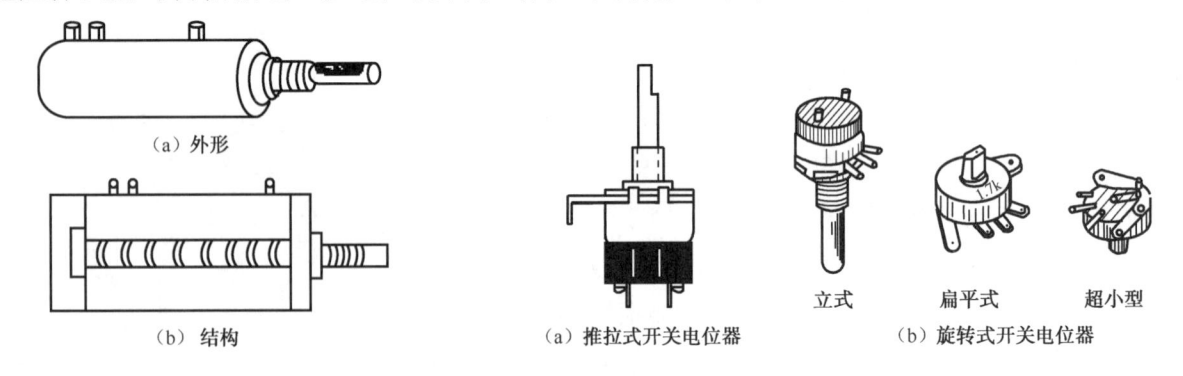

图 2-17　多圈电位器的外形和结构　　　　图 2-18　带开关电位器

推拉式开关电位器的优点是，不管它的可动臂在什么位置，都可将转轴拉出，从而使开关处于"开"状态；推入转轴可将开关关断。例如，便携式电视机中用作音量调节装置兼电源开关的电位器，即为推拉式开关电位器。

旋转式开关电位器的转轴按顺时针方向转动为开（然后调节其电阻），反之为关。在进行开、关时，必须将转轴转到端点位置。这种电位器常在小型收音机中用作音量调节装置兼电源开关。

7. 直滑式电位器

直滑式电位器不是通过旋转转轴来改变电阻的，而是通过使与电阻体接触的滑柄做直线运动来调节电阻的，如图 2-19 所示。它的电阻体为板条形，电阻材料为合成碳膜。电阻变化特性有直线式（X 型）和对数式（D 型）两种。

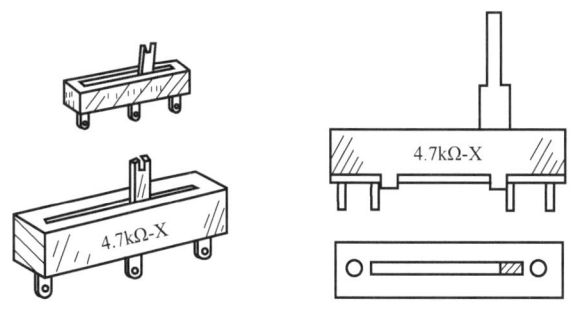

直滑式电位器外形设计新颖，调节时能直观地反映出滑柄所处的位置，而且触点接触可靠，使用寿命长。直滑式电位器的电阻范围为 4.70Ω～2.2MΩ，额定功率为 0.25W，最大工作电压为 150V，滑动行程有（30±1）mm 和（60±1）mm 两种。直滑式电位器在收音机、录音机、电视机和一些电子仪器中得到了广泛应用。

图 2-19 直滑式电位器

8. 半可调电位器和微调电位器

在不需要经常调节的电路中，选用半可调电位器较为合适。半可调电位器具有结构简单、体积小、成本低等特点，而且调节方便。

微调电位器通常也用于不需要经常调节的电路。虽然其成本较低，但是可以起较大的作用。微调电位器与其他电位器相比，主要有 3 点不同：①它的体积非常小，易于存储；②它的质量较好，使用寿命长达三四年；③它的外形也非常丰富，可适用于各种装置，如机器动物、汽车开关、电动机驱动件、无线电控制设备、电动自行车等。

半可调电位器和微调电位器的外形如图 2-20 所示。

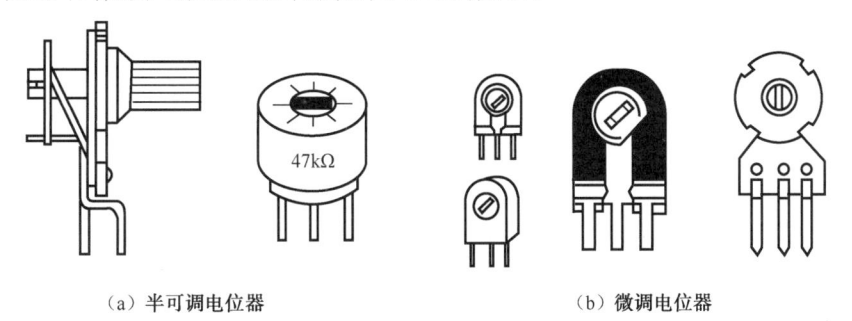

（a）半可调电位器　　　　　（b）微调电位器

图 2-20 半可调电位器和微调电位器的外形

9. 双联电位器

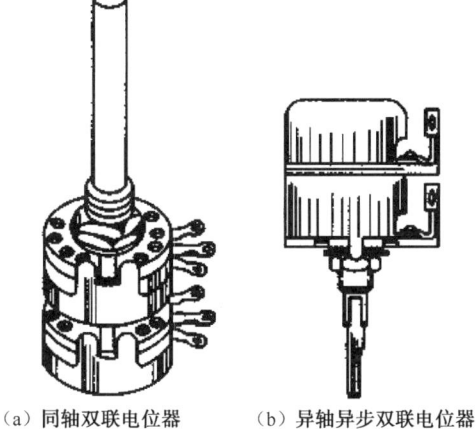

双联电位器有同轴双联电位器和异轴异步双联电位器两种，如图 2-21 所示。同轴双联电位器将相同规格的两只电位器装在同一根轴上，用来满足某些电路统调（工作点）的需要，如图 2-21（a）所示。异轴异步双联电位器将两只相同或不同规格的电位器装在一组同心轴上，外轴为空心套管，内轴则置于套管中，使用时可自由调节任意一联电位器的电阻，如图 2-21（b）所示。这类电位器常用于平衡电路的调节，以及立体声收录

（a）同轴双联电位器　（b）异轴异步双联电位器

图 2-21 双联电位器

机音调和音量的控制，也可用在一些测量和校准仪器中。

除双联电位器外，有些特殊场合还需要使用多联电位器，它们多用在一些专业性很强的电路中。

2.5.3 电位器的选用和质量检测

1．电位器的选用

选用电位器时一般应注意以下几点。

（1）根据电路的要求，选用合适型号的电位器。一般在要求不高的电路中或使用环境较好的场合，如用于室内工作收录机的音量、音调控制的电位器，均可选用碳膜电位器，它的规格齐全且价格低廉。如果需要较精密的调节，并且消耗的功率较大，应选用线绕电位器。在工作频率较高的电路中，选用玻璃釉膜电位器较为合适。

（2）根据不同用途，选用具有相应电阻变化特性的电位器。例如，用于音量控制的电位器应选用指数式电位器，也可用直线式电位器勉强代用，但不应该使用对数式电位器，否则将使音量调节范围变窄；用作分压器时，应选用直线式电位器；用于音调控制时，应选用对数式电位器。

（3）选用电位器时，还应注意电位器的尺寸大小、转轴轴柄的长短、轴端式样和轴上有无锁紧装置等。需要经常进行调节的电位器，应选用半圆形轴柄，以便安装旋钮。不需要经常进行调节的电位器，可选用轴端带有刻槽的，用螺丝刀调整好后不再经常转动转轴轴柄。收音机中的音量控制电位器，一般选用带开关电位器。

2．电位器的使用

（1）认真检测电位器的质量好坏。使用前必须对电位器进行认真的检测，确认电位器无故障后再上机使用。尤其是对于一些使用过的电位器，必须要仔细检查其引出端子是否松动，接触是否良好、可靠。对于不符合要求的电位器，不能勉强使用，否则将影响电路正常工作，甚至导致其他电子元器件损坏。

（2）安装牢固可靠。安装电位器时，应用紧固零件将其固定牢靠。不得使电位器松动、与电路中其他电子元器件相碰。在日常使用中，若发现电位器松动，应及时紧固，以免后患。

（3）正确连接引脚。电位器在装入电路时，要注意三只引脚的正确连接。如图2-22所示，用1、2、3分别表示电位器的三只引脚。其中，中间的引脚2是连接电位器动触点的，当转轴按顺时针方向旋转时，动触点2从电位器1端向3端滑动，因此装入电路时，应根据这一规律进行连接。例如，在音量控制电路中，1端应接信号低端，而3端应接信号高端，若1、3两端接反，则顺时针调节时，音量会变得越来越小，不符合人们的习惯。

将电位器作为可变电阻器使用时，应按图2-23（a）进行连接，即将电位器动触点引脚和另两只引脚中的任一只引脚连接在一起，这样即使动触点与电阻体接触不良，甚至开路，也不会使电路出现开路故障。若按图2-23（b）进行连接，则当动触点与电阻体接触不良时，可能会使电路出现开路故障。

在扩音机、收录机等电路中，电位器常用来在信号电路中调节信号的大小。这时，应将其外壳接地，以屏蔽电位器内部，消除外界磁场干扰。

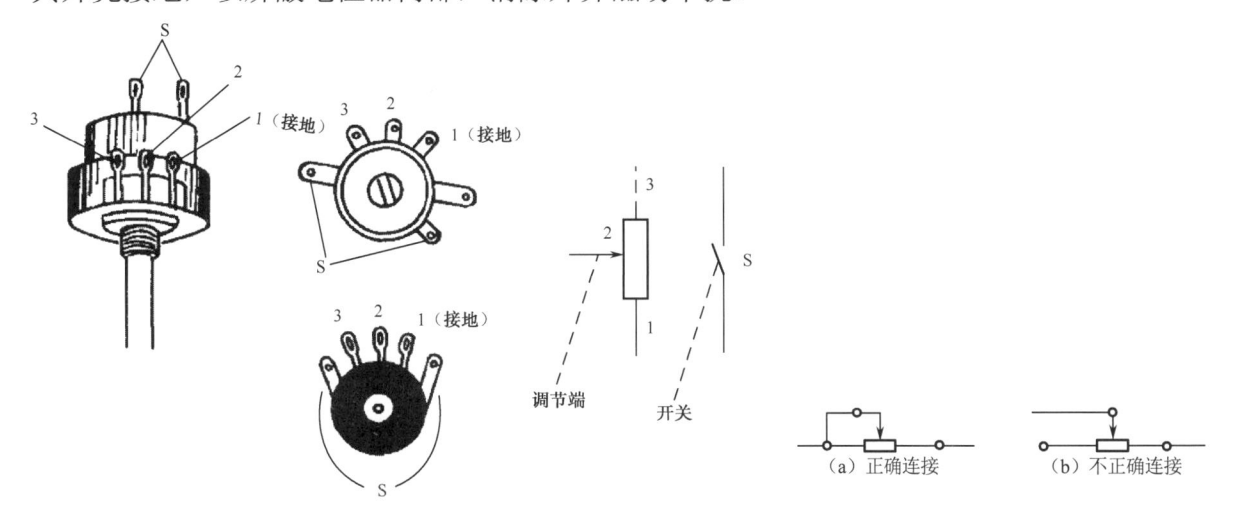

图 2-22　电位器引脚的正确连接方式　　　图 2-23　电位器用作可变电阻器时的连接方法

（4）调节用力适度。电位器是一种可调的电子元器件，由于调节频繁，磨损比较严重，因此在电视机、收音机等电气设备中，电位器的损坏是常见的故障。为了延长电位器的使用寿命，减少损坏，在使用中应注意，调节时用力均匀，不要猛开或猛关带开关电位器。

3．电位器的质量检测

检查电位器时，首先要转动轴柄，查看轴柄转动是否平滑，开关是否灵活，开关时，"咔哒"声是否清脆，并听一听电位器内部接触点和电阻体摩擦的声音，若有"沙沙"声，说明电位器质量不好。用指针式万用表检测电位器时，先根据被测电位器的标称电阻值，选择合适的电阻挡，然后按下述方法进行检测。

（1）测量电位器的电阻。

用指针式万用表的电阻挡测量电位器"1""3"两端之间的电阻，其读数应为电位器的标称电阻，如图 2-24 所示。若指针式万用表的指针不动或电阻相差很多，则表明该电位器已损坏。

（2）检测电位器的可动臂与电阻片的接触是否良好。

用指针式万用表的电阻挡测量电位器"1""2"（或"2""3"）两端之间的电阻，如图 2-25 所示。先将电位器的轴柄逆时针旋至接近"关"的位置，这时电阻越小越好，再顺时针慢慢旋转轴柄，电阻应逐渐增大，指针应平稳移动。当轴柄旋至极端位置"3"时，电阻应接近电位器的标称电阻，若指针式万用表的指针在电位器的轴柄转动过程中有跳动现象，说明可动臂与电阻片有接触不良的故障。

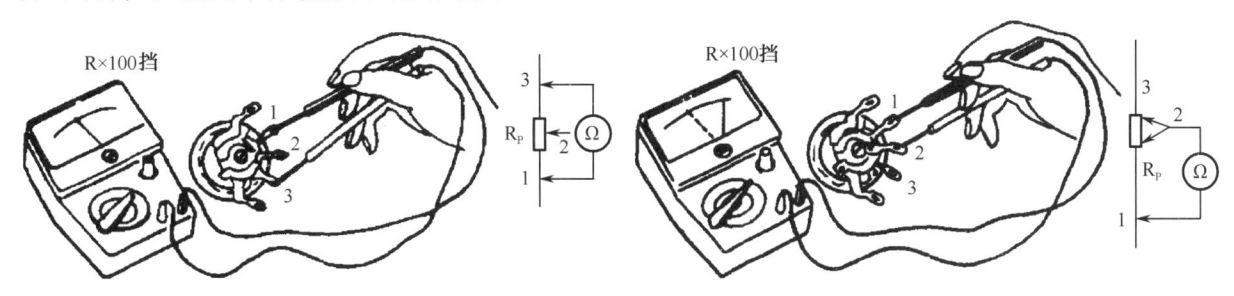

图 2-24　测量电位器的电阻　　　图 2-25　检测电位器可动臂与电阻片的接触情况

（3）测试开关的好坏。

对于带开关电位器，检测时可用指针式万用表的 R×1 挡判断"4""5"两端间的通、断情况是否正常，如图 2-26 所示。旋转电位器的轴柄，使开关由开到关，观察指针式万用表指示的电阻为零还是无穷大。开、关多次，观察指针式万用表是否每次都反应正确。若开关在"开"的位置时，电阻不为零，说明开关触点接触不良；若开关在"关"的位置时，电阻不为无穷大，说明开关失控。

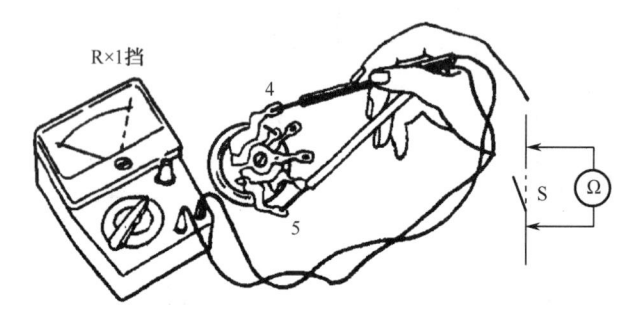

图 2-26 检测电位器开关好坏

（4）检查外壳与引脚的绝缘。

将指针式万用表的转换开关旋至 R×10k 挡，将一只表笔接至电位器外壳，另一只表笔逐个接触 1、2、3、4、5 焊片，电阻均应为无穷大，若有电阻或电阻为零，说明外壳与引脚之间有短路的地方。

2.5.4 电位器的修复

电位器常见故障有接触不良、电阻体磨损、转轴旋转不灵活等。修复时，可针对不同情况采取下列几种办法进行处理。

（1）当簧片弹性不足时，可把电位器拆开，将簧片接点和簧片根部适当向下压，使簧片接点和碳膜之间的接触压力增加。

（2）当碳膜表面磨损，造成接触不良时，可以适当将簧片接点向里或向外拨动一下，使簧片接点离开原碳膜位置，接触变得良好。

（3）若碳膜部分磨损脱落，可将软铅笔芯研成粉末，掺入黏合剂，拌匀后涂抹在碳膜脱落部位。

（4）如果引脚和碳膜之间接触不良，可用汽油或酒精将接触处清洗干净，再用螺丝刀或钳子将引脚处夹紧。

（5）如果电位器出现关不死（调不到零）的现象，可用较粗的铅笔在碳膜电阻体的终端接触处反复涂抹，以消除死点。

（6）电位器的转轴旋转不灵活一般是由轴内进入尘土或润滑油耗尽造成的，此时可将电位器拆开，用汽油或酒精清洗，然后在转轴处加入适量黄油，按原位装好即可使用。若拆卸电位器困难，也可直接在转轴处滴入汽油，边滴汽油边转动转轴，使污物逐渐排出，最后滴入一小滴机油即可恢复灵活。注意，机油切忌滴入过多，防止其流入电阻体内，造成动接点与电阻体接触不良。

2.6 技能训练——用万用表测量电阻

1. 实训目的

（1）掌握识别常用电阻器、电位器的型号及主要参数的方法。

（2）熟练使用万用表对电阻器、电位器的质量进行检测。

2. 实训器材

数字万用表、指针式万用表各 1 块，10 种不同色环的电阻器。

3. 实训步骤

利用指针式万用表电阻挡可以测量导体的电阻。电阻挡用"Ω"表示，分为 R×1、R×10、R×100 和 R×1k 四挡。有些指针式万用表还有 R×10k 挡。使用指针式万用表电阻挡测量电阻时，除前面讲的使用前应做到的要求外，还应遵循以下步骤。

（1）将指针式万用表置于 R×100 挡，将两表笔短接，调整机械调零螺钉使指针指向电阻刻度线右端的零位。若指针无法指向零位，说明表内电池电压不足，应更换电池。

（2）用两表笔分别接触被测电阻器两引脚进行测量。正确读出指针所指电阻的数值，再乘倍率（R×100 挡应乘 100，R×1k 挡应乘 1000 等），就可得到被测电阻器的电阻。

（3）为使测量较为准确，测量时应使指针指在电阻刻度线中心位置附近。若指针偏角较小，应换用 R×1k 挡；若指针偏角较大，应换用 R×10 挡或 R×1 挡。每次换挡后，应再次调整机械调零螺钉，使指针指向电阻刻度线右端的零位，然后再测量。

（4）测量结束后，应拔出表笔，将转换开关置于"OFF"挡或最高交流电压挡，收好指针式万用表。

4. 实训注意事项

（1）应先将被测电阻器从电路中拆下后再测量。

（2）两只表笔不要长时间碰在一起。

（3）两只手不能同时接触两只表笔的金属杆或被测电阻器的两引脚，最好用右手同时持两只表笔。

（4）长时间不使用指针式万用表时，应将表中电池取出。

5. 实训任务记录

（1）根据所学知识填写表 2-9。

表 2-9 标称电阻及允许偏差的识别

根据色环写出标称电阻及允许偏差			根据标称电阻及允许偏差写出色环		
编 号	色 环	标称电阻及允许偏差	编 号	标称电阻及允许偏差	色 环
1	棕黑黑金		1	0.5Ω±5%	
2	棕黑绿金		2	1Ω±5%	

续表

根据色环写出标称电阻及允许偏差			根据标称电阻及允许偏差写出色环		
编　号	色　　环	标称电阻及允许偏差	编　号	标称电阻及允许偏差	色　环
3	蓝灰橙银		3	470Ω±5%	
4	黄紫橙银		4	1kΩ±1%	
5	棕黑黑棕棕		5	1.8Ω±10%	
6	棕黄紫金棕		6	2.7kΩ±10%	
7	红黄黑金		7	24kΩ±10%	
8	紫绿红银		8	100kΩ±10%	
9	红紫黄棕		9	150kΩ±10%	
10	绿棕棕金		10	274kΩ±10%	
准确率			准确率		

（2）请在表 2-10 中注明实训用电阻器的色环（按顺序）及对应的标称电阻值，并多次练习，提高识别速度。

表 2-10　实训用电阻器的色环与对应的标称电阻值

编　号	色　　环	标称电阻值	编　号	色　　环	标称电阻值
1			6		
2			7		
3			8		
4			9		
5			10		
识别过程中出现的问题						

6. 实训评分标准

请根据表 2-11 中的评分标准进行评分。

表 2-11　实训评分表

考核项目	配　分	技 术 要 求	评分标准	扣　分	得　分
色环电阻器的识别（5个）	40分	根据色环顺序正确读出电阻器的电阻	（1）不会确认色环顺序，每个扣8分 （2）会确认色环顺序，但不了解色环含义，每个扣5分 （3）识读结果错误，每个扣3分		
电阻器的检测（5个）	50分	正确使用万用表进行检测，测量结果正确	（1）万用表使用不正确，每个扣5分 （2）测量结果不正确，每个扣5分 （3）不会检测，每个扣10分		
安全文明生产	10分	违反安全文明生产规程，扣5~10分			
工时：45分钟	没来本节课评分为0分，离岗扣5分，迟到扣5分，打扰别人扣10分，带零食进实验室扣10分			总分	

第 3 章 电容器的识别与检测

电容器的英文名称是 Capacitor，它是由两块互相靠近但又彼此绝缘的金属板组成的，两块金属板中间隔以绝缘材料。它具有储存电荷的特性，是各类电子电路中不可缺少的元件，用字母 C 表示。电容器在电路中具有隔断直流电、通过交流电（隔直流通交流）的作用，因此常用于级间耦合、滤波、去耦、旁路及信号调谐（选择电台）等方面。

3.1 电容器的感性认识

3.1.1 印制电路板上的电容器

最简单的电容器就是在隔开的两块金属板上引出两电极，两块金属板间的空气构成绝缘介质。

电容器一般有两只引脚，有圆柱、薄片等形状。电容器表面往往标出其电容量和极性，如 1000μF。电容器的符号为 C，在电路图和印制电路板中一般将字母 C 标出来，同时也将电容器的容量标出来，极性电容器还用"+"标出其正极或用"-"标出其负极，印制电路板上的电容器如图 3-1 所示，其中的 C3、C6、C5、C7 就是电容器。

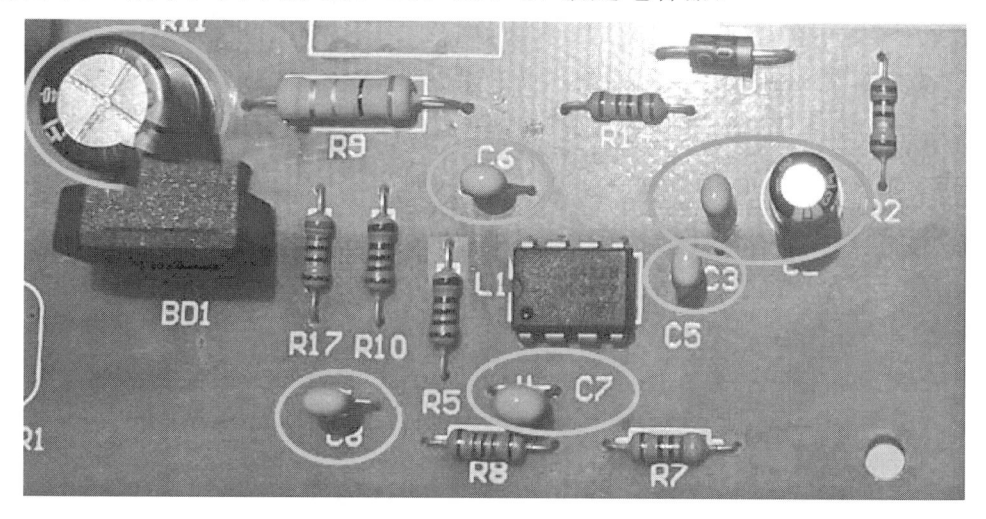

图 3-1 印制电路板上的电容器

3.1.2 常见电容器的外形

电容器的种类繁多，外观也多种多样。一般来说，由于电容器独特的特性，不容易集成化，因此其体积通常比印制电路板上其他电子元器件的体积大。除此之外，手机和计算机中还有大量的贴片电容器存在。

常见电容器的外形如图 3-2～图 3-6 所示。

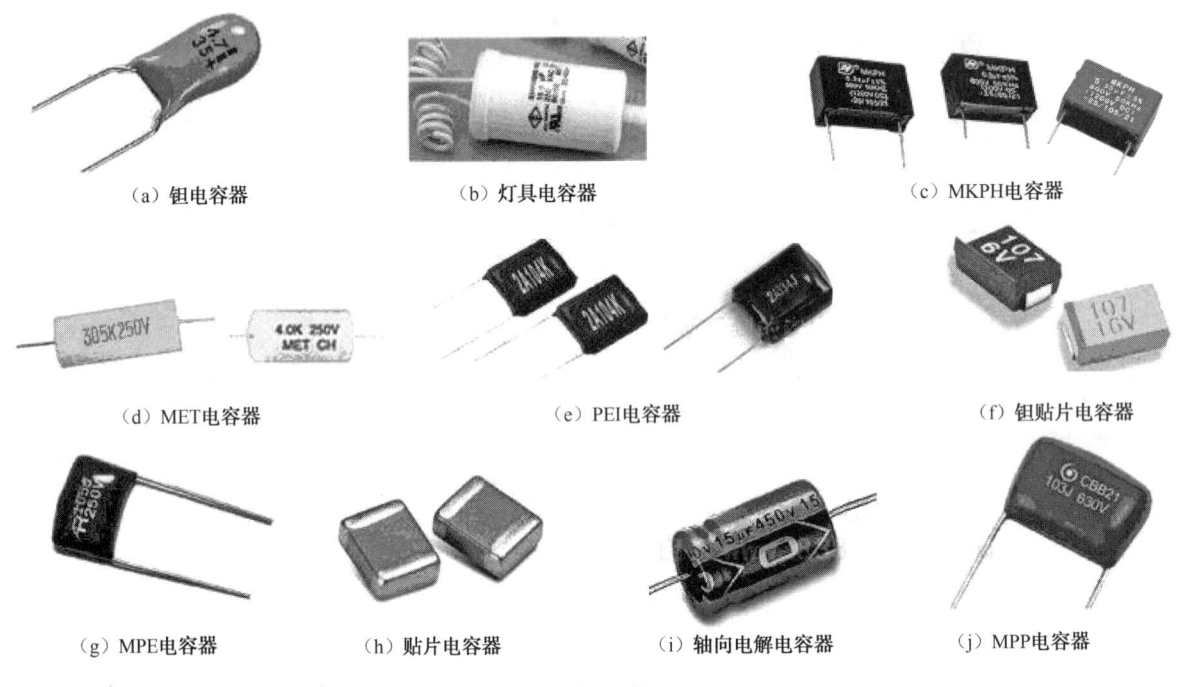

（a）钽电容器　　（b）灯具电容器　　（c）MKPH电容器

（d）MET电容器　　（e）PEI电容器　　（f）钽贴片电容器

（g）MPE电容器　　（h）贴片电容器　　（i）轴向电解电容器　　（j）MPP电容器

图 3-2　常见电容器的外形（一）

在图 3-2 中，图 3-2（a）所示为钽电容器，图 3-2（b）所示为灯具电容器，图 3-2（c）所示为 MKPH 电容器，图 3-2（d）所示为 MET 电容器。图 3-2（e）所示为 PEI 电容器，图 3-2（f）所示为钽贴片电容器，图 3-2（g）所示为 MPE 电容器，图 3-2（h）所示为贴片电容器，图 3-2（i）所示为轴向电解电容器，图 3-2（j）所示为 MPP 电容器。

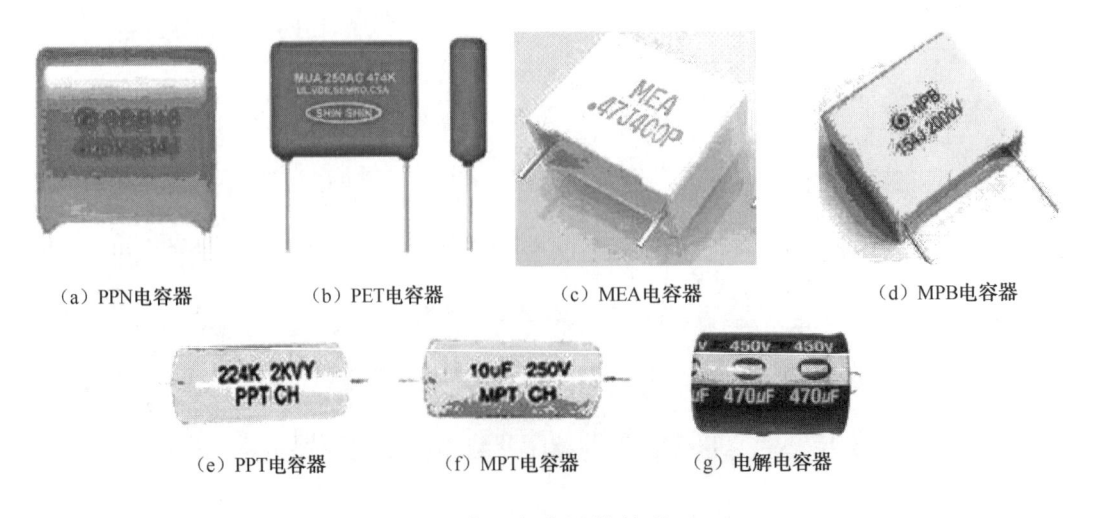

（a）PPN电容器　　（b）PET电容器　　（c）MEA电容器　　（d）MPB电容器

（e）PPT电容器　　（f）MPT电容器　　（g）电解电容器

图 3-3　常见电容器的外形（二）

(h)电机用电容器　　　　　　　　　　　(i)MKS电容器

图3-3　常见电容器的外形（二）（续）

在图3-3中，图3-3（a）所示为PPN电容器，图3-3（b）所示为PET电容器，图3-3（c）所示为MEA电容器，图3-3（d）所示为MPB电容器，图3-3（e）所示为PPT电容器，图3-3（f）所示为MPT电容器，图3-3（g）所示为电解电容器，图3-3（h）所示为电机用电容器，图3-3（i）所示为MKS电容器。

(a)瓷片电容器　　　　　　　(b)MKP电容器

(c)贴片电解电容器　　(d)MKT电容器

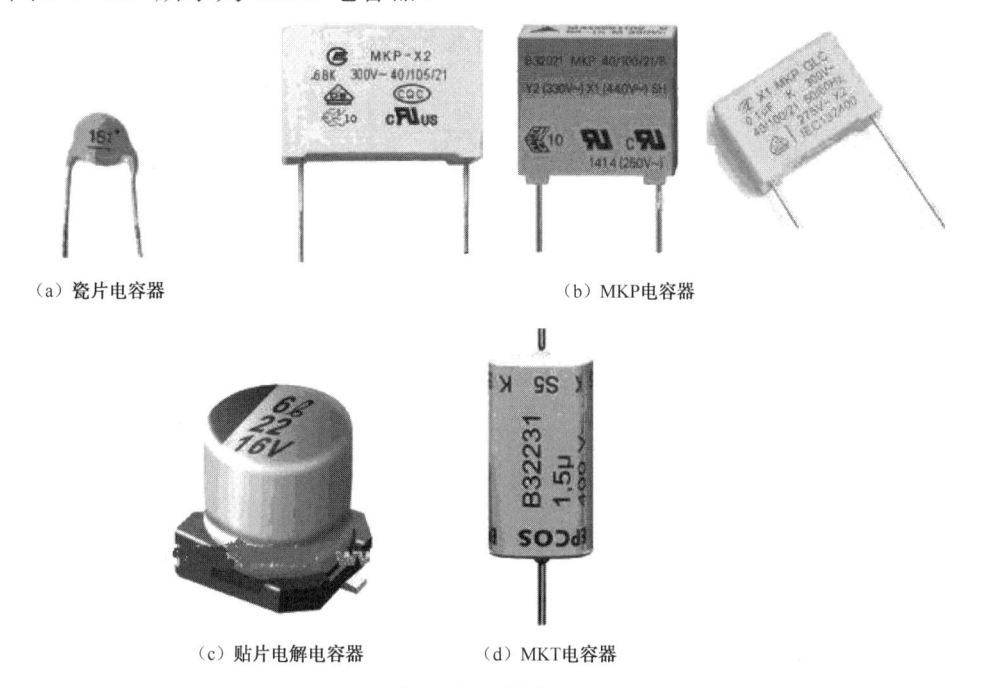

图3-4　常见电容器的外形（三）

在图3-4中，图3-4（a）所示为瓷片电容器，图3-4（b）所示为MKP电容器，图3-4（c）所示为贴片电解电容器，图3-4（d）所示为MKT电容器。

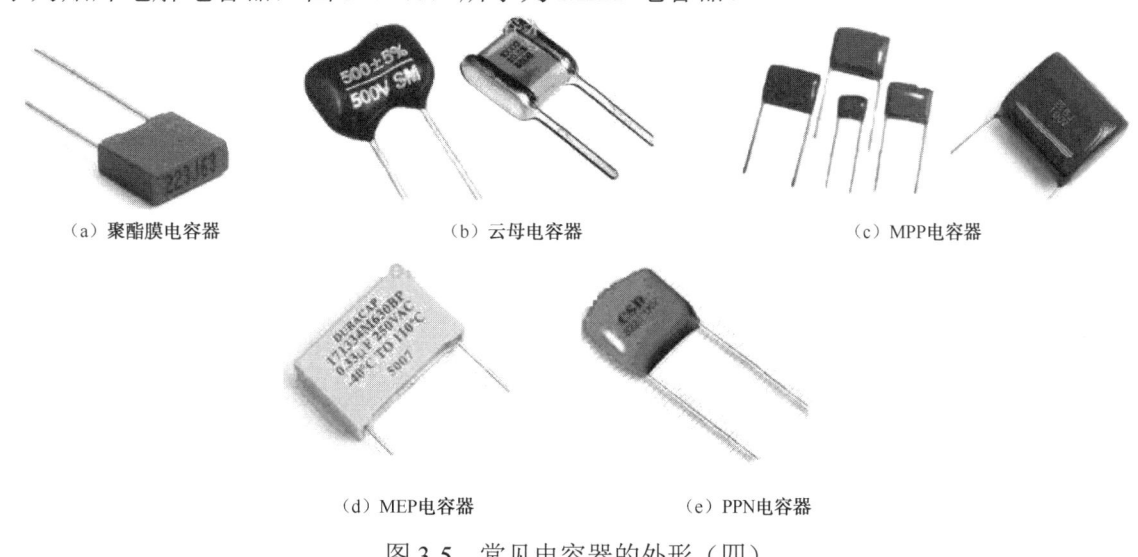

(a)聚酯膜电容器　　　　　(b)云母电容器　　　　　(c)MPP电容器

(d)MEP电容器　　　　(e)PPN电容器

图3-5　常见电容器的外形（四）

在图 3-5 中，图 3-5（a）所示为聚酯膜电容器，图 3-5（c）所示为云母电容器，图 3-5（c）所示为 MPP 电容器，图 3-5（d）所示为 MEP 电容器，图 3-5（e）所示为 PPN 电容器。

（a）陶瓷电容器　　　　　　　　　　　　　　（b）色环陶瓷电容器

（c）电机启动及运行电容器　　　　　　　　　（d）充放电用电容器

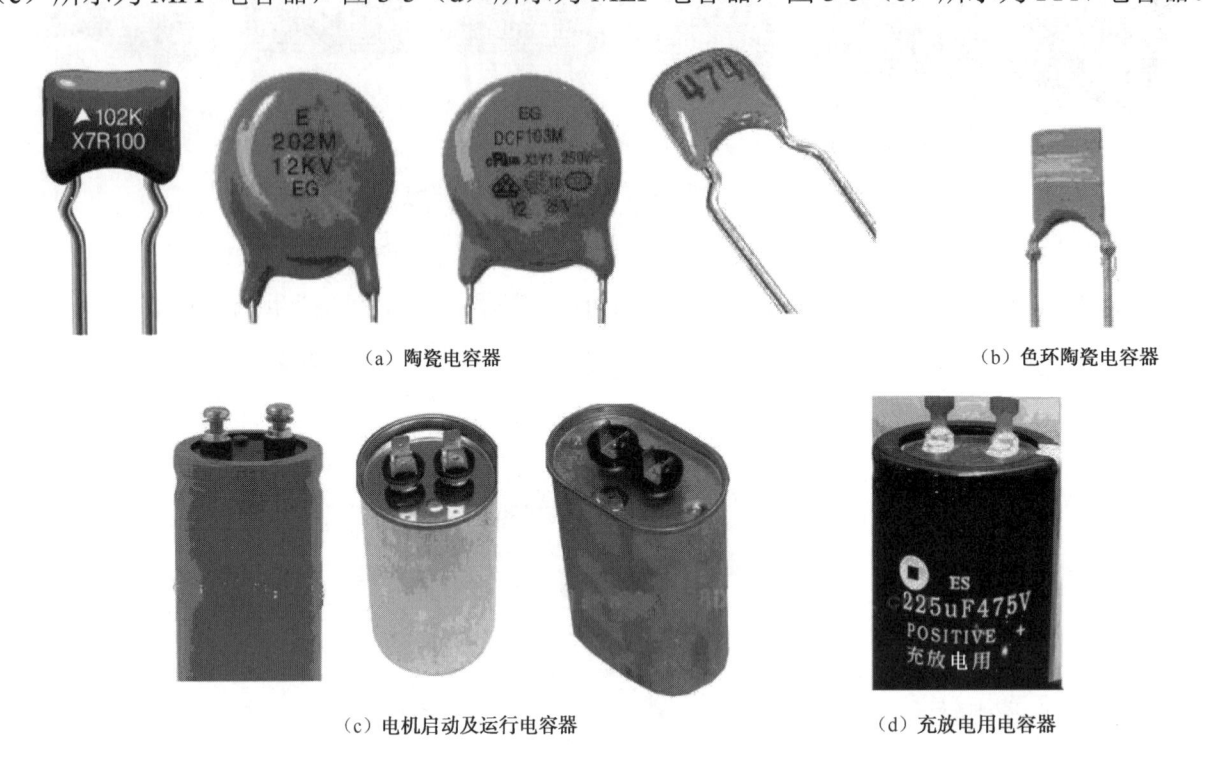

图 3-6　常见电容器的外形（五）

在图 3-6 中，图 3-6（a）所示为陶瓷电容器，图 3-6（b）所示为色环陶瓷电容器，图 3-6（c）所示为电机启动及运行电容器，图 3-6（d）所示为充放电用电容器。

3.2 电容器的电容量及单位

电容器最基本的性质是储存电荷。作为电荷的"容器"，其电容量有大小之分。

电容器充电后，它的两极板之间要产生电压。实验证明，对任意一只电容器来说，两极板间的电压越高，电容器所储存的电荷量就越大。电容器储存的电荷量与极板间电压的比值始终是一个常数，它表征了这只电容器的特性，这个比值称为电容器的电容量，简称电容或容量。

若用 Q 表示电容器所储存的电荷量，用 U 表示其两极板间的电压，用 C 表示它的电容量，则有

$$C = \frac{Q}{U}$$

式中，Q 的单位为库［仑］（C）；U 的单位为伏［特］（V）；C 的单位为法［拉］（F）。

上式的含义是：把在 1V 电压作用下电容器能够储存的电荷量称为该电容器的电容量。如果一只电容器加上 1V 电压后所储存的电荷量恰好是 1C，则该电容器的电容量就是 1F。

3.3 电容器的作用及电路符号

3.3.1 电容器的作用

电容器用于储存电荷、隔断直流信号、耦合交流信号。一般而言，电容器在电路中有以下主要功能。

（1）用于稳定电压（滤波电容器）。
（2）用于形成交流通路（耦合电容器）。
（3）用于隔离直流（隔直电容器）。
（4）与电阻器或电感器形成谐振（时间常数电容器）。
（5）用于定时（时间常数电容器）。

除上述功能外，电容器还具有储存电荷的能力，可以将电能逐渐积累起来，也可在很短的时间内将电能向外电路输送出去，从而获得大功率的瞬间脉冲。

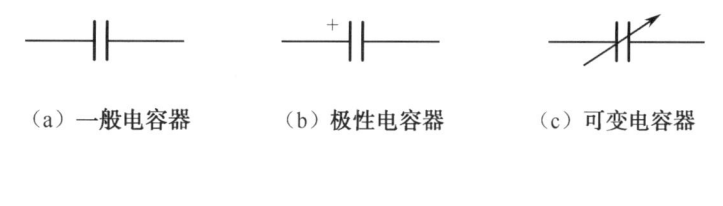

3.3.2 电容器的电路符号

电容器的电路符号如图 3-7 所示。

（a）一般电容器　　（b）极性电容器　　（c）可变电容器

（d）同轴双联电容器　　（e）微调电容器

图 3-7　电容器的电路符号

3.4 电容器的型号命名方法

电容器的型号命名方法如表 3-1 所示。

例如，CJX-250-0.33-±10%电容器，其中 C 表示电容器，J 表示材料是金属化纸介质，X 表示特征为小型,其余数字表示额定工作电压是 250V,标称电容为 0.33μF,允许偏差为±10%。

通常，人们根据需要仅列出电容器型号的主要部分。例如，CC203 表示标称电容为 20000pF 的陶瓷电容器。

表3-1 电容器的型号命名方法

第一部分：主称		第二部分：材料		第三部分：特征分类					第四部分：序号
符号	意义	符号	意义	符号	意义				
^	^	^	^	^	陶瓷	云母	有机介质	电解	^
C	电容器	A	钽电解	1	圆形	非密封	非密封（金属箔）	箔式	对于材料、特征相同，仅尺寸和性能指标略有差别但基本上不影响互换使用的产品，可以给同一序号；对于材料、特征相同，仅尺寸和性能指标有所差别且已明显影响互换使用的产品，仍给同一序号，但在序号后面用一个字母作为区别代号
^	^	B	非极性有机薄膜介质	2	管形（圆柱）	非密封	非密封（金属化）	箔式	^
^	^	C	1类陶瓷介质	3	叠片	密封	密封（金属箔）	烧结粉非固体	^
^	^	D	铝电解	4	多层（独石）	独石	密封（金属化）	烧结粉固体	^
^	^	E	其他材料电解	5	穿心		穿心		^
^	^	G	合金电解	6	支柱式		交流	交流	^
^	^	H	复合介质	7	交流	标准	片式	无极性	^
^	^	I	玻璃釉介质	8	高压	高压	高压		^
^	^	J	金属化纸介质	9			特殊	特殊	^
^	^	L	极性有机薄膜介质	G	高功率				^
^	^	N	铌电解	W	微调				^
^	^	O	玻璃膜介质	J	金属化				^
^	^	Q	漆膜介质	X	小型				^
^	^	S	3类陶瓷介质						^
^	^	T	2类陶瓷介质						^
^	^	V	云母纸介质						^
^	^	Y	云母介质						^
^	^	Z	纸介质						^

3.5 电容器的主要参数

1. 电容量

电容量是指电容器储存电荷的能力。常用的单位有法（F）、毫法（mF）、微法（μF）、纳法（nF）和皮法（pF），皮法以前又称微微法。它们的关系为

$$1F=10^3 mF=10^6 μF=10^9 nF=10^{12} pF$$

有些电容器上全部用数字来标注其电容量。这时最后一位数字是倍率，即表示附加零的个数，前面的几个数字是电容量的有效数字，其单位一般是pF。例如，若电容器上标注332，则表示该电容器的电容量为3300pF。

许多电容器会直接标注电容量，这时采用实用单位或辅助单位。例如，习惯上把 4.7pF 标注为 4p7，把 1000pF、4700pF、0.01μF、0.022μF、0.1μF、0.56μF 分别标注为 1n、4n7、10n、22n、100n 和 560n，把 4.7μF 标注为 4μ7。

小容量电容器以 pF 为单位时可以省略其单位，如把 47pF、470pF 分别标注为 47、470。大容量电解电容器以μF 为单位时也可以省略其单位，大容量的电容器一般是电解电容器，在

电解电容器的电路符号旁标注 47、1000 是指该电容器的电容量为 47μF、1000μF。由于电解电容器和一般电容器很容易区分，所以此时即使不标注单位，也不会弄错。对于有工作电压要求的电容器，文字标注一般采取分数的形式：横线上面按上述格式表示电容量，横线下面用数字标出电容量所要求的额定工作电压。

2．耐压

电容器的耐压常用以下三个量表示。

（1）额定工作电压：指电容器能长期安全运行的最高工作电压。一般电容器外壳上标注的就是额定工作电压。一旦外加电压超过额定工作电压，电容器中的电介质就会被击穿，导致两个极板间短路。

额定工作电压是电容器在规定的工作温度范围内，长期、可靠地工作所能承受的最高电压。常用电容器的额定工作电压系列为 6.3V、10V、16V、25V、40V、63V、100V、160V、250V 和 400V。

（2）试验电压：指短时间（通常为 5～60s）加上不会使电容器击穿的电压。试验电压比额定工作电压高约 1 倍。电解电容器无试验电压。

（3）交流工作电压：指电容器能长期安全工作所允许加的最大交流电压有效值。工作在交流状态（如用于交流降压、耦合等）的电容器对交流工作电压有要求。

3．允许偏差

电容器壳体上标注的电容量称为标称电容。

允许偏差是电容器的实际电容量相对于标称电容的最大允许偏差范围。

$$\delta = \frac{C - C_R}{C_R} \times 100\%$$

式中，δ 为允许偏差；C 为电容器的实际电容量；C_R 为电容器的标称电容。标称电容量（标称电容+允许偏差）系列的规定方法与标称电阻值系列的规定方法基本相同。

电容器的精度等级与允许偏差的对应关系：00（01）——±1%、0（02）——±2%、Ⅰ——±5%、Ⅱ——±10%、Ⅲ——±20%、Ⅳ——（+20%～-10%）、Ⅴ——（+50%～-20%）、Ⅵ——（+50%～-30%）。

一般电容器的精度等级通常为Ⅰ级、Ⅱ级、Ⅲ级，电解电容器的精度等级通常为Ⅳ级、Ⅴ级、Ⅵ级，实际应用时可根据用途选用。

4．绝缘电阻

绝缘电阻是指加在电容器上的直流电压与通过它的漏电流的比值。绝缘电阻一般应在 5000MΩ 以上，优质电容器的绝缘电阻可达 TΩ（10^{12}Ω，称为太欧姆）级。

5．电容器的频率特性

电容器在交流电路（特别是高频电路）中工作时，其电容量将随频率而变化。此时电容器的等效电路为 RLC 串联电路。每只电容器都有一个固有谐振频率，在交流电路中，电容器的工作频率应远低于其固有谐振频率。

6. 电容器使用环境的温度和湿度

电容器的浸渍材料熔点都很低，因此一般电容器使用环境的温度不能高于 80℃。在严寒条件下，电解电容器的电解质可能结冰，应予以重视。根据使用环境的温度不同，可将电解电容器分为 4 组，如表 3-2 所示。

表 3-2 电解电容器使用环境的温度

组 别	T	G	N	B
使用环境温度/℃	−60～+60	−50～+60	−40～+60	−10～+60

一般电容器使用环境的相对湿度不应超过 80%。

3.6 电容器的分类

电容器可以根据其结构、电容量是否可调整、介质材料、作用、外形封装等方面的不同，分为多种类型。

根据电容器的电容量是否可调整及其结构不同，可将电容器分为固定电容器和可变电容器（包括微调电容器）。

根据电容器使用的介质材料不同，可将电容器分为有机介质电容器（包括漆膜电容器、混合介质电容器、纸介电容器、有机薄膜介质电容器、纸膜复合介质电容器等）、无机介质电容器（包括陶瓷电容器、云母电容器、玻璃膜电容器、玻璃釉电容器等）、电解电容器（包括铝电解电容器、钽电解电容器、铌电解电容器、钛电解电容器及合金电解电容器等）和气体介质电容器（包括空气电容器、真空电容器和充气电容器等）。

根据电容器的作用不同，可将电容器分为高频电容器、低频电容器、高压电容器、低压电容器、耦合电容器、旁路电容器、滤波电容器、中和电容器、调谐电容器。

根据电容器的外形封装不同，可将电容器分为圆柱形电容器、圆片形电容器、管形电容器、叠片形电容器、长方形电容器、珠状电容器、方块状电容器和异形电容器等。

根据电容器的引线不同，可将电容器分为轴向引线型电容器、径向引线型电容器、同向引线型电容器和贴片（无引线型）电容器等。

3.7 常用电容器介绍

3.7.1 电解电容器

电解电容器的介质材料是一层附在金属极板上的氧化膜。有极性电解电容器的正极为粘有氧化膜的金属极板，负极通过金属极板与电解质（固体或非固体）相连接。无极性（双极性）电解电容器采用双氧化膜结构，可看作将两只有极性电解电容器的两个负极相连接后构成的，其两个电极分别与两个金属极板（均粘有氧化膜）相连，两组氧化膜中间为电解质。

有极性电解电容器通常在电源电路或中低频电路中用于电源滤波、退耦、信号耦合、时间常数设定及隔直流等，一般不能用于交流电源电路。有极性电解电容器在直流电源电路中作为滤波电容器使用时，其正极（阳极）应与电源电压的正极相连接，负极（阴极）与电源电压的负极相连接，不能接反，否则会损坏电容器。无极性电解电容器通常用于音箱分频器电路、电视机 S 校正电路及单相电动机启动电路。

电解电容器按其金属极板的材料不同，又可分为铝电解电容器、钽电解电容器、铌电解电容器及合金电解电容器等。

（1）铝电解电容器。

铝电解电容器是将附有氧化膜的铝箔（正极）和浸有电解液的衬垫纸，与负极（阴极）箔叠在一起卷绕而成的，它分为有极性和无极性两种结构，其外形封装有管式和立式；电极引出方式有轴向型、同向型（单向）和螺栓式；外壳有纸壳、铝壳和塑料壳（铝壳电解电容器外面还套有蓝色、黑色或灰色的塑料套，上面标注型号、电容量、耐压及允许偏差等）。

铝电解电容器广泛应用于家用电器和各种电子产品中，其电容量范围较大，一般为 1～10000μF，额定工作电压范围为 6.3～450V。其缺点是介质损耗、允许偏差较大（最大允许偏差为+100%，−20%），耐高温性能较差，存放时间较长时易失效。

（2）钽电解电容器。

钽电解电容器有无极性钽电解电容器和有极性钽电解电容器之分。有极性钽电解电容器的正极（阳极）材料采用金属钽，与铝电解电容器相比，其介质损耗小、频率特性好、耐温高、漏电流小，但生产成本高、耐压低。钽电解电容器广泛应用于通信、航天、军工及家用电器领域中的各种中低频电路和时间常数电路。

根据钽电解电容器正极结构不同，可将钽电解电容器分为箔式钽电解电容器和钽粉烧结式钽电解电容器两种。箔式钽电解电容器又称液体钽电解电容器，内部采用卷绕芯子，负极为液体电解质，介质为氧化钽。氧化钽较铝电解电容器的氧化膜介质稳定性高、寿命长。箔式钽电解电容器通常采用银外壳，封装形式为管式轴向型或立式柱型。

3.7.2 固体有机介质电容器

固体有机介质电容器包括纸介电容器、有机薄膜介质电容器（又称塑料薄膜电容器，它是用有机塑料薄膜作介质，用铝箔或金属化薄膜作电极，再按一定工艺及方法卷绕制成的。它可按使用的介质材料分为聚苯乙烯电容器、涤纶电容器、聚丙烯电容器、漆膜电容器、聚四氟乙烯电容器等多种）、纸膜复合介质电容器、混合介质电容器等。

（1）纸介电容器。

纸介电容器是以较薄的电容器专用纸为介质，用铝箔或铅箔作电极，经卷绕成形、浸渍后封装而成的。根据封装结构不同，可将纸介电容器分为密封式纸介电容器和半密封式纸介电容器；根据外形及外壳封装材料不同，可将纸介电容器分为瓷管密封纸介电容器、金属壳方块形高压密封纸介电容器和透明塑料外壳管形纸介电容器等；根据卷绕方法不同，可将纸介电容器分为有感式纸介电容器和无感式纸介电容器。有感式纸介电容器两个电极的金属箔完全平齐，绕成的电容器芯子类似带状电感器线圈，其电感量较大，不能用于高频电路。无感式纸介电容器两个电极的金属箔是错开的，电感量很小，可用于高频电路。

（2）金属化纸介电容器。

金属化纸介电容器是采用真空蒸发技术在涂有漆膜的纸上再蒸镀一层金属膜作为电极形成的。与普通纸介电容器相比，它具有体积小、电容量大、击穿后自愈能力强等优点。

（3）涤纶电容器。

涤纶电容器是以有极性聚酯薄膜为介质制成的正温度系数（温度升高时，电容量变大）的无极性电容器。它具有耐高温、耐高压、耐潮湿、价格低等优点，一般应用于各种中低频电路。它有箔式涤纶电容器和金属化涤纶电容器之分。箔式涤纶电容器是将聚酯薄膜和铝箔叠在一起卷绕而成的，其导电电极为铝箔。金属化涤纶电容器是预先用真空蒸发的方法在聚酯薄膜上蒸发一层极薄的金属膜（一般为铝膜），再将薄膜卷绕而成的，其导电电极为蒸发的金属膜。这种电容器的绝缘性能好、电感量小，具有击穿后自愈的特性。

（4）聚苯乙烯电容器。

聚苯乙烯电容器是以无极性聚苯乙烯薄膜为介质制成的一种负温度系数（温度升高时，电容量变小）的无极性电容器，有箔式聚苯乙烯电容器和金属化聚苯乙烯电容器两种类型。箔式聚苯乙烯电容器具有绝缘电阻大、介质损耗小、电容量稳定、精度高等优点，可以在中高频电路中使用，其缺点是体积大、耐热性较差。金属化聚苯乙烯电容器的防潮性和稳定性较箔式聚苯乙烯电容器好，且击穿后能自愈，但其绝缘电阻相对偏小，高频特性差。

（5）聚丙烯电容器。

聚丙烯电容器又称 CBB 电容器，是以无极性聚丙烯薄膜为介质制成的一种负温度系数的无极性电容器，有箔式聚丙烯电容器和金属化聚丙烯电容器之分，其外形有方块形、矩形、管形等。

3.7.3 固体无机介质电容器

固体无机介质电容器包括陶瓷电容器、独石电容器、云母电容器和玻璃釉电容器等。

（1）陶瓷电容器。

陶瓷电容器又称瓷介电容器，是以陶瓷材料为介质，在陶瓷的表面涂覆金属（通常为银材料）薄膜，再经高温烧结后作为电极形成的。根据介质材料不同，可将陶瓷电容器分为高介电常数介质材料电容器和低介电常数介质材料电容器；根据性能等级不同，可将陶瓷电容器分为 1 类电介质（NPO、GG）陶瓷电容器、2 类电介质（X7R、2X1）陶瓷电容器和 3 类电介质（Y5V、2F4）陶瓷电容器；根据外形结构不同，可将陶瓷电介质分为管形陶瓷电容器、圆片形陶瓷电容器、筒形陶瓷电容器、叠片形陶瓷电容器、矩形陶瓷电容器、珠状陶瓷电容器、异形陶瓷电容器等；根据频率特性不同，可将陶瓷电容器分为高频陶瓷电容器和低频陶瓷电容器；根据工作电压不同，可将陶瓷电容器分为高压陶瓷电容器和低压陶瓷电容器。

1 类电介质陶瓷电容器采用具有温度补偿特性的复合型陶瓷材料，具有温度系数小、稳定性高（其电气性能不随温度、电压、时间的变化而改变）、损耗小、耐压高等优点，主要应用于高频、特高频、甚高频等电路，最大电容量不超过 1000pF。

2 类、3 类电介质陶瓷电容器又称铁电陶瓷电容器，它们的特点是材料的介电常数高、电容器的电容量大（最大电容量可达 47000pF）、体积小，损耗较 1 类电介质陶瓷电容器大、绝缘性能较 1 类电介质陶瓷电容器差，在各种中低频电路中作为隔直电容器、耦合电容器、旁路电容器和滤波电容器等使用。

（2）独石电容器。

独石电容器是用以钛酸钡为主的陶瓷材料烧结制成的多层叠片形超小型电容器，它具有性能稳定可靠、耐高温、电容量大（电容量范围为 10pF～1μF）、漏电流小等优点，在各种电子产品中作为谐振电容器、旁路电容器、耦合电容器、滤波电容器等使用。

（3）云母电容器。

云母电容器是早期使用的高性能电容器，它采用云母作为介质，在云母表面喷上一层金属膜（通常为银膜）或用金属箔作为电极，按需要的电容量叠片后经浸渍压塑在胶木板（或金属外壳、陶瓷外壳、塑料外壳）内构成，具有稳定性好、分布电感小、精度高、损耗小、绝缘电阻大、温度特性及频率特性好等优点，其电容量范围为 5～51000pF，工作电压为 50V～7kV，一般在高频电路中作为信号耦合电容器、旁路电容器、调谐电容器等使用。

（4）玻璃釉电容器。

玻璃釉电容器采用玻璃釉粉压制的薄片作为介质，电极为金属膜。它具有介质材料介电常数大、体积小、损耗小、稳定性好、漏电流小、电感量低及温度特性好等优点，其性能可以与云母电容器、陶瓷电容器相比，主要应用于高频电路。

3.7.4 可变电容器

可变电容器是一种电容量可以在一定范围内调节的电容器，通常在无线电接收电路中作为调谐电容器使用。按介质不同，可将可变电容器分为空气介质可变电容器和固体介质可变电容器。

（1）空气介质可变电容器。

空气介质可变电容器的电极由两组金属片组成。两组电极中固定不变的一组为定片，能转动的一组为动片，动片与定片之间的空气作为介质。当转动空气介质可变电容器的动片使之全部旋进定片间时，其电容量最大；反之，将动片全部旋出定片时，其电容量最小。

空气介质可变电容器分为空气单联可变电容器（简称空气单联）和空气双联可变电容器（简称空气双联，它由两组动片、定片组成，可以同轴同步旋转），如图 3-8 所示。

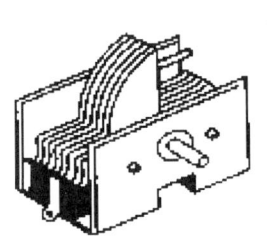

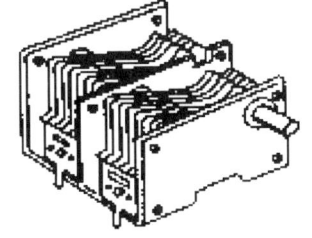

（a）空气单联可变电容器　　（b）空气双联可变电容器

图 3-8　空气介质可变电容器

（2）固体介质可变电容器。

固体介质可变电容器的动片与定片（动片、定片均为不规则的半圆形金属片）之间加入云母片或塑料（聚苯乙烯等材料）薄膜作为介质，外壳为透明或半透明塑料。其优点是体积小、质量轻，缺点是杂音大、易磨损。

固体介质可变电容器分为密封单联可变电容器（简称密封单联）、密封双联可变电容器（简称密封双联，它由两组动片、定片及介质组成，可以同轴同步旋转）和密封四联可变电容器（简称密封四联，它由四组动片、定片及介质组成）。密封单联可变电容器主要应用于简易收音机或电子仪器中，密封双联可变电容器应用于半导体收音机和有关电子仪器、电子设备中，密封四联可变电容器常应用于 AM/FM 多波段收音机中。图 3-9 所示为固体介质可变电容器的外形与电路符号。

（a）密封单联可变电容器　　（b）密封双联可变电容器　　（c）密封四联可变电容器

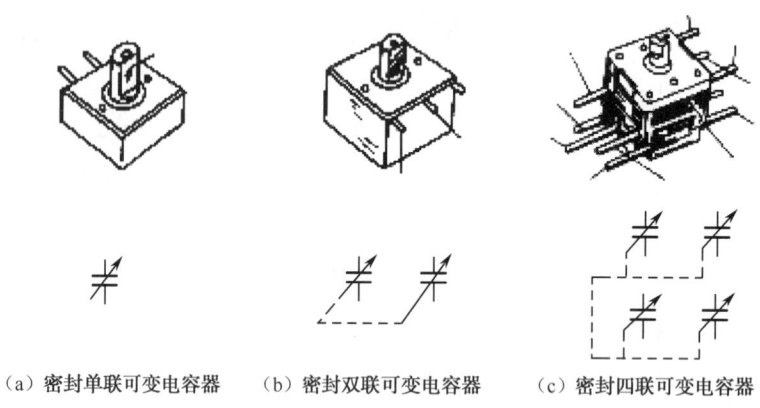

图 3-9　固体介质可变电容器的外形与电路符号

3.7.5　微调电容器

微调电容器又称半可变电容器，在各种调谐及振荡电路中用作补偿电容器或校正电容器。它分为云母微调电容器、陶瓷微调电容器、拉线微调电容器、薄膜微调电容器等。图 3-10 是微调电容器的外形与电路符号。

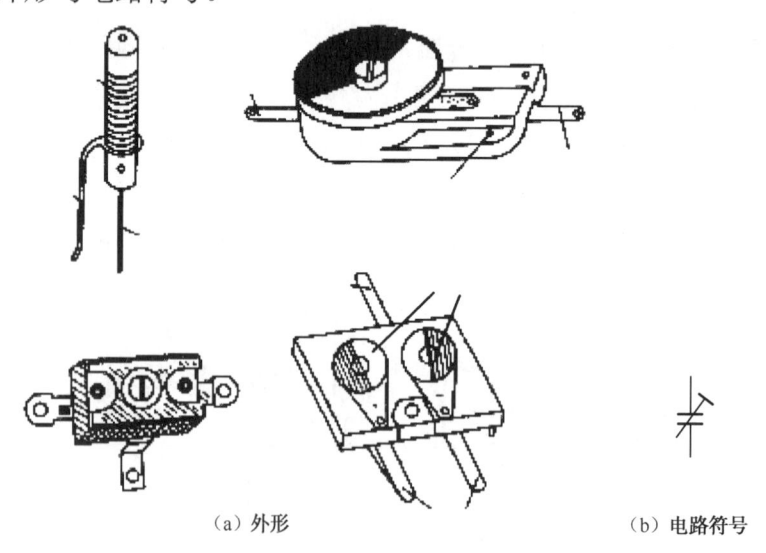

（a）外形　　　　　　　　　（b）电路符号

图 3-10　微调电容器的外形与电路符号

（1）云母微调电容器。

云母微调电容器是通过螺丝钉调节动片与定片之间的距离来改变电容量的（动片为具有弹性的铜片或铝片，定片为固定金属片，其上面贴有一层云母薄片作为介质）。它有单微调和双微调之分，电容量均可反复调节。

(2)陶瓷微调电容器。

陶瓷微调电容器将陶瓷作为介质。在动片（瓷片）与定片（瓷片）上均镀有半圆银层，旋转动片，改变两银层之间的距离，即可改变其电容量。

(3)拉线微调电容器。

拉线微调电容器早期在收音机的振荡电路中作为补偿电容器使用，它以镀银瓷管基体为定片，以外面缠绕的细金属丝（一般为细铜线）为动片，减少金属丝的圈数即可改变其电容量。拉线微调电容器的缺点是金属丝一旦被拉掉后，就无法恢复原来的电容量，其电容量只能从大调到小。

(4)薄膜微调电容器。

薄膜微调电容器以有机塑料薄膜为介质，即在动片与定片（动片、定片均为不规则半圆形金属片）之间加入有机塑料薄膜，调节动片上的螺钉，旋转动片，即可改变其电容量。它有双微调和四微调之分。有的密封双联可变电容器或密封四联可变电容器上自带薄膜微调电容器（将密封双联可变电容器或密封四联可变电容器与微调电容器制作为一个整体，微调电容器安装在外壳顶部），使用和调整更方便。

3.8 电容器的选用、代换、检测与修复

3.8.1 电容器的选用

电容器的选用有以下要点。

(1)根据应用电路的具体要求选择电容器：电容器有多种类型，选用哪种类型的电容器，应根据应用电路的具体要求而定。

通常情况下，高频和超高频电路中使用的电容器应选用云母电容器、玻璃釉电容器或高频（1类电介质）陶瓷电容器。而纸介电容器、金属化纸介电容器、有机薄膜电容器、低频（2类电介质、3类电介质）陶瓷电容器、电解电容器等一般用于中低频电路中。在调谐电路中，可选用固体介质可变电容器、空气介质可变电容器和微调电容器。

所选电容器的主要参数（包括标称电容、允许偏差、额定工作电压、绝缘电阻等）及外形尺寸等也要符合应用电路的要求。

(2)电解电容器的选用：电解电容器主要在电源电路或中低频电路中作为电源滤波电容器（10～10000μF）、退耦电容器（27～220μF）、低频电路级间耦合电容器（1～22μF）、低频旁路电容器、时间常数设定电容器、隔直电容器等使用。

在一般电源电路及中低频电路中，可以选用铝电解电容器、音箱用分频电容器、电视机S校正电容器及电动机启动电容器等，也可以选用无极性铝电解电容器。在通信设备及各种高精密电子设备的电路中，可以选用非固体钽电解电容器或铌电解电容器。

选用电解电容器时需注意，其外表面要光滑，无凹陷或残缺，塑料封套应完好，标志要清楚，引脚不能松动，引脚根部不能有电解液泄漏。

(3)固体有机介质电容器的选用：在固体有机介质电容器中，使用最多的是有机薄膜介质电容器，如涤纶电容器（CL系列）、聚苯乙烯电容器（CB系列）和聚丙烯电容器（CBB

系列）。

涤纶电容器可在收录机、电视机等电子设备的中低频电路中用作退耦电容器、旁路电容器、隔直电容器。

聚苯乙烯电容器可用于音响电路和高压脉冲电路，不能用于高频电路。

聚丙烯电容器的高频特性比涤纶电容器和聚苯乙烯电容器好，除能用于电视机、音响及其他电子设备的直流电路、高频脉冲电路外，还可作为交流电动机的启动电容器。

（4）固体无机介质电容器的选用：在固体无机介质电容器中，使用最多的是陶瓷电容器，尤其是瓷片电容器、独石电容器和无引线陶瓷电容器。

高频电路与超高频电路应选用 1 类电介质陶瓷电容器，中低频电路选用 2 类电介质陶瓷电容器。3 类电介质陶瓷电容器只能用于低频电路，而不能用于中高频电路。高频电路中的耦合电容器、旁路电容器及调谐电路中的固定电容器，均可以选用玻璃釉电容器或云母电容器。

（5）可变电容器的选用：可变电容器主要用于调谐电路。空气介质可变电容器早期用于电子管收音机及通信设备等，现在的电子设备中已很少使用，而固体介质可变电容器仍被广泛使用。调幅收音机一般可选用密封双联可变电容器，AM/FM 收音机和收录机可选用密封四联可变电容器（密封四联可变电容器外壳上通常还带有薄膜微调电容器）。

3.8.2　电容器的代换

电容器损坏后，原则上应使用与其类型相同、主要参数相同、外形尺寸相近的电容器来更换。若找不到同类型电容器，也可用其他类型的电容器代换。

纸介电容器损坏后，可用与其主要参数相同但性能更优的有机薄膜电容器或低频陶瓷电容器代换。玻璃釉电容器或云母电容器损坏后，可用与其主要参数相同的陶瓷电容器代换。用于信号耦合、旁路的铝电解电容器损坏后，可用与其主要参数相同但性能更优的钽电解电容器代换。电源滤波电容器和退耦电容器损坏后，可用较其电容量略大、耐压与其相同（或高于原电容器耐压）的同类型电容器更换。

可以用耐压较高的电容器替换电容量相同，但耐压低的电容器。

3.8.3　电容器的检测

1. 固定电容器的检测

10pF 以下的固定电容器的电容量太小，可用指针式万用表对其进行测量，定性地检查其是否漏电，内部是否短路或击穿。对于 0.01μF 以上的固定电容器，可用指针式万用表的 R×10k 挡直接检测电容器有无充电过程及有无内部短路或漏电，并可根据指针向右摆动的幅度估计出电容器的电容量。

2. 电解电容器的检测

因为电解电容器的电容量较一般固定电容器大得多，所以对其进行测量时，应针对不同电容量选用合适的量程。一般情况下，1～47μF 的电解电容器可用 R×1k 挡测量，大于 47μF

的电解电容器可用 R×100 挡测量。将指针式万用表的红表笔接负极，黑表笔接正极，在刚接触的瞬间，指针式万用表的指针即向右偏转较大角度（对于同一电阻挡，电容量越大，指针的摆幅越大），接着逐渐向左回转，直到停在某一位置。此时的电阻便是电解电容器的正向漏电阻，此值略大于反向漏电阻。

实际经验表明，电解电容器的漏电阻一般应在几百千欧姆以上，否则将不能正常工作。在测量过程中，若正向、反向均无充电的现象，即指针式万用表的指针不动，则说明电解电容器的电容量消失或内部开路；若所测电阻很小或为零，则说明电解电容器的漏电流大或其已击穿损坏，不能再使用。

对于正、负极标志不明的电解电容器，可利用上述测量漏电阻的方法加以判别，即先任意测量一下漏电阻，记住其大小，然后交换表笔再测出一个值。两次测量中电阻大的那一次便是正向接法，即黑表笔接的是正极，红表笔接的是负极。使用指针式万用表的电阻挡，采用给电解电容器进行正、反向充电的方法，根据指针的摆幅大小，可估测出电解电容器的电容量。

3．可变电容器的检测

用手轻轻旋动可变电容器的转轴时，应感觉十分平滑，不应感觉时松时紧，甚至卡滞。将转轴向前、后、上、下、左、右等各个方向推动时，转轴不应有松动现象。

用一只手旋动转轴，另一只手轻摸动片组的外缘，不应感觉有任何松脱现象。转轴与动片之间接触不良的可变电容器不能继续使用。

3.8.4 电容器的修复

电容器不如电阻器易修复，一般情况下要用同型号的电容器来替换。

电容器因受潮而漏电时，可用热烙铁头接触电容器的两只引脚，使热量传递到电容器内部，驱除潮气后电容器即可正常使用。

3.9 技能训练——电容器的识别与检测

实训 1 电容器的直观识别

1．实训目的

通过本实训，使学生掌握直观识别电容器的类别及标称电容量、耐压等基本参数的方法。

2．实训器材

470pF、3300pF、0.033μF、0.01μF、0.22μF、1μF、47μF、470μF、1μF/250V 的电容器各 1 只。

3．实训内容及步骤

（1）各电容器的直观识别及分类。

（2）各电容器标称电容量的识别。

（3）各电容器耐压的识别。

4．实训报告

将直观识别的电容器参数填入表 3-3。

表 3-3　直观识别的电容器参数

序　号	电容器外形	电容器类别	电容量标称方法	标称电容量	耐　压
1					
2					
3					
4					
5					
6					
7					
8					
9					

实训 2　电容器的质量检测

用指针式万用表检测电容器质量

1．实训目的

通过本实训，使学生掌握用指针式万用表检测各种电容器质量的方法。

2．实训器材

（1）实训 1 中的电容器。

（2）指针式万用表 1 块。

3．实训内容及步骤

（1）用 R×10k 挡测量 5000pF 以下的电容器，记下指针式万用表指针的指示情况。

（2）用 R×10k 挡测量 5000pF～0.1μF 的电容器，根据充放电情况判别其质量好坏。

（3）用 R×1k 挡测量 0.1～10μF 的电容器，根据充放电情况判别其质量好坏。

（4）用 R×100Ω挡测量 10～100μF 的电容器，根据充放电情况判别其质量好坏。

（5）用指针式万用表判断电解电容器的极性。

4．实训报告

（1）试述用指针式万用表测量 5000pF 以下的电容器时，指针式万用表指针的指示情况。

（2）将检测结果填入表 3-4。

表 3-4 检测结果

序　号	电容器类别	标称电容量	好 坏 情 况
1			
2			
3			
4			
5			
6			
7			
8			
9			

第 4 章

电感器的识别与检测

电感器的英文名称是 Inductor，它是由绝缘导线绕制成螺旋状的线圈，属于电磁感应元件，是电子电路中常用的电子元器件之一。电感器的性质是通直流隔交流，与电容器性质相反。电感器的用途很广，主要用于电源电路、时钟发生电路，以及射频和无线通信、无线遥控系统等场合，具有储能、滤波、阻抗、扼流、谐振、延时补偿和阻抗变换的作用。

4.1 电感器的感性认识

4.1.1 印制电路板上的电感器

在日常使用中，可以通过电感器的外表、结构、标记等特点将其与其他电子元器件区分开。通常能在印制电路板上看到裸露的线圈或线圈的两端，这些都是没有封装的电感器，如图 4-1 所示。多数情况下印制电路板上的电感器会标有 L 标志，或在电感器上印有字符μH 或 mH，如图 4-2 所示。

图 4-1 印制电路板上的电感器（一）

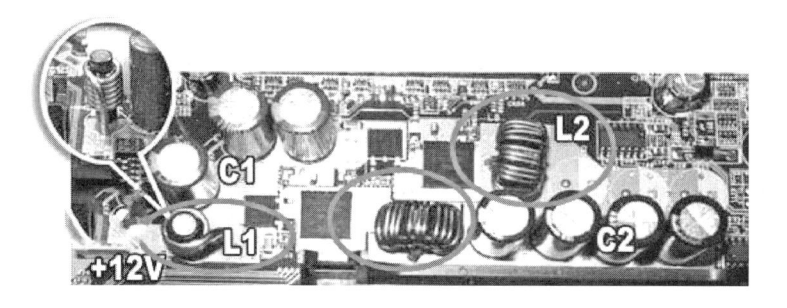

图 4-2 印制电路板上的电感器（二）

4.1.2 常见电感器的外形

电感器有多种外形，下面简单列举一下。电感器的外形如图 4-3～图 4-5 所示。

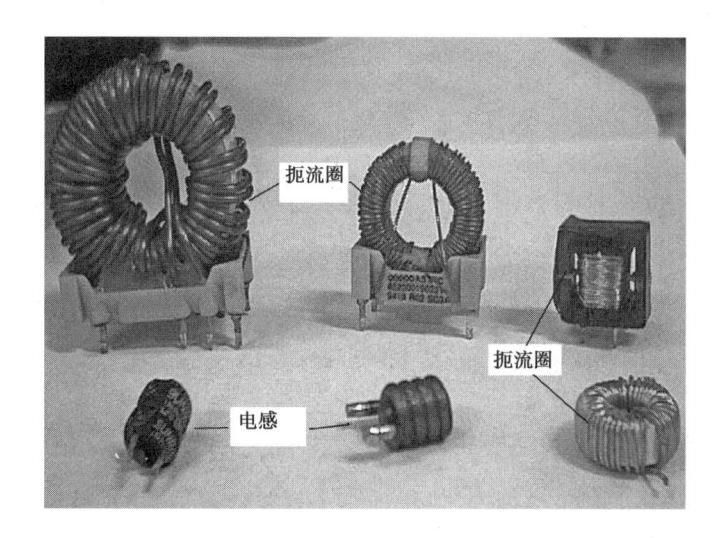

图 4-3 电感器的外形（一）

图 4-4 电感器的外形（二）

图 4-5 电感器的外形（三）

4.2 电感器的定义、分类及电路符号

4.2.1 电感器的定义

凡能产生电感作用的电子元器件均称为电感器，简称电感。通常电感器都是由线圈构成的，故又称电感线圈。电感器由导线一圈靠一圈地绕在绝缘管上形成，导线彼此互相绝缘，而绝缘管可以是空心的，也可以包含铁芯或磁芯。它是一种储存磁能的电子元器件，具有阻碍交流电通过的特性，其作用是扼流滤波和滤除高频杂波。电感器在电路图中用字母 L 表示。电感量的单位有 H（亨）、mH（毫亨）、μH（微亨），其关系为 $1H=10^3 mH=10^6 μH$。

4.2.2 电感器的分类

电感器可以按下面的标准来进行分类。
按电感器的形式分类，有固定电感器、可变电感器。
按导磁体性质分类，有空心线圈、铁氧体线圈、铁芯线圈、铜芯线圈。
按工作性质分类，有天线线圈、振荡线圈、扼流线圈（阻流圈）、陷波线圈、偏转线圈。
按绕线结构分类，有单层线圈、多层线圈、蜂房式线圈。

4.2.3 电感器的电路符号

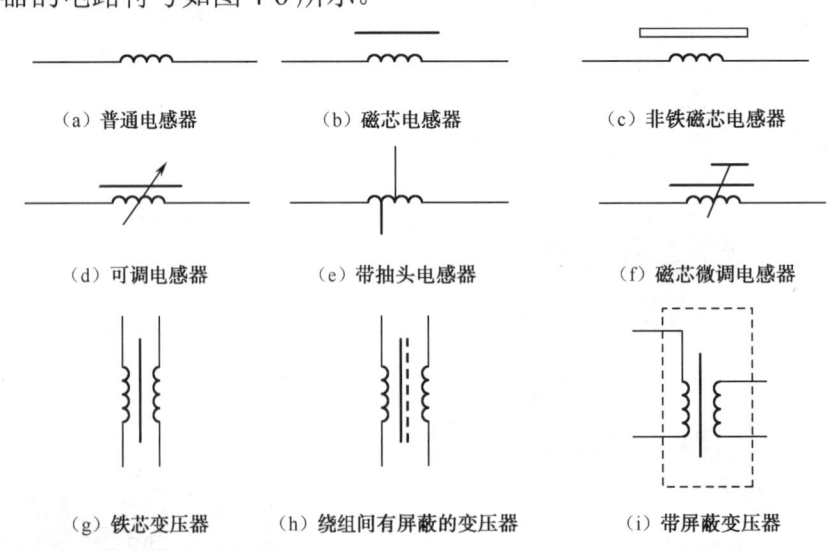

常见电感器的电路符号如图4-6所示。

(a) 普通电感器　　(b) 磁芯电感器　　(c) 非铁磁芯电感器
(d) 可调电感器　　(e) 带抽头电感器　　(f) 磁芯微调电感器
(g) 铁芯变压器　　(h) 绕组间有屏蔽的变压器　　(i) 带屏蔽变压器

图4-6 常见电感器的电路符号

4.3 电感器的主要参数

电感器的主要参数有电感量、品质因数、分布电容、允许偏差、额定电流等。不同用途

或不同结构的电感器，其品质因数、分布电容、允许偏差等指标相差很大。

电感器和电容器一样，是一种无源元件，也是一种储能元件。电感器的主要参数如下。

1．电感量

电感量的大小与线圈的匝数、直径、绕制方式、内部是否有磁芯及磁芯材料等因素有关。匝数越多，电感量越大。线圈内装有磁芯或铁芯，可以增大电感量。一般磁芯用于高频场合，铁芯用于低频场合。线圈中装有铜芯，则会使电感量减小。

2．品质因数

品质因数反映了电感器质量的高低，通常称为 Q 值。若电感器的损耗较小，则 Q 值较高；若电感器的损耗较大，则 Q 值较低。电感器的 Q 值与构成电感器的导线粗细、绕制方式，以及所用导线是多股线、单股线还是裸导线等因素有关。

通常情况下，电感器的 Q 值越大越好。实际上，Q 值一般在几十至几百之间。在实际应用中，用于振荡电路或选频电路的电感器要求高 Q 值，这样的电感器损耗小，可提高振荡幅度和选频能力；用于耦合的电感器，其 Q 值可低一些。

3．分布电容

线圈的匝与匝之间、绕组与屏蔽罩或地之间不可避免地存在分布电容，这是一只成型电感器所固有的，故又称固有电容。分布电容的存在往往会降低电感器的稳定性，也降低了电感器的品质因数。

一般要求电感器的分布电容尽可能小。采用蜂房式绕法或线圈分段间绕的方法可有效地减小其分布电容。

4．允许偏差

允许偏差是指电感器的标称电感与实际电感量之间的允许差值和标称电感之比的百分数，又称电感器的精度，对它的要求视用途而定。一般用于振荡电路或滤波电路等电路中的电感器要求较高，允许偏差为±0.2%～±0.5%；而用于耦合电路、高频阻流电路中的电感器则要求不高，允许偏差为±10%～±15%。

5．额定电流

额定电流是指电感器在正常工作时所允许通过的最大电流。若工作电流超过额定电流，则电感器会因过电流而发热，其参数会改变，严重时会烧断线圈。

6．稳定性

稳定性是指在特定工作环境（如温度、湿度等）及额定电流下，电感器的电感量、品质因数及分布电容等参数的稳定程度，其参数变化应在给定的范围内，以保证电子电路或产品的可靠性。

4.4 电感器的分类和特点

电感器一般由骨架、绕组、磁芯（或铁芯）、屏蔽罩等组成，其使用场合不同，要求也不同。有的电感器没有磁芯或屏蔽罩，或这两者皆无，有的连骨架也没有，因此电感器种类繁多、五花八门。电感器的结构不同，其特性不同，使用场合也不同。

4.4.1 单层空心线圈

这种线圈是用漆包线或纱包线逐圈绕在纸筒或胶木筒上制成的，如图 4-7 所示。绕制方法分为密绕法和间绕法两种。前者为一圈挨一圈紧密平绕，绕法简单，但分布电容大；后者是各匝之间保持一定距离，虽然电感量小，但分布电容也小、稳定性好、品质因数较大。密绕线圈多用于中低频电路，间绕线圈多用于中高频电路，如收音机的短波用振荡线圈和天线线圈等。

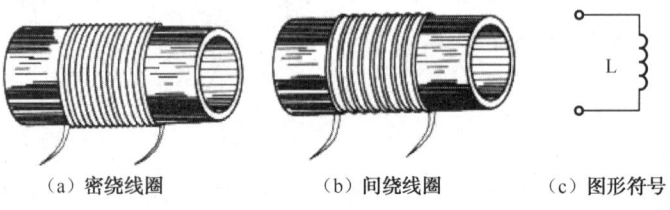

(a) 密绕线圈　　(b) 间绕线圈　　(c) 图形符号

图 4-7　单层空心线圈

4.4.2 多层线圈

当要求电感量较大时，线圈需采用多层绕制。

当多层线圈两端的电压较高时，为避免层间打火，应采用层间加绝缘纸或分段绕制的方法。

4.4.3 蜂房式线圈

对于电感量大的多层线圈，若采用上述的层间加绝缘纸或分段绕制的方法，必然出现体积大和分布电容大的弊端。若采用蜂房式绕制方法，则线圈的电感量大、体积小，并且分布电容小，如图 4-8 所示。

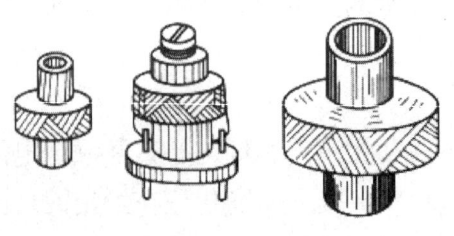

图 4-8　蜂房式线圈

蜂房式线圈的平面不与骨架的圆周面平行，而是导线沿骨架来回折弯，绕一圈要弯折 2~4

次。大电感量的线圈可分段绕制成几个"蜂房"。采用蜂房式绕制方法可使线圈的分布电容大大降低,稳定性好。蜂房式空心线圈常用作外差式收音机的中波振荡线圈,带铁芯的蜂房式线圈则用于收音机的振荡电路及中频调谐回路。

4.4.4 磁芯线圈

在空心线圈中插上配套的磁芯或用导线直接在圆磁芯、磁环上绕制成线圈,均可称为磁芯线圈,如图 4-9 所示。对于可调磁芯的线圈,旋动磁芯的螺纹,可调节磁芯与线圈的相对位置,从而改变磁芯线圈的电感量。

装上铁氧体磁芯或铁粉芯,可增加原线圈的电感量。铁氧体磁芯线圈一般用于高频场合,铁粉芯线圈则多用于低频场合。

装上铜芯能减小原线圈的电感量,铜芯线圈常用于超高频电路和高频电路的电感量调节,经久耐用。

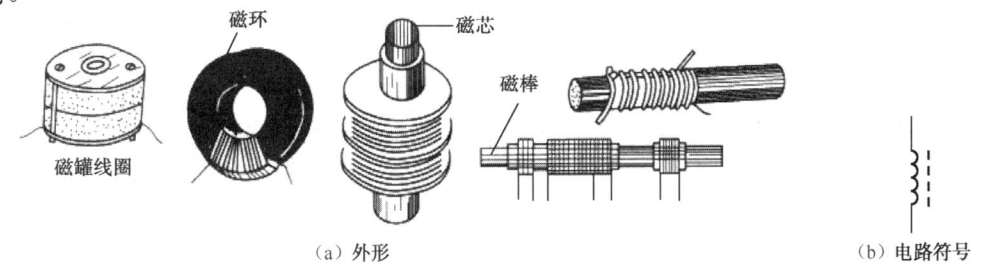

图 4-9 磁芯线圈

4.4.5 扼流线圈

顾名思义,扼流线圈是在电路中用来限制某种频率的信号通过某一部分电路的,即起阻流作用。扼流线圈分为高频扼流线圈(GZL)和低频扼流线圈两种,如图 4-10 所示。

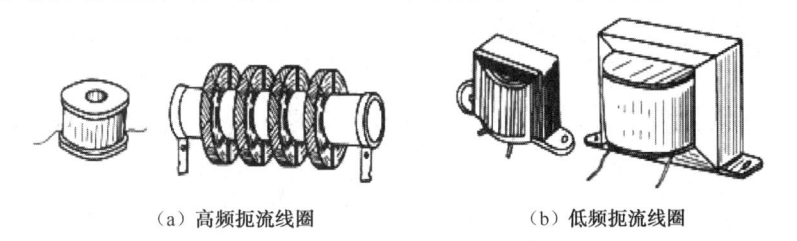

图 4-10 扼流线圈

高频扼流线圈为固定铁氧体磁芯线圈,其作用是阻止高频信号通过,而让音频信号和直流信号通过。高频扼流线圈的电感量较小(通常不大于 10mH),其分布电容也较小。

低频扼流线圈一般采用硅钢片铁芯或铁粉芯,有较大的电感量(可达几亨)。它通常与较大电容量的电容器组成"π"形滤波网络,用来阻止残余的交流成分通过,而让直流或低频成分通过,如电源整流滤波器、低频截止滤波器等。

4.4.6 脱胎空心线圈

用较粗的硬线(镀银线或漆包线)在管筒或圆棒上绕一定圈数后,抽出管筒或圆棒,便得到了脱胎空心线圈,如图4-11所示。它具有分布电容小、损耗小、品质因数大等优点。在电路中调试时,通过改变各匝的间距就可改变其电感量,从而改变其调谐频率。脱胎空心线圈常用于高频、超高频场合,如电视机中的伴音调谐回路及高频头中的调谐电感器等。

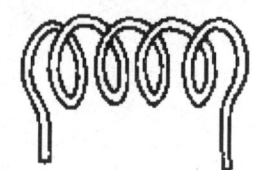

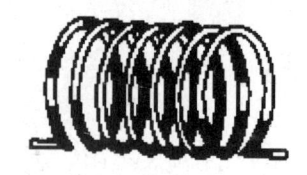

图4-11 脱胎空心线圈

4.5 小型固定电感器的标识方法

电子市场上有小型固定电感器成品件出售,它们具有体积小、电感量准确、允许偏差小的优点,壳体上标有显示电感量的数字、字符或色标。小型固定电感器的外形如图 4-12 所示。

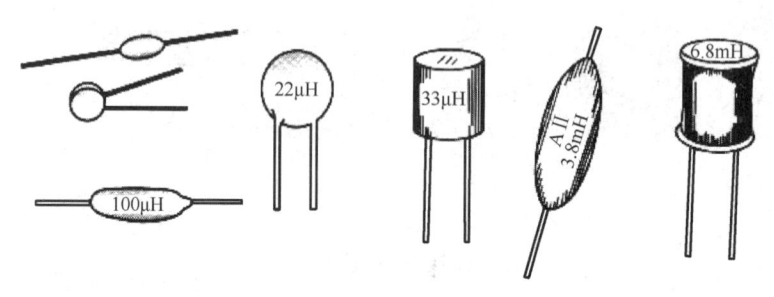

图4-12 小型固定电感器的外形

这种标准电感器是在生产线上按照一定工艺流程生产的,根据不同电感量的要求,将不同直径的铜丝按指定匝数绕在磁芯上,再用环氧树脂或塑封材料包封,并在壳体上标注出其电感量及额定电流等参数。

小型固定电感器的标识方法有直标法和色标法两种。

(1)直标法。

直标法是指在小型固定电感器的壳体上直接用数字、字符标示出它的电感量、允许偏差级别及最大工作电流等主要参数,其中最大工作电流用字母A、B、C、D、E等标示。这些字母与最大工作电流的对应关系如表4-1所示。

表4-1 小型固定电感器上标示的字母与最大工作电流的对应关系

字 母	A	B	C	D	E
最大工作电流/mA	50	150	300	700	1600

例如,一只壳体上标示6.8mH、AⅡ字样的小型固定电感器,它的电感量为6.8mH,允许偏差为Ⅱ级(±10%),最大工作电流为50mA(A挡)。

(2)色标法。

色标法是指在小型固定电感器的壳体上涂印上色环,以不同颜色表示其电感量、倍数及允许偏差,如图4-13所示。其中,前两环表示电感量的有效数字,第三环表示倍数(10^n),

即有效数字后零的个数,第四环表示电感量的允许偏差。电感量的单位为微亨(μH)。

注意:小型固定电感器的色标法与电阻器的四色环标注的规律相同,小型固定电感器的色环表示的数字与电阻器的色环表示的数字意义一样,只是单位不一样。

例如,一只小型固定电感器,靠近其一端的色环顺序为黄色、紫色、红色和银色,则该电感器的电感量为 $47 \times 10^2 \mu H$(4.7mH),允许偏差为±10%。

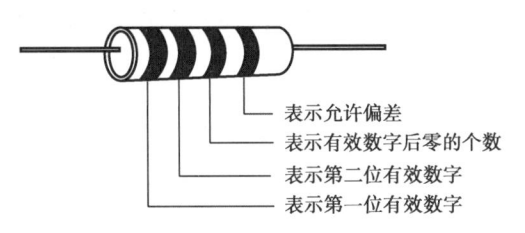

图 4-13 小型固定电感器的色标法

4.6 电感器的应用

在我们的生产和生活中,可利用自感作用设计有用的电路,为人类造福。例如,图 4-14 所示的日光灯电路中包括启辉器(启动器)和大电感量的镇流器。利用镇流线圈的自感作用,在启辉器启动片刻后又突然自动断开的瞬间,镇流器两端产生很高的电压(450V 以上)。该电压和电源电压一起加在灯管的两端,使灯管内的惰性气体电离导通,将灯管点亮。

汽车发动机启动时,也是利用点火线圈中储存的磁场能产生的高电压及由此产生的电火花将汽缸内的混合气体点燃的。图 4-15 所示为汽车传统点火系统的组成电路,它由点火线圈、分电器、火花塞、点火开关和电源(蓄电池或发电机)等组成。

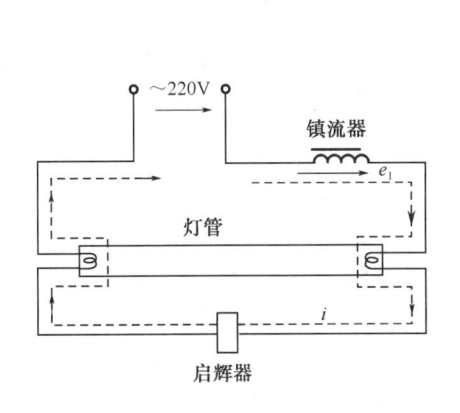

图 4-14 日光灯电路

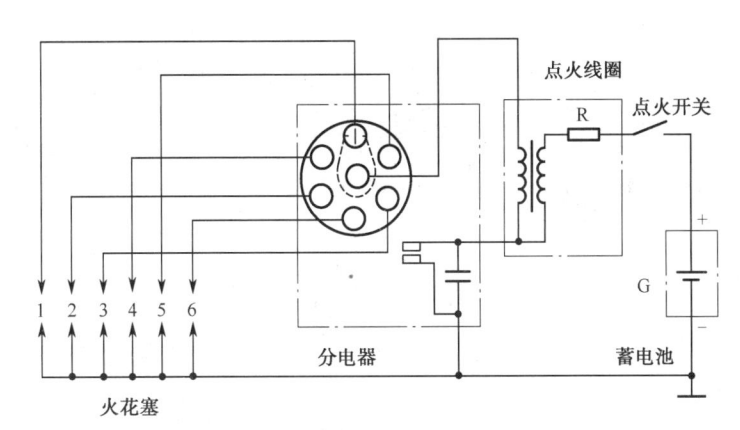

图 4-15 汽车传统点火系统的组成电路

点火线圈主要由铁芯、一次绕组(又称初级绕组)、二次绕组(又称次级绕组)、构成磁力线回路的硅钢片、高压线插座、壳体及胶木盖等组成,是按照电磁感应原理设计、制造的。它实际上是一台升压变压器,其功能是将汽车蓄电池(12V)或发电机输出的低电压升高至 15~20kV,以供火花塞产生高压电火花。

自感和自感电动势还存在有害的一面。在一些感性电工设备和电子设备中,自感的存在会造成过电压、过电流的发生,使与它相连的输入端、输出端的部件深受其害。为消除感性元件的过电压、过电流,常在它的连接端加装 RC 放电回路或防浪涌(或过电压)的压敏电阻元件等,将较高的自感电动势及多余的磁场能释放掉。

4.7 电感器的检测与代换

在使用电感器前,应对其进行外观检查,然后可用指针式万用表大致检测其电阻和绝缘情况。电感器损坏时,应选用同型号或电感量、品质因数、形状、大小都比较接近的产品来代换。

4.7.1 电感器的检测

在检测电感器之前,应先对电感器的外观和结构进行检查,查看其外形是否完好,磁芯有无裂缝、残缺,线圈引脚及外引线是否有断脚、断线现象等。对于可调磁芯电感器,应检查磁芯或磁帽是否转动灵活而又不会打滑或滑脱,如图 4-16 所示。需要注意的是,在转动磁芯时,应记下磁芯的原始位置,检查完毕后最好将磁芯调回原始位置。

当然,用电感电容测试仪或 Q 表等专用仪表测量电感器的电感量、品质因数及绝缘电阻等参数,测量结果会比较准确。对于电子爱好者来说,在无专用仪表的情况下,也可用指针式万用表来大致判断电感器的好坏(包括开路、短路情况和绝缘性能等)。

1. 用指针式万用表 R×1 挡检查电感器的开路、短路情况

将指针式万用表旋至 R×1 挡,然后使两表笔与电感器的两只引脚分别相接,如图 4-17 所示。

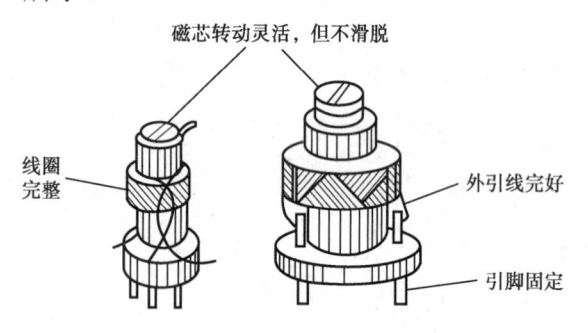

图 4-16 电感器的外观检查

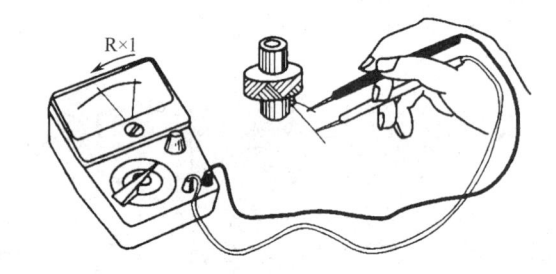

图 4-17 用指针式万用表检查电感器的开路、短路情况

注意:测量前应对 R×1 挡进行欧姆调零,即使指针指向电阻刻度线的零位。如果被测电感器的绕线较粗且匝数较少或电感量很小,则指针指示值应很接近 0;如果指针指示不稳定,则说明电感器的引脚接触不良或内部似断非断,有隐患;如果指针指向"∞"处,则说明该电感器的引线或其内部呈开路状态。大电感量电感器(如蜂房式线圈、高阻扼流圈等)的匝数较多,电感器本身就有较大的电阻,因此指针式万用表的指针应指向一定的电阻刻度。如果指针指向"0"处,则说明该大电感量电感器内部已短路。

2. 用指针式万用表 R×10k 挡检测绝缘性能

对于有铁芯或金属屏蔽罩的电感器,如低频扼流线圈、电视机中有金属罩的调感线圈、行线性调整线圈等,应测量线圈引出端与铁芯(或壳体)的绝缘情况,如图 4-18 所示。线圈与铁芯间的电阻应在兆欧姆级,即指针应指向电阻刻度线的"∞"处,否则说明该电感器的绝缘性能不良。

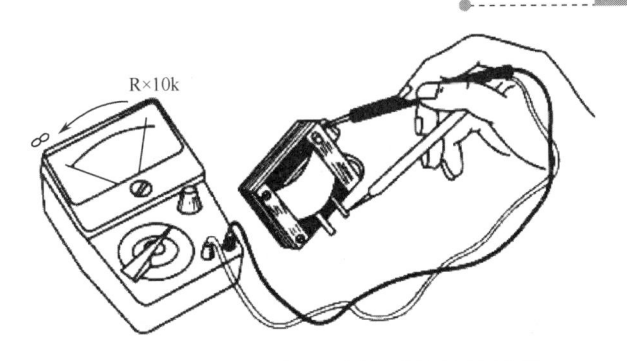

图 4-18　检测低频扼流线圈的绝缘性能

4.7.2 电感器的代换

选用电感器时，首先应考虑其性能参数（如电感量、额定电流、品质因数等）及外形尺寸是否符合要求。

小型固定电感器与色码电感器、色环电感器之间，只要电感量、额定电流相同，外形尺寸相近，就可以直接代换使用。

半导体收音机中的振荡线圈，即使型号不同，只要其电感量、品质因数及频率范围相同，也可以相互代换。电视机中的行振荡线圈，应尽可能选用同型号、同规格的产品，否则会影响其安装及电路的工作状态。

偏转线圈一般与显像管、行扫描电路、场扫描电路配套使用。但只要其规格、性能参数相近，即使型号不同，也可相互代换。

4.8 变压器

变压器是根据电磁感应原理制成的传输交流电能并可改变交流电压的静止电器。它广泛应用于电力、电信和自动控制系统中。

4.8.1 变压器的概述

变压器主要由磁路系统、电路系统和冷却系统构成。变压器内的部件称为器身，其中包括构成磁路的铁芯、构成电路的绕组和附属的绝缘系统。对于干式变压器，其冷却系统由空气和外罩构成；对于油浸式变压器，其冷却系统由变压器油、油箱、联管、散热器或冷却器构成，并需附有由联管、储油柜、气体继电器等组件构成的呼吸系统和安全释压装置。铁芯由彼此绝缘的硅钢片叠积（或卷绕）后装上拉板或拉螺杆、夹件等附件制成。铁芯的截面有单级矩形截面、多级外接圆形截面、多级椭圆形截面三种形式，绕组由酚醛纸筒或绝缘纸板筒、撑条、垫块、绝缘端子和绝缘导线制成。

在一个由彼此绝缘的硅钢片叠成的闭合铁芯上套上两个彼此绝缘的绕组，就构成了最简单的单相双绕组变压器，如图 4-19 所示。

如果在某一绕组的两端施加某一交流电压，那么该绕组中将流过交流电流。根据电磁感应原理可知，这一交流电流将在铁芯中激励一个交变磁通，这个交变磁通将在两个绕组中感应出交流电压，称为感应电压。此时，如果另一绕组两端通过负载而闭合，则该绕组与负载所构成的回路中将有交流电流流过，这就达到了由电源向负载传输交流电能并改变交流电压的目的。通常把连接电源的绕组称为一次绕组，把连接负载的绕组称为二次绕组。

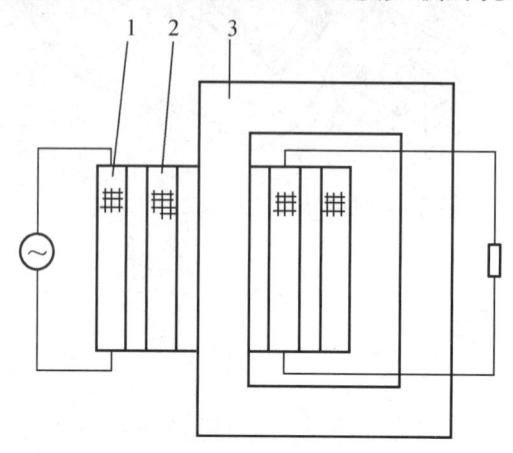

1——一次绕组；2——二次绕组；3——铁芯。

图 4-19　最简单的单相双绕组变压器

4.8.2　变压器的分类

变压器的种类很多，可以按用途、相数、结构形式、绕组数和冷却方式等进行分类。

1．按用途分类

根据用途不同，可将变压器分为电力变压器、电源变压器、开关变压器、调压变压器、试验变压器、电焊机变压器、电炉变压器、整流变压器、电压/电流互感器、控制变压器、静电除尘变压器、串联和并联电抗器、消弧线圈和接地变压器等。

（1）电力变压器。

电力变压器是一种静止的电气设备，是用来将某一数值的交流电压（电流）变成频率相同的另一种或几种数值不同的电压（电流）的设备。其用在输/配电电路中，容量为几十至几十万千伏安（kVA）。目前，我国常用电力变压器的电压等级有 10kV、35kV、110kV、220kV、330kV 和 500kV 等。电力变压器如图 4-20 所示。

（2）电源变压器。

将 220V 交流市电变换为电子设备所需电压的变压器称为电源变压器，是为电子设备提供电能的一种特殊电子元器件。常见的电源变压器如图 4-21 所示。

图 4-20　电力变压器　　　　　　　　图 4-21　常见的电源变压器

（3）开关变压器。

开关变压器广泛用在开关电源电路中，其特点是铁芯采用铁氧体而非硅钢片，导磁效率高。开关变压器的绕组为多绕组，其中有一个绕组用于反馈。与电源变压器不同的是，开关变压器中通过的电流是脉冲电流，但其电路符号与电源变压器的电路符号是相同的。常见的开关变压器如图 4-22 所示。

（4）调压变压器。

调压变压器是用于调节电压的变压器，如图 4-23 所示。

图 4-22 常见的开关变压器　　　　图 4-23 调压变压器

2．按相数分类

根据相数不同，可将变压器分为单相变压器、三相变压器和多相变压器。

3．按结构形式分类

根据结构形式不同，可将变压器分为芯式变压器和壳式变压器。

4．按绕组数分类

根据绕组数不同，可将变压器分为双绕组变压器、多绕组变压器和自耦变压器。

（1）双绕组变压器。

双绕组变压器有两个互相绝缘的绕组，分别称为一次绕组和二次绕组。

（2）多绕组变压器。

多绕组变压器有一个一次绕组，有两个或多个二次绕组，如需要不同电压等级的控制变压器等。

（3）自耦变压器。

自耦变压器的绕组中一部分是高压侧和低压侧共有的，另一部分只属于高压侧。自耦变压器具有结构简单、体积小、节省材料等优点。试验用升压变压器、自耦式单相及三相电源调压器等都属于这一类变压器。

5．按冷却方式分类

根据冷却方式不同，可将变压器分为油浸式变压器、干式变压器和充气全密封式变压器。

(1) 油浸式变压器。

油浸式变压器的铁芯与绕组完全浸没在变压器油里。它又可分为油浸自冷、油浸风冷、强迫油循环、水冷等冷却方式的变压器。电力变压器大部分是油浸式变压器。

(2) 干式变压器。

干式变压器不用变压器油，依靠辐射和周围空气的冷却作用，将铁芯和绕组产生的热量散发到空气中去，小型变压器大部分是干式变压器。

电力系统以外所使用的变压器大多是单相小容量变压器，但无论变压器的大小、类型如何，其工作原理都是一样的。

4.8.3 变压器的基本结构

变压器是由铁芯、绕组、绝缘结构和引出线接线端子等部分组成的。

1. 铁芯的形式和装叠

铁芯是变压器最基本的组成部分之一，变压器常用的铁芯有日字形、口字形和 C 字形等多种。为了减小涡流损耗和磁滞损耗，制作变压器的铁芯所选用的材料是含硅 3%～5%的硅钢片（俗称矽钢片）。每片的厚度为 0.35～0.5mm，硅钢片的表面涂有绝缘漆作为片间绝缘材料。铁芯就是用这类硅钢片按一定方式装叠而成的。

在装叠变压器铁芯前，根据制作要求，先将硅钢片冲剪成一定的形状，其中应用较多的有 EI 形、双 F 形、ⅡI 形和 C 形等，如图 4-24 所示；然后一层一层地交错重叠，使上层和下层叠片的接缝相互错开，使叠片间气隙尽可能地减小。用 E 形和 I 形硅钢片交错重叠或用两片 F 形硅钢片交错重叠后即形成日字形铁芯；用Ⅱ形和 I 形硅钢片交错重叠后即形成口字形铁芯。铁芯叠成后，应用套有绝缘套管的螺栓夹紧。

小容量变压器还可以采用单取向冷轧硅钢片制成的 C 形铁芯（又称卷片式铁芯），因为磁通顺着这种硅钢片轧制的方向通过时，有较高的磁导率和较低的损耗，所以用这种铁芯制成的变压器，具有质量轻、体积小的优点，如图 4-24（d）所示。

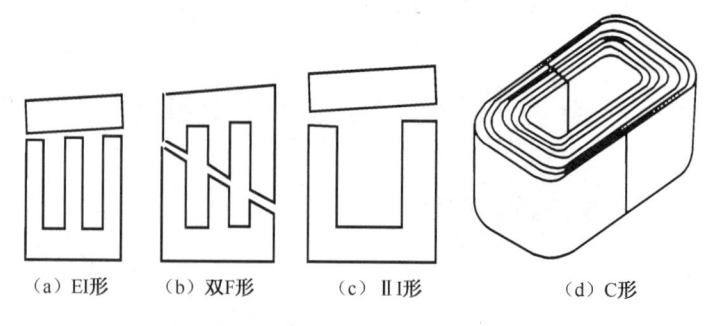

(a) EI形　　(b) 双F形　　(c) ⅡI形　　(d) C形

图 4-24 变压器常用铁芯的形状

2. 变压器的绕组

绕组是变压器的电路部分。绕组是用绝缘铜导线绕制而成的。小型变压器一般采用圆铜线，中型和大型变压器多采用方形或长方形扁铜线。变压器的绕组一般在模板或简易骨架上绕制而成，然后套入铁芯。

除部分整流器采用自感单绕组结构外，绝大多数小型变压器都采用互感双绕组结构，即一次侧和二次侧分别由两个绕组构成。安全电压变压器和 1∶1 隔离变压器禁止采用自感单绕组结构。绕组与铁芯组合的结构方式有壳式和芯式两种，如图 4-25 所示。芯式结构是指绕组包围硅钢片铁芯，壳式结构则是指硅钢片铁芯包围绕组。在单相小型变压器中，除ⅡI形和 C 形两种铁芯采用芯式结构外，其余铁芯均采用壳式结构；三相小型变压器通常用日字形铁芯组成芯式结构。

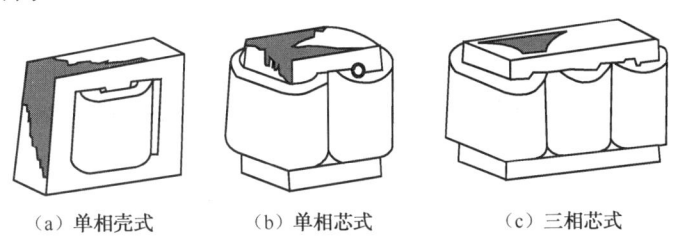

（a）单相壳式　　　（b）单相芯式　　　（c）三相芯式

图 4-25　绕组与铁芯组合的结构方式

3．绝缘结构

小型变压器一般都将导线直接绕制在骨架上，骨架构成绕组与铁芯之间的绝缘结构；对于双绕组变压器，在绕制好内层绕组后，采用绝缘性能较好的青壳纸、黄蜡布或涤纶纸薄膜作为衬垫物，在衬垫物上面再绕外层绕组。如此一来，衬垫物就成了一次、二次绕组之间的绝缘结构。当外层绕组绕好后，再包上牛皮纸、青壳纸等绝缘材料，其既能作为外层的绝缘结构，又能作为绕组的保护层。

4．引出线接线端子

出线端的引出方式可分为原导线套绝缘管直接引出和焊接软绝缘导线后引出两种，前者应用于导线较粗且与接线柱连接的小型变压器；后者应用于导线较细或不设置接线柱，外电路电源线直接与进出线连接的小型变压器。

4.8.4　变压器的参数

变压器的参数包括以下内容。
（1）变压器一次、二次绕组的直流电阻。
（2）变压器的绝缘电阻。
（3）变压器的空载电流和空载输出电压。
（4）变压器的额定输出电压、额定输入/输出电流及电压调整率。
（5）变压器的空载损耗功率。

变压器的参数及检测

4.8.5　变压器的参数检测

1．一次、二次绕组直流电阻的检测

根据待测绕组直流电阻的大体范围（可用万用表进行初测）选择检测仪表，10Ω 以上用

万用表，1~10Ω用单臂电桥，1Ω以下用双臂电桥，将测得的结果记录在表4-2中。

表4-2　一次、二次绕组直流电阻的检测结果

检测仪表类别	型号规格	检测结果/Ω	
		一次绕组	二次绕组

2．绝缘电阻的检测

用兆欧表检测各绕组的对地绝缘电阻（绕组对铁芯）和绕组之间的绝缘电阻，将测得的结果记录在表4-3中。

表4-3　绝缘电阻的检测结果

兆欧表型号规格	一次绕组对地绝缘电阻/MΩ	二次绕组对地绝缘电阻/MΩ	一次绕组与二次绕组间的绝缘电阻/MΩ

3．空载电流和空载输出电压的检测

将自耦变压器 T_1、待测变压器 T_2、电压表、电流表、功率表、开关及负载电阻按图4-26进行连接。

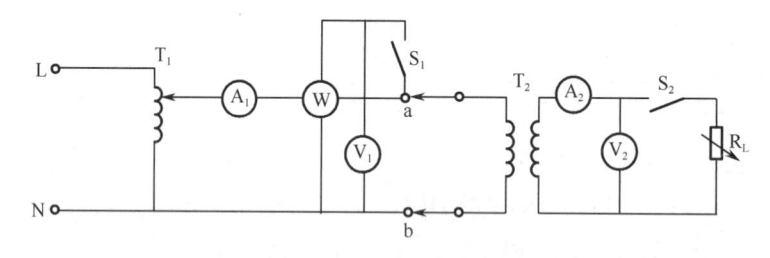

图4-26　变压器通电测试电路

闭合 S_1，调节自耦变压器 T_1，向待测变压器输入 220V 交流电压。断开 S_2，使待测变压器处于空载状态，将电流表 A_1 所示的空载电流记录在表4-4中，计算它与额定电流的比值。同时在电压表 V_2 上读出空载输出电压并记录在表4-4中，计算它与额定输出电压的比值。

表4-4　空载电流和空载输出电压的检测结果

测试仪表型号规格		空载电流/A		空载输出电压/V	
电流表	电压表	实测值	与额定电流的比值/%	实测值	与额定输出电压的比值/%

4．额定输出电压、额定输入/输出电流及电压调整率的检测

在图4-26所示电路中，闭合 S_2 使待测变压器带额定负载 R_L，调节自耦变压器 T_1，并微调 R_L，使输入电压（电压表 V_1 的读数）为220V，电流表 A_1 的读数为额定输入电流，记录 V_1、V_2、A_1、A_2 的读数。空载输出电压和额定输出电压之间的差值与空载输出电压之比称为电压调整率 ΔU，将相关数据记录在表4-5中。

表 4-5　额定输出电压、额定输入/输出电流及电压调整率的检测结果

额定输出电压/V		额定输入电流/A		额定输出电流/A		电压调整率ΔU/%
实测值	与标称值的差值	实测值	与标称值的差值	实测值	与标称值的差值	

5．空载损耗功率的检测

在图 4-26 所示电路中，断开待测变压器 T_2 的 a、b 两点，闭合开关 S_1，调节 T_1 使其输出 220V 电压，此时功率表 W 的读数为电压表 V_1 线圈和功率表 W 电压线圈的损耗功率 P_1。将待测变压器接入 a、b 两端，仍使开关 S_2 断开，重调 T_1，使电压表 V_1 的读数为 220V，这时功率表的读数为变压器空载损耗功率与电压表 V_1 线圈、功率表 W 电压线圈的损耗功率之和 P_2。将这些数据记录在表 4-6 中，即可算出该变压器空载损耗功率 P。

表 4-6　变压器空载损耗功率的检测结果

P_1/W	P_2/W	P/W

4.8.6　常用变压器介绍

1．电源变压器

电源变压器的主要作用是升压（提高交流电压）或降压（降低交流电压）。

升压变压器的一次绕组较二次绕组的匝数（圈数）少，而降压变压器的一次绕组较二次绕组的匝数多。稳压电源和各种家电产品中使用的电源变压器均为降压变压器。

电源变压器有 E 形电源变压器、C 形电源变压器和环形电源变压器之分。E 形电源变压器的铁芯是用硅钢片交叠而成的，其缺点是磁路中的气隙较大，效率较低，工作时噪声较大；优点是成本低。C 形电源变压器的铁芯是由两块形状相同的 C 形铁芯（由冷轧硅钢带制成）对插而成的，与 E 形电源变压器相比，其磁路中气隙较小，性能有所提高。环形电源变压器的铁芯是由冷轧硅钢带卷绕而成的，磁路中无气隙，漏磁极小，工作时噪声较小。图 4-27 所示为电源变压器的外形。

图 4-27　电源变压器的外形

2．低频变压器

低频变压器用来传送信号电压和信号功率，还可实现电路之间的阻抗匹配，对直流电具有隔离作用。它分为级间耦合变压器、输入变压器和输出变压器，外形与电源变压器相似。

级间耦合变压器接在两级音频放大电路之间，作为耦合元件，将前级放大电路的输出信号传送至后一级电路，并进行适当的阻抗变换。

输入变压器接在音频推动级和功率放大级之间，起信号耦合、传输作用，又称推动变压

器。输入变压器有单端输入式和推挽输入式两种。若推动电路为单端电路，则输入变压器为单端输入式变压器；若推动电路为推挽电路，则输入变压器为推挽输入式变压器。

输出变压器接在功率放大器的输出电路与扬声器之间，主要起信号传输和阻抗匹配作用。它分为单端输出式变压器和推挽输出式变压器两种。

3．高频变压器

常用的高频变压器包括黑白电视机中的阻抗变换器和半导体收音机中的天线线圈等。

（1）阻抗变换器。

黑白电视机中使用的阻抗变换器是用两根塑料皮绝缘导线（塑胶线）并绕在具有高导磁率的双孔磁芯上构成的，如图4-28所示。

阻抗变换器两个绕组的匝数虽相同，但因其输入端是两个线圈串联，输入阻抗增大一倍；而输出端是两个线圈并联，输出阻抗减小一半，因此其总的阻抗变换比为4∶1（将300Ω平衡输入信号变换为75Ω不平衡输出信号）。

（2）天线线圈。

半导体收音机中的天线线圈又称磁性天线，它是由两个相邻而又独立的一次、二次绕组套在同一磁棒上构成的，如图4-29所示。

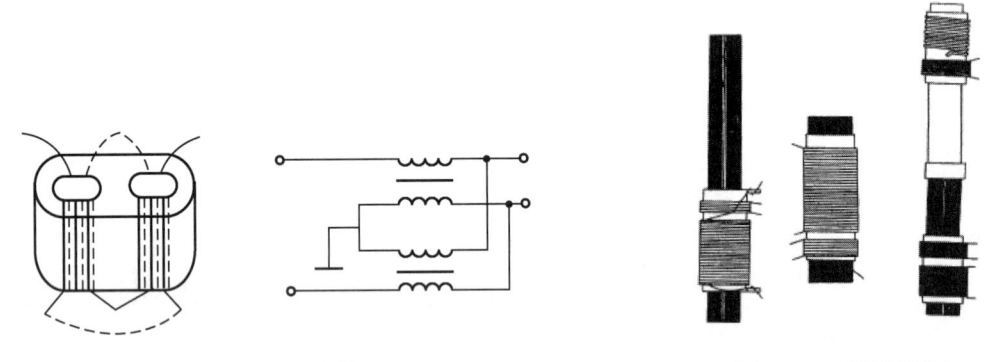

图4-28　阻抗变换器　　　　　　图4-29　天线线圈

磁棒有圆形和长方形两种规格。中波磁棒采用锰锌铁氧体材料，其晶粒呈黑色；短波磁棒采用镍锌铁氧体材料，其晶粒呈棕色。线圈一般用多股或单股纱包线绕制，先在略粗于磁棒的绝缘纸管上绕好，再将其套在磁棒上。

4．中频变压器

中频变压器俗称"中周"，应用于半导体收音机或黑白电视机中。它属于可调磁芯变压器，外形与半导体收音机中的振荡线圈相似，也由屏蔽外壳、磁帽（或磁芯）、尼龙支架、"工"字形磁芯及引脚架等组成。

中频变压器是半导体收音机和黑白电视机中的主要选频元件，在电路中起信号耦合和选频等作用。调节其磁芯，改变线圈的电感量，即可改变中频信号的灵敏度、选择性及通频带。半导体收音机中的中频变压器分为调频用中频变压器和调幅用中频变压器，黑白电视机中的中频变压器分为图像部分中频变压器和伴音部分中频变压器。不同规格、不同型号的中频变压器不能直接互换使用。

5. 脉冲变压器

脉冲变压器用于各种脉冲电路中，其工作电压、电流等均为非正弦脉冲波。常用的脉冲变压器有电视机的行输出变压器、行推动变压器、开关变压器、电子点火器的脉冲变压器及臭氧发生器用的脉冲变压器等。

（1）行输出变压器。

行输出变压器简称 FBT 或行回扫变压器，是电视机中的主要部件，它属于升压变压器，用来产生显像管所需的各种工作电压（如阳极高压、加速极电压、聚焦极电压等），部分电视机中的行输出变压器还为整机其他电路提供工作电压。

黑白电视机中使用的行输出变压器一般由 U 形磁芯、低压线圈、高压线圈、外壳、高压整流硅堆、高压帽、灌封材料、引脚等组成，它分为分离式（非密封式，高压线圈和高压整流硅堆可以取下）和一体式（全密封式）两种结构，图 4-30 所示为黑白电视机中使用的行输出变压器。

彩色电视机中使用的行输出变压器是在黑白电视机中使用的一体式行输出变压器的基础上，增加聚焦电位器、加速极电压调节电位器、聚焦电源线、加速极供电线及分压电路制成的，图 4-31 所示为彩色电视机中使用的行输出变压器的结构和内部电路。

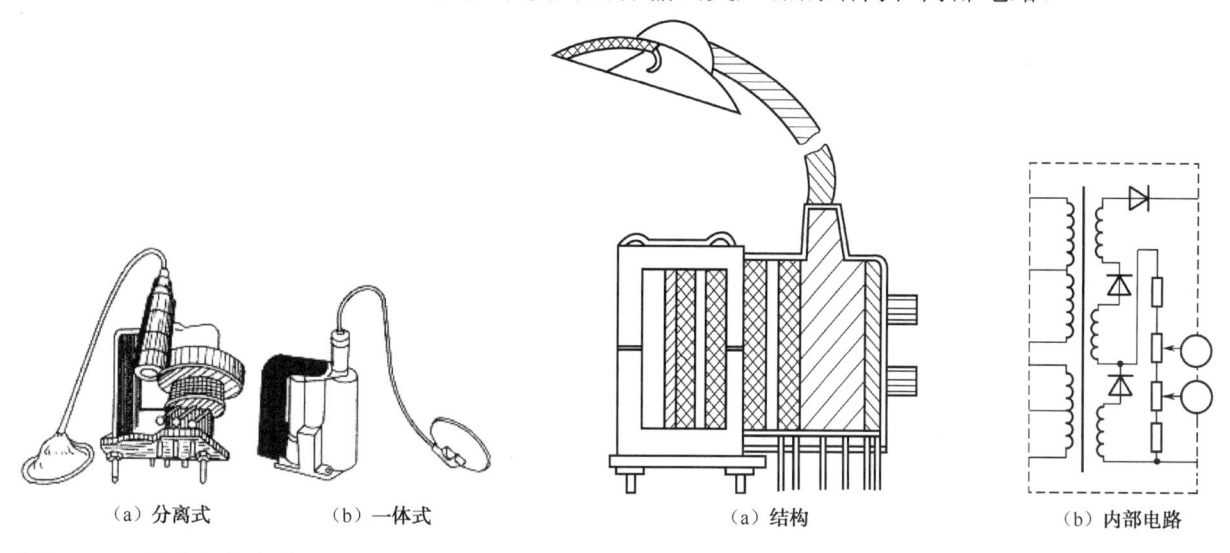

（a）分离式　　（b）一体式　　　　　　　　　　（a）结构　　　　（b）内部电路

图 4-30　黑白电视机中使用的行输出变压器　　图 4-31　彩色电视机中使用的行输出变压器的结构和内部电路

（2）行推动变压器。

行推动变压器又称行激励变压器，它接在行推动电路与行输出电路之间，起信号耦合、阻抗变换、隔离及缓冲等作用，控制着行输出管的工作状态。

（3）开关变压器。

彩色电视机开关稳压电源电路中使用的开关变压器属于脉冲电路用振荡变压器。其主要作用是向负载电路提供能量（为整机各电路提供工作电压），实现输入、输出电路之间的隔离。

开关变压器一次侧为储能绕组，用来向开关管集电极供电。自激式开关电源的开关变压器一次侧还有正反馈绕组或取样绕组，用来提供正反馈电压或取样电压。他激式开关电源的开关变压器一次侧还有自馈电绕组，用来为开关振荡集成电路提供工作电压。开关变压器二次侧有多组电能释放绕组，可产生多路脉冲电压，经整流、滤波后供给彩色电视机的各有关电路。

6. 隔离变压器

隔离变压器的主要作用是隔离电源、切断干扰源的耦合通路和传输通道，其一次、二次绕组的匝数比（变压比）等于1。它分为电源隔离变压器和干扰隔离变压器。

电源隔离变压器是具有安全隔离作用的1∶1电源变压器，一般作为彩色电视机的维修设备。彩色电视机的底板多数是"带电的"，对其进行维修时，若在彩色电视机与220V交流电源之间接入一台隔离变压器，彩色电视机即呈"悬浮"供电状态，当人体偶尔触及隔离变压器二次侧的任一接线端时，均不会发生触电事故（人体不能同时触及隔离变压器二次侧的两个接线端，否则会形成闭合回路，发生触电事故）。

4.8.7 变压器的选用与代换

（1）电源变压器的选用与代换。

选用电源变压器时，要与负载电路相匹配，电源变压器应留有功率裕量（其输出功率应略大于负载电路的最大功率），输出电压应与负载电路供电部分的交流输入电压相同。一般电源电路可选用E形电源变压器，高保真音频功率放大器的电源电路则应选用C形变压器或环形变压器。

对于铁芯材料、输出功率、输出电压相同的电源变压器来说，通常可以直接互换使用。

（2）行输出变压器的选用与代换。

电视机中的行输出变压器损坏后，应尽可能选用与原机型号相同的行输出变压器。因为不同型号、不同规格的行输出变压器，其结构、引脚及二次侧电压均会有所差异。选用行输出变压器时，应直观检查其磁芯是否松动或断裂，外观是否有密封不严处。还应将新行输出变压器与原机行输出变压器进行对比测量，查看引脚与内部绕组是否完全一致。

若无同型号行输出变压器可更换，也可以选用磁芯及各绕组输出电压相同，但引脚号位置不同的行输出变压器来变通代换（如对调绕组端头、改变引脚顺序等）。

（3）中频变压器的选用与代换。

中频变压器有固定的谐振频率，调幅收音机的中频变压器与调频收音机的中频变压器、电视机的中频变压器之间不能互换使用，电视机中的伴音部分中频变压器与图像部分中频变压器之间也不能互换使用。

选用中频变压器时，最好选用同型号、同规格的中频变压器，否则很难使设备正常工作。在选择时，还应对其各绕组进行检测，查看是否有断线或短路（线圈与屏蔽罩之间相碰）现象。

半导体收音机中某只中频变压器损坏后，若无同型号中频变压器可更换，则只能用其他型号的成套中频变压器（一般为3只）代换该机的整套中频变压器。安装时，中频变压器的顺序不能装错，也不能随意调换。

4.8.8 电源变压器的检测

（1）检测绕组的通断。

用指针式万用表R×1挡分别测量电源变压器的一次、二次绕组的电阻。通常，降压变压

用指针式万用表测量变压器

器一次绕组的电阻应为几十欧姆至几百欧姆，二次绕组的电阻为几欧姆至几十欧姆（输出电压较高的二次绕组，其电阻也大一些）。

若测得某绕组的电阻为无穷大，则说明该绕组已开路损坏；若测得某绕组的电阻为零，则说明该绕组已短路损坏。

（2）检测输出电压。

将电源变压器一次侧的两接头接入 220V 交流电压，测量其二次侧输出的交流电压是否与标称值相符（允许偏差范围为-5%～+5%）。若测得输出电压低于或高于标称值许多，则应检查二次绕组是否有匝间短路或与一次绕组之间有局部短路（有短路故障的电源变压器，工作温度会偏高）。

（3）检测标称电压。

对于无标签的电源变压器，只有测出其额定电压后方可使用。检测时，可从一次绕组引出线的端部用卡尺或千分尺测出漆包线线径，根据变压器手册，查出该线径漆包线的载流量 A，根据经验公式（$C=15\times A$）选出电容器，将该电容器（应是耐压为 400V 的无极性电容器）串入电源变压器的一次绕组回路中，接入 220V 交流电压。此时，测量电源变压器一次绕组两端的电压，该电压即是电源变压器的额定电压。

（4）检测绝缘性能。

电源变压器的绝缘性能可用指针式万用表的 R×10k 挡或用兆欧表（摇表）来检测。

正常情况下，电源变压器的一次绕组与二次绕组之间、铁芯与各绕组之间的电阻均为无穷大。若测出两绕组之间或铁芯与绕组之间的电阻小于 10MΩ，则说明该电源变压器的绝缘性能不良。

电源变压器的检测方法也适用于行推动变压器和开关变压器。

4.8.9 行输出变压器的检测

行输出变压器内部绕组击穿短路是较为常见的故障，这会造成开关电源各路输出电压被迫降低，整机无法正常工作，同时行电流会增大，超出正常值（正常值为 270～350mA）的 20%以上。

检测时，可通过以下方法来判断行输出变压器内部是否短路。

（1）温度检测法。

开机几分钟后，关机检查行输出变压器的工作温度。正常情况下，行输出变压器的工作温度应不高，若用手摸行输出变压器感觉较热甚至烫手，则可判断该行输出变压器内部已短路。

（2）短路检测法。

在监测开关电源主输出电压（+B）的同时，将行推动变压器的一次绕组两端短时间短接，若开关电源主输出电压由偏低状态恢复至正常值，则说明行输出变压器内部已短路。

（3）切断行负载。

在开关电源各路输出电压均较低，而行输出管与行偏转线圈完好的情况下，可断开行负载（如断开行输出管集电极回路中的限流电阻），在开关电源主输出端与地之间接上假负载，若开机后开关电源各路电压恢复正常，则说明行输出变压器内部已短路。

(4)电流测量法。

将怀疑内部短路的行输出变压器从印制电路板上拆下来,用两根导线将其一次绕组连接到印制电路板上对应的一次侧位置上,在行输出管集电极回路中串入电流表,再将行偏转线圈的插头拔下。若开机后电流表指示超过正常值(50~60mA),则可判断行输出变压器内部已短路。

4.9 技能训练——电感器、变压器的识别与检测

实训 1 电感器的直观识别

1. 实训目的

通过本实训,使学生掌握直观判别各电感器的类别、用途及电感量的方法。

2. 实训器材

电感器若干。

3. 实训内容及步骤

(1)各电感器的类别、用途识别。
(2)色码电感器的电感量识别。

4. 实训报告

将各电感器的有关参数填入表 4-7。

表 4-7 各电感器的有关参数

序　号	电感器类别	电感量标注方法	标称电感量(标称电感+允许偏差)

实训 2 电感器的质量检测及变压器一次、二次绕组的判别

1. 实训目的

通过本实训,使学生掌握用万用表检测电感器质量的方法,以及判别变压器一次、二次绕组的方法。

2. 实训器材

万用表 1 块、实训 1 中各电感器、电源变压器、中频变压器等。

3．实训内容及步骤

（1）用万用表判别各电感器的质量好坏。

（2）用万用表判别各变压器的一次、二次绕组。

4．实训报告

（1）介绍用万用表测量电感器直流电阻的方法。

（2）用万用表对变压器一次绕组和二次绕组的电阻进行测量，将测量结果填入表 4-8。

表 4-8　变压器的一次绕组电阻、二次绕组电阻

电　　阻	电源变压器	中频变压器	天　　线	输入变压器	输出变压器
一次绕组电阻					
二次绕组电阻					

第 5 章 二极管的识别与检测

半导体是一种导电能力介于导体和绝缘体之间，或者说电阻介于导体与绝缘体之间的物质，锗、硅、硒及大多数金属的氧化物都是半导体。半导体的独特性能不仅在于它的电阻率大小，还在于它的电阻率会因温度、掺杂和光照而产生显著变化。利用半导体的特性可制成二极管、三极管等多种半导体器件。

5.1 二极管的感性认识

5.1.1 常见二极管的外形

二极管在电路中的应用非常广泛，二极管的外形也有很多种。常见二极管的外形如图 5-1 所示。

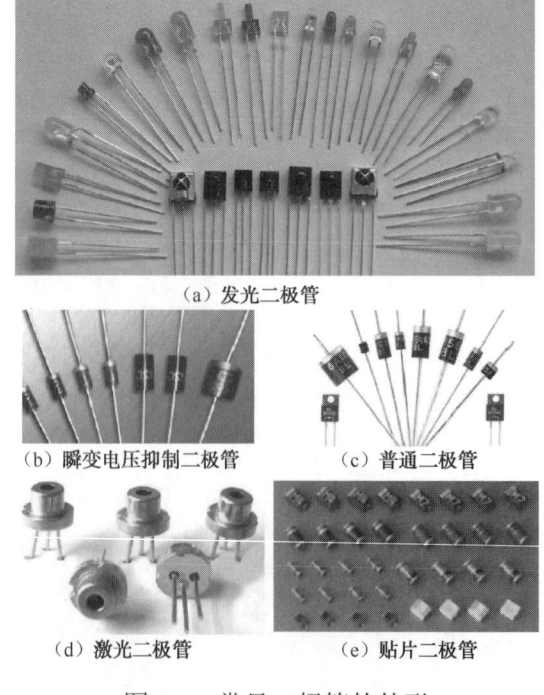

(a) 发光二极管

(b) 瞬变电压抑制二极管　　(c) 普通二极管

(d) 激光二极管　　(e) 贴片二极管

图 5-1 常见二极管的外形

5.1.2 印制电路板上的二极管

二极管在印制电路板上常用"D"加数字表示，图 5-2 中的 D31、D21 分别表示编号为 31 和 21 的二极管，该二极管是普通二极管；D32、D33、D23 分别表示编号为 32、33、23 的二极管，该二极管为发光二极管；DW2 表示编号为 2 的稳压二极管。

图 5-2　印制电路板上的二极管

5.2 二极管的电路符号

常见二极管的电路符号如表 5-1 所示。

表 5-1　常见二极管的电路符号

二极管名称	电路符号	文字符号	二极管名称	电路符号	文字符号
二极管		VD、D	隧道二极管		
变容二极管		VD、D	光电二极管		
双向二极管		VD、D	发光二极管		LED
稳压二极管		VZ	热敏二极管		
桥式整流二极管		VD、D	双向击穿二极管		
肖特基二极管			双色发光二极管		LED

5.3 国产二极管的型号命名方法

国家标准《半导体分立器件型号命名方法》（GB/T 249—2017）中规定，半导体分立器件的型号分为五个部分。

第一部分：用数字表示器件的电极数目。
第二部分：用字母表示器件的材料和极性。
第三部分：用字母表示器件的类别。
第四部分：用数字表示登记顺序号。
第五部分：用字母表示规格号。

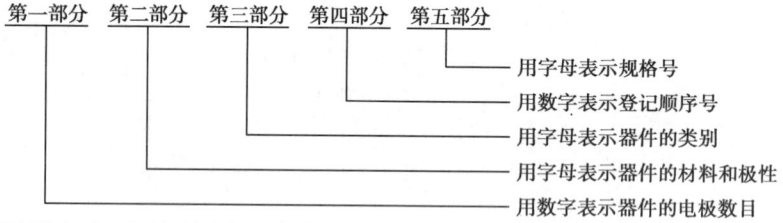

国产二极管型号各部分的符号及含义如表 5-2 所示。

表 5-2 国产二极管型号各部分的符号及含义

第一部分		第二部分		第三部分		第四部分	第五部分
用数字表示器件的电极数目		用字母表示器件的材料和极性		用字母表示器件的类别		用数字表示登记顺序号	用字母表示规格号
符号	意义	符号	意义	符号	意义		
2	二极管	A	N 型，锗材料	P	小信号管		
		B	P 型，锗材料	H	混频管		
		C	N 型，硅材料	V	检波管		
		D	P 型，硅材料	W	电压调整管和电压基准管		
		E	化合物或合金材料	C	变容管		
				Z	整流管		
				L	整流堆		
				S	隧道管		
				K	开关管		

例如，2AP9（N 型锗材料小信号管）：2 表示二极管；A 表示 N 型，锗材料；P 表示小信号管；9 表示产品的登记顺序号。又如，2CW56（N 型硅材料稳压二极管）：2 表示二极管；C 表示 N 型，硅材料；W 表示电压调整管和电压基准管，即稳压管；56 表示产品的登记顺序号。

5.4 二极管的分类

5.4.1 按 PN 结构造分类

二极管主要是依靠 PN 结来工作的。根据 PN 结构造的不同，可以将二极管分类如下。

（1）点接触型二极管。

点接触型二极管是在锗或硅的单晶片上压触一根金属针后，再采用电流法制成的。因此，其结电容小，适用于高频电路。但是，与面接触型二极管相比，点接触型二极管的正向特性和反向特性都较差，因此，不能应用于大电流和整流电路。点接触型二极管的构造简单，价格便宜。对于小信号的检波、整流、调制、混频和限幅等一般用途而言，它是应用范围较广的类型。

点接触型二极管按正向和反向特性分类如下。

① 一般点接触型二极管。

一般点接触型二极管通常用于检波和整流电路，是正向特性和反向特性既不特别好也不特别坏的中间产品，SD34、SD46、1N34A 等属于这一类。

② 高反向耐压点接触型二极管。

高反向耐压点接触型二极管是最大峰值反向电压和最大直流反向电压很高的产品，用于高压电路的检波和整流。

高反向耐压点接触型二极管的正向特性通常不太好或一般。高反向耐压点接触型锗二极管有 SD38、1N38A、OA81 等，其耐压受到限制，在耐压要求较高的电路中，可使用高反向耐压点接触型硅合金型二极管。

③ 高反向电阻点接触型二极管。

高反向电阻点接触型二极管的正向特性和一般点接触型二极管相同。虽然其反向耐压也特别高，但反向电流小，因此其特点是反向电阻高。高反向电阻点接触型二极管用于高输入电阻的电路和高阻负荷电阻的电路，就高反向电阻型锗二极管而言，SD54、1N54A 等属于这一类二极管。

④ 高传导点接触型二极管。

高传导点接触型二极管与高反向电阻点接触型二极管相反。尽管其反向特性很差，但可使正向电阻变得足够小。高传导点接触型二极管有 SD56、1N56A 等。与高传导键型二极管相比，高传导点接触型二极管的特性更优良，其在负荷电阻特别低的情况下整流效率较高。

（2）键型二极管。

键型二极管是在锗或硅的单晶片上熔接金或银的细丝制成的。其特性介于点接触型二极管和合金型二极管之间。与点接触型二极管相比，键型二极管的结电容稍有增加，正向特性特别优良，多作为开关使用，有时也用于检波和电源整流（不大于 50mA）。在键型二极管中，熔接金丝的二极管称为金键型二极管，熔接银丝的二极管称为银键型二极管。

（3）合金型二极管。

合金型二极管是在 N 型锗或硅的单晶片上，通过熔接铟合金、铝合金等的方法形成 PN 结而制成的。其正向压降小，适用于大电流整流电路。因为其 PN 结反向时的静电容量大，所以不适合用于高频检波和高频整流电路。

合金扩散型二极管是合金型二极管的一种。合金是容易扩散的材料。难以制作的材料通过巧妙的掺杂就能与合金一起扩散，以便在已经形成的 PN 结中获得恰当的杂质浓度分布。此法适用于制造高灵敏度的变容二极管。

（4）扩散型二极管。

在高温的 P 型杂质气体中，加热 N 型锗或硅的单晶片，使单晶片表面的一部分变成 P 型，以此形成 PN 结，这种二极管称为扩散型二极管。其正向压降小，适用于大电流整流电路。

（5）台面型二极管。

台面型二极管 PN 结的制作方法虽然与扩散型二极管相同，但是其只保留 PN 结及必要的部分，把不必要的部分用药品腐蚀掉，剩余的部分便呈现出台面形，因此得名。早期生产的台面型二极管是对半导体材料使用扩散法制成的，因此又把这种台面型二极管称为扩散台面型二极管。在这一类二极管中，用于大电流整流电路的产品型号很少，而用于小电流开关电路的产品型号很多。

（6）平面型二极管。

在半导体单晶片（主要是 N 型硅单晶片）上扩散 P 型杂质，利用硅单晶片表面氧化膜的屏蔽作用，在 N 型硅单晶片上仅选择性地扩散一部分而形成 PN 结。因此，不需要为调整 PN 结面积而使用药品腐蚀。由于半导体表面被制作得平整，故而得名平面型二极管。由于平面型二极管 PN 结的表面被氧化膜覆盖，所以公认其是稳定性好和寿命长的二极管类型。最初，平面型二极管使用的半导体材料是采用外延法形成的，故又把平面型二极管称为外延平面型二极管。在平面型二极管中，用于大电流整流电路的型号很少，用于小电流开关电路的型号很多。

（7）外延型二极管。

外延型二极管是利用外延面生长技术制造 PN 结而形成的二极管。制造外延型二极管需要非常高超的技术，因其能随意地控制不同浓度的杂质分布，故适宜制造高灵敏度的变容二极管。

（8）肖特基二极管。

肖特基二极管的基本原理：在金属（如铅）和半导体（N 型硅单晶片）的接触面上，用已形成的肖特基来阻挡反向电压。肖特基与 PN 结的整流原理有根本性的差异，其耐压只有 40V 左右。肖特基二极管的特点：开关速度非常快，反向恢复时间 t_{rr} 特别短，因此，能用作开关和低压大电流整流二极管。

5.4.2 按用途分类

根据二极管的用途不同，可以将二极管分类如下。

（1）检波用二极管。

就原理而言，从输入信号中取出调制信号的过程是检波。以整流电流的大小（100mA）为界线，通常把输出电流小于 100mA 的称为检波。点接触型锗材料的工作频率可达 400MHz，正向压降小，结电容小，检波效率高，频率特性好。类似点接触型锗二极管那种检波用二极管，除能用于检波电路外，还能够用于限幅、削波、调制、混频、开关等电路。

（2）整流用二极管。

就原理而言，从输入交流中得到输出直流的过程是整流。以整流电流的大小（100mA）为界线，通常把输出电流大于 100mA 的称为整流。面接触型二极管的工作频率小于几千赫兹，最高反向工作电压为 25～3000V，分为 15 挡（A 挡：25V；B 挡：35V；C 挡：50V；D 挡：75V；E 挡：100V；F 挡：150V；G 挡：200V；H 挡：300V；J 挡：400V；K 挡：600V；M 挡：1000V；P 挡：1600V；R 挡：2200V；T 挡：2750V；U 挡：3000V）。

整流用二极管的分类：硅半导体整流二极管（2CZ 型）、硅桥式整流器（QL 型）、电视机中的高压整流硅堆、工作频率近 100kHz 的二极管（2CLG 型）。

（3）限幅用二极管。

大多数二极管能用于限幅，也有像保护仪表用的二极管和高频齐纳管那样的专用限幅二极管。为了使这些二极管具有特别强的限制尖锐振幅的作用，通常使用硅材料制造二极管。

（4）调制用二极管。

调制用二极管通常指的是环形调制专用的二极管，即正向特性一致性好的 4 只二极管的组合件。虽然其他变容二极管也有调制用途，但它们通常直接用于调频。

（5）混频用二极管。

使用二极管混频方式时，在 500～10000Hz 的频率范围内，多采用肖特基二极管和点接触型二极管。

（6）放大用二极管。

用二极管实现的放大有依靠负阻性器件（隧道二极管和体效应二极管）实现的放大和依靠变容二极管实现的参量放大。因此，放大用二极管通常是指隧道二极管、体效应二极管和变容二极管。

（7）开关二极管。

在小电流（10mA 程度）下完成的逻辑运算和在数百毫安下完成的磁芯激励，需采用开关二极管。小电流的开关二极管通常有点接触型二极管和键型二极管，也有在高温下还可能工作的硅扩散型二极管、台面型二极管和平面型二极管。开关二极管的特点是开关速度快。而肖特基二极管的开关时间特别短，因此是理想的开关二极管。2AK 点接触型二极管用于中速开关电路，2CK 面接触型二极管用于高速开关电路，开关二极管用于开关、限幅、钳位或检波等电路。肖特基硅大电流开关二极管的正向压降小、速度快、效率高。

（8）变容二极管。

用于自动频率控制（AFC）和调谐的小功率二极管称为变容二极管。由于施加反向电压可使变容二极管的结电容发生变化，因此变容二极管用于自动频率控制、扫描振荡、调频和调谐等。通常情况下，变容二极管采用硅扩散型二极管，但是也可采用合金扩散型二极管、外延结合型二极管、双重扩散型二极管等，因为这些二极管对电压而言，其结电容的变化率特别大。变容二极管的结电容随反向电压 V_R 变化，可取代可变电容器，用于调谐回路、振荡电路、锁相环路、电视机高频头的频道转换电路，多以硅材料制作。

（9）频率倍增用二极管。

对二极管的频率倍增作用而言，有依靠变容二极管的频率倍增和依靠阶跃（急变）二极管的频率倍增。

用于频率倍增的变容二极管称为可变电抗器，可变电抗器的工作原理虽然和自动频率控制用的变容二极管相同，但可变电抗器却能承受大功率。

阶跃二极管又称阶跃恢复二极管，其从导通切换到关闭的反向恢复时间 t_{rr} 短，因此其特点是切换至关闭的转移时间特别短。如果对阶跃二极管施加正弦波，那么因为转移时间短，所以输出波形被急剧地夹断，能产生很多高频谐波。

阶跃二极管也是一种具有 PN 结的二极管。其结构上的特点是在 PN 结边界处具有陡峭的杂质分布区，从而形成"自助电场"。PN 结在正向偏置电压下，以少数载流子导电，并在 PN 结附近产生电荷存储效应，使其反向电流需要经历一个"存储时间"后才能降至最小值

（反向饱和电流）。阶跃二极管的"自助电场"缩短了存储时间，使反向电流快速截止，并产生丰富的谐波分量。利用这些谐波分量可设计出梳状频谱发生电路。阶跃二极管用于脉冲和高次谐波电路。

（10）稳压二极管。

它是代替稳压电子二极管的产品，被制作成硅扩散型二极管或合金型二极管，是反向击穿特性曲线急剧变化的二极管，用于控制输出电压和稳定标准电压。稳压二极管工作时的端电压（又称齐纳电压）从3V左右到150V，按每隔10%划分，能分成许多等级。在功率方面，稳压二极管有从200mW至100W以上的产品。稳压二极管工作在反向击穿状态，用硅材料制作，动态电阻R_Z很小，一般为2CW型二极管；将两只互补二极管反向串联以减少温度系数，则可得到2DW型二极管。

（11）PIN型二极管。

PIN型二极管是在P区和N区之间夹一层本征半导体（或低浓度杂质的半导体）制成的二极管。PIN中的I表示"本征"（Intrinsic）。当其工作频率超过100MHz时，由于少数载流子的存储效应和"本征"层中的渡越时间效应，PIN型二极管失去整流作用而变成阻抗元件，并且其阻抗随偏置电压而改变。在零偏置或直流反向偏置时，"本征"区的阻抗很高；在直流正向偏置时，载流子注入"本征"区，使"本征"区呈现低阻抗状态。因此，可以把PIN型二极管作为可变阻抗元件使用。它常用于高频开关（微波开关）、移相、调制、限幅等电路。

（12）雪崩二极管。

雪崩二极管是在外加电压作用下可以产生高频振荡的二极管。产生高频振荡的工作原理：利用雪崩击穿对晶体注入载流子，因载流子渡越晶片需要一定的时间，所以其电流滞后于电压，出现延迟时间，若适当地控制渡越时间，那么，在电流和电压关系上就会出现负阻效应，从而产生高频振荡。它常用于微波领域的振荡电路。

（13）江崎二极管。

江崎二极管是以隧道效应电流为主要电流分量的二极管。其基底材料是砷化镓和锗，P区和N区是高掺杂的（杂质浓度高）。隧道电流由这些简并半导体的量子力学效应所产生。

发生隧道效应需具备三个条件：①费米能级位于导带和满带内；②空间电荷层宽度必须很窄（0.01μm以下）；③简并半导体P区和N区中的空穴和电子在同一能级上有交叠的可能性。江崎二极管为双端子有源器件，其主要参数有峰谷电流比 I_P/I_V（其中，下标"P"代表"峰"；下标"V"代表"谷"）。江崎二极管可以用于低噪声高频放大器及高频振荡器（工作频率可达毫米波段）中，也可以用于高速开关电路。

（14）肖特基二极管。

肖特基二极管是具有肖特基特性的"金属-半导体结"的二极管，正向起始电压较低。其金属层可以采用金、钼、镍、钛等材料。其半导体材料采用硅或砷化镓，多为N型半导体。这种器件是以多数载流子导电的，所以其反向饱和电流较以少数载流子导电的二极管大得多。由于肖特基二极管中少数载流子的存储效应甚微，因此其频率仅被RC时间常数限制，它是高频电路和快速开关电路中的理想器件。肖特基二极管的工作频率可达100GHz。MIS（金属-绝缘体-半导体）肖特基二极管可以用来制作太阳能电池或发光二极管。

（15）阻尼二极管。

阻尼二极管具有较高的反向工作电压和峰值电流，正向压降小，是一种高频高压整流二极管，在电视机行扫描电路中用于阻尼和升压整流。

（16）瞬变电压抑制二极管。

瞬变电压抑制二极管可对电路进行快速过电压保护，分为双极型和单极型两种。

（17）双基极二极管。

双基极二极管（单结晶体管）是具有两个基极、一个发射极的三端负阻器件，用于张弛振荡电路、定时电压读出电路，具有频率易调、温度稳定性好等优点。

（18）发光二极管。

发光二极管由磷化镓、磷砷化镓材料制成，体积小，正向驱动发光。其工作电压低、工作电流小、发光均匀、寿命长，可发红、黄、绿单色光。

（19）硅功率开关二极管。

硅功率开关二极管具有高速导通与截止的能力。它主要用于大功率开关或稳压电路、直流变换器、高速电机调速电路，也可在驱动电路中用于高频整流及续流，具有恢复特性弱、过载能力强的优点，广泛用于计算机、雷达电源、步进电机等设备中。

（20）旋转二极管。

旋转二极管主要用于无刷电机励磁，也可用于整流。

5.5 二极管的主要参数

用来表示二极管的性能好坏和适用范围的技术指标称为二极管的参数。不同类型的二极管有不同的参数。对初学者而言，必须了解以下几个主要参数。

1. 最大整流电流

最大整流电流是指二极管长期连续工作时允许通过的最大正向电流，其与 PN 结面积及外部散热条件等有关。电流通过二极管时会使管芯发热，温度上升，当温度超过容许限度（硅二极管为 141℃左右，锗二极管为 90℃左右）时，就会使管芯因过热而损坏。因此，在规定散热条件下，二极管中通过的电流不能超过二极管的最大整流电流。例如，常用的 1N4001～1N4007 型锗二极管的最大整流电流为 1A。

2. 最高反向工作电压

当加在二极管两端的反向电压高到一定值时，会将二极管击穿，使其失去单向导电能力。因此，为了保证二极管的使用安全，规定了最高反向工作电压。例如，1N4001 二极管的最高反向工作电压为 50V，1N4007 二极管的最高反向工作电压为 1000V。

3. 额定反向电流

额定反向电流是指二极管在规定的温度和最高反向工作电压作用下，流过二极管的反向电流。额定反向电流越小，二极管的单向导电性能越好。值得注意的是，额定反向电流与温度有着密切的关系，温度每升高 10℃，额定反向电流约增大一倍。例如，2AP1 型锗二极管，若其在 25℃时的额定反向电流为 250μA，则当温度升高到 35℃时，额定反向电流将上升到 500μA，依次类推，当温度升高到 75℃时，它的额定反向电流已达 8mA，不仅失去了单向导电特性，还会使二极管因过热而损坏。又如，2CP10型硅二极管在25℃时的额定反向电流仅为5μA，当温度升高到75℃时，额定反向电流也不过160μA。故硅二极管与锗二极管相比，在高温下具有更好的稳定性。

4．直流电阻

对二极管施加一定的直流电压U，就有一个对应的直流电流I，直流电压U与直流电流I的比值，就是二极管的直流电阻。

5．动态电阻

若在对二极管施加一定的直流电压U的基础上，再对二极管施加一个增量电压ΔU，则二极管也有一个对应的增量电流ΔI。增量电压ΔU与增量电流ΔI的比值就是二极管的动态电阻，即动态电阻为二极管两端电压变化与电流变化的比值。

二极管的直流电阻和动态电阻都是随工作点的不同而发生变化的。

普通二极管反向接入电路时，其直流电阻和动态电阻都很大，通常可以视为无穷大。

5.6 二极管的特性与应用

1．二极管的特性

几乎所有电子电路中都要用到二极管，它在许多电路中起着重要的作用，它是诞生最早的半导体器件之一，应用非常广泛。

二极管的正向压降：硅二极管（不发光类型）的正向压降为0.7V，发光二极管的正向压降随发光颜色的不同而不同。

二极管的电压与电流不是线性关系，所以在将不同的二极管并联时要接入相适应的电阻器。

2．二极管的应用

（1）整流二极管。利用二极管的单向导电性，可以把方向交替变化的交流电变换成单一方向的脉动直流电。

（2）开关元件。二极管在正向电压作用下的电阻很小，处于导通状态，相当于一只接通的开关；在反向电压作用下，电阻很大，处于截止状态，如同一只断开的开关。利用二极管的开关特性，可以组成各种逻辑电路。

（3）限幅元件。二极管正向导通后，它的正向压降基本保持不变（硅二极管为0.7V，锗二极管为0.3V）。利用这一特性，将二极管用作电路中的限幅元件，可以把信号幅度限制在一定范围内。

（4）续流二极管。二极管可在开关电源的电感器和继电器等感性负载中起续流作用。

（5）检波二极管。二极管可在收音机中起检波作用。

（6）变容二极管。二极管可用于电视机的高频头中。

（7）显示元件。二极管可用于VCD、DVD、计算器等显示器中。

5.7 二极管的识别、检测与代换

5.7.1 二极管的识别与检测

1. 二极管在电路中的表示

二极管在电路中一般用字母 D、VD、VZ、LED 等表示。

2. 二极管识别与检测

对于数字万用表来说，将数字万用表置于二极管/蜂鸣挡，红表笔接二极管的正极，黑表笔接二极管的负极，此时测得的是二极管的正向压降。不同二极管的内部材料不同，所测得的正向压降也不同。

除此之外，可以使用指针式万用表检测二极管性能的好坏。测试前先把指针式万用表的转换开关旋至 R×1k 挡（注意不要使用 R×1 挡，以免电流过大烧坏二极管），再将红、黑两只表笔短路，进行欧姆调零，之后进行测试。

检测二极管时，要根据各种二极管的特点、应用场合和形状来选择检测方法，具体如下。

（1）检测小功率二极管。

判别正、负极：①观察外壳上的符号标记，通常在二极管的外壳上标有二极管的符号，带有三角形箭头的一端为正极，另一端为负极；②观察外壳上的色点，在点接触型二极管的外壳上，通常标有极性色点（白色或红色），标有色点的一端为正极，部分二极管上标有色环，带色环的一端为负极；③用万用表电阻挡进行测量，以电阻较小的一次测量为准，黑表笔所接的一端为正极，红表笔所接的一端为负极。

检测最高工作频率 f_M：二极管的最高工作频率只能从有关表中查出。实际使用中常常通过用眼睛观察二极管内部的触丝来粗略判断二极管的频率高低，如点接触型二极管属于高频管，面接触型二极管多为低频管。另外，也可以用万用表 R×1k 挡对二极管进行测量，一般正向电阻小于 1kΩ 的二极管多为高频管。

检测最高反向工作电压 U_{RM}：对于交流电来说，因为其不断变化，所以二极管的最高反向工作电压是二极管承受的交流峰值电压。需要指出的是，二极管的最高反向工作电压并不是二极管的击穿电压。一般情况下，二极管的击穿电压要比最高反向工作电压高得多（约高一倍）。

（2）检测玻璃硅高速开关二极管。

检测玻璃硅高速开关二极管的方法与检测小功率二极管的方法相同。不同的是，这种二极管的正向电阻较大。用万用表的 R×1k 挡对其进行测量时，一般正向电阻为 5～10kΩ，反向电阻为无穷大。

（3）检测快恢复、超快恢复二极管。

用万用表检测快恢复、超快恢复二极管的方法是先用 R×1k 挡检测其单向导电性，一般正向电阻为 4.5kΩ 左右，反向电阻为无穷大；再用 R×1 挡复测一次，一般正向电阻为几欧姆，反向电阻仍为无穷大。

(4) 检测双向二极管。

将指针式万用表置于 R×1k 挡,测得双向二极管的正、反向电阻都应为无穷大。若交换表笔进行测量,指针式万用表的指针向右摆动,则说明被测双向二极管有漏电故障。

将指针式万用表置于相应的直流电压挡,测试电压由兆欧表提供。测试时,摇动兆欧表,指针式万用表所指示的电压即为被测二极管的正向转折电压 U_{BO};调换被测二极管的两只引脚,用同样的方法测出反向转折电压 U_{BR};将 U_{BO} 与 U_{BR} 进行比较,两者的绝对值之差越小,说明被测双向二极管的对称性越好。

(5) 检测高频变阻二极管。

识别正、负极:高频变阻二极管与普通二极管在外观上的区别是其色标颜色不同,普通二极管的色标颜色一般为黑色,而高频变阻二极管的色标颜色为浅色。其极性规律与普通二极管相同,即带色环的一端为负极,不带色环的一端为正极。

通过测量其正、反向电阻来判断其质量好坏:测量高频变阻二极管的具体方法与测量普通二极管正、反向电阻的方法相同,当使用 MF47 型万用表 R×1k 挡进行测量时,正常的高频变阻二极管的正向电阻为 5~5.5kΩ,反向电阻为无穷大。

(6) 检测变容二极管。

将指针式万用表置于 R×10k 挡,无论红、黑表笔怎样对调测量,变容二极管的两引脚间的电阻均应为无穷大。如果在测量中,发现指针式万用表的指针向右微动后回零,说明被测变容二极管有漏电故障或已经击穿损坏。对于变容二极管容量消失或内部的开路故障,用指针式万用表是无法检测判别的。必要时,可用替换法进行检查判断。

(7) 检测单色发光二极管。

在指针式万用表外部附接一节 1.5V 干电池,将指针式万用表置于 R×10 挡或 R×1 挡。这种接法就相当于给指针式万用表串联上了 1.5V 电压,使检测电压增加至 3V(发光二极管的开启电压为 2V)。检测时,用指针式万用表的两表笔轮换接触发光二极管的两引脚。若发光二极管性能良好,必定有一次能正常发光,此时,黑表笔所接的引脚为正极,红表笔所接的引脚为负极。

(8) 检测光电二极管。

首先根据外壳上的标记判断其极性,外壳标有色点的引脚或靠近管键的引脚为正极,另一引脚为负极。若外壳上无标记,则可用一块黑布遮住其接收光线信号的窗口,将指针式万用表置于 R×1k 挡测出正极和负极,同时测得其正向电阻应为 10~20kΩ,其反向电阻应为无穷大,指针不动后去掉遮光黑布,使光电二极管接收光线信号的窗口对着光源,此时指针式万用表的指针应向右偏转,偏转角度的大小说明了其灵敏度的高低,偏转角度越大,灵敏度越高。

(9) 检测红外发光二极管。

识别红外发光二极管的正、负极:红外发光二极管有两只引脚,通常长引脚为正极,短引脚为负极。因为红外发光二极管呈透明状,所以管壳内的电极清晰可见,较宽大的电极为负极,而较窄小的电极为正极。

性能检测:将指针式万用表置于 R×1k 挡,测量红外发光二极管的正、反向电阻,通常,正向电阻应为 30kΩ 左右,反向电阻应为 500kΩ 以上,这样的红外发光二极管才可正常使用。

红外发光二极管的反向电阻越大越好。

（10）检测红外接收二极管。

识别红外接收二极管的引脚极性有以下两种方法。

① 从外观上识别。常见的红外接收二极管外观呈黑色。识别引脚时，面对受光窗口，从左至右，分别为正极和负极。另外，在红外接收二极管的管体顶端有一个小斜切平面，通常带有此斜切平面的一端为负极，另一端为正极。

② 将指针式万用表置于 R×1k 挡，用判别普通二极管正、负电极的方法进行检测，即交换红、黑表笔两次测量红外接收二极管两引脚间的电阻。正常情况下，测得的电阻应为一大一小。以电阻较小的一次为准，红表笔所接的引脚为负极，黑表笔所接的引脚为正极。

检测性能好坏：用指针式万用表电阻挡测量红外接收二极管的正、反向电阻，根据正、反向电阻的大小，即可初步判定红外接收二极管的性能好坏。

（11）检测激光二极管。

将指针式万用表置于 R×1k 挡，按照检测普通二极管反向电阻的方法，即可确定激光二极管的引脚顺序。但检测时要注意，由于激光二极管的正向压降比普通二极管大，因此检测其正向电阻时，指针式万用表的指针仅略微向左偏转而已，而反向电阻则为无穷大。

3．质量判断

用数字万用表测量二极管时，若其正向压降读数为 300～800mV，说明二极管正常；若数字万用表显示 0，说明二极管短路或击穿；若数字万用表显示 1，说明二极管开路。将两只表笔调换后再次进行测量，数字万用表应显示1，即无穷大，若不是1，说明二极管损坏。

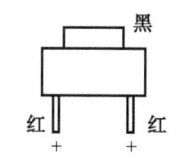

当正向压降为 200mV 左右时，所测二极管为稳压二极管。若快恢复二极管的两次测量的读数都为 200mV 左右，说明该二极管正常。快恢复二极管的测量如图 5-3 所示。

图 5-3 快恢复二极管的测量

5.7.2 二极管的选用与代换

二极管的选用与代换

1．二极管的代换原则

（1）印制电路板上的二极管只要大小、模样相同即可相互替换，如红色的玻璃管。

（2）不同用途的二极管不能互换使用，硅二极管和锗二极管也不能互换使用。

（3）快恢复二极管中，RBYR1535、PBYR2045、PBYR2545 这三种型号可互换使用，其他型号的快恢复二极管需使用原型号的快恢复二极管进行代换。

（4）更换二极管时要认清正、负极，不能接反，否则电路不能正常工作。

（5）二极管存在开路故障时可以不将其拆下，直接将一只新的二极管并联上去（焊在原二极管的引脚焊点上）。

（6）当怀疑二极管击穿或性能不良时，一定要将原二极管拆下，再焊上新的二极管。

2. 常用二极管的选用与代换

下面介绍几种常用二极管的选用与代换的方法。

（1）检波二极管的选用与代换。

① 检波二极管的选用：检波二极管一般可选用点接触型锗二极管，如 2AP 系列等。选用时，应根据电路的具体要求来选择检波二极管。

② 检波二极管的代换：检波二极管损坏后，若无同型号二极管可更换，也可以选用半导体材料相同、主要参数相近的二极管代换。

（2）整流二极管的选用与代换。

① 整流二极管的选用：整流二极管一般为平面型硅二极管，用于各种电源整流电路中。

选用整流二极管时，主要应考虑其最大整流电流、最大反向工作电流、截止频率及反向恢复时间等参数。

普通串联稳压电源电路中使用的整流二极管对截止频率和反向恢复时间的要求不高，只要根据电路的要求选择最大整流电流和最大反向工作电流符合要求的整流二极管即可，如 1N 系列、2CZ 系列、RLR 系列等。

开关稳压电源的整流电路及脉冲整流电路中使用的整流二极管应选用工作频率较高、反向恢复时间较短的整流二极管（如 RU 系列、EU 系列、V 系列、1SR 系列等）或快恢复二极管。

② 整流二极管的代换：整流二极管损坏后，可以用同型号的整流二极管或参数相同的其他型号整流二极管代换。

通常，高耐压（反向电压）的整流二极管可以代换低耐压的整流二极管，而低耐压的整流二极管不能代换高耐压的整流二极管。最大整流电流大的二极管可以代换最大整流电流小的二极管，而最大整流电流小的二极管不能代换最大整流电流大的二极管。

（3）稳压二极管的选用与代换。

① 稳压二极管的选用：稳压二极管一般在稳压电源中用作基准电压源，或在过电压保护电路中用作保护二极管。

选用的稳压二极管应满足应用电路中主要参数的要求。稳压二极管的稳定电压应与应用电路的基准电压相同，稳压二极管的最大稳定电流应高于应用电路的最大负载电流 50% 左右。

② 稳压二极管的代换：稳压二极管损坏后，应采用同型号稳压二极管或电参数相同的稳压二极管代换。

可以用具有相同稳定电压的高耗散功率稳压二极管代换低耗散功率稳压二极管，但不能用具有相同稳定电压的低耗散功率稳压二极管代换高耗散功率稳压二极管。例如，0.5W、6.2V 的稳压二极管可以用 1W、6.2V 稳压二极管代换，但不能用 0.5W、6.2V 稳压二极管代换 1W、6.2V 稳压二极管。

（4）开关二极管的选用与代换。

① 开关二极管的选用：开关二极管主要用于收录机、电视机、影碟机等家用电器及电子设备的开关电路、检波电路、高频脉冲整流电路等。

中速开关电路和检波电路中可以选用 2AK 系列普通开关二极管。高速开关电路中可以选用 RLS 系列、1SS 系列、1N 系列、2CK 系列的高速开关二极管。要根据应用电路的主要参数（如正向电流、最高反向工作电压、反向恢复时间等）来选择开关二极管的具体型号。

② 开关二极管的代换：开关二极管损坏后，应用同型号的开关二极管代换或用与其主要参数相同的其他型号开关二极管代换。

高速开关二极管可以代换普通开关二极管，反向击穿电压高的开关二极管可以代换反向击穿电压低的开关二极管。

（5）变容二极管的选用与代换。

① 变容二极管的选用：选用变容二极管时，应着重考虑其工作频率、最高反向工作电压、最大正向电流和零偏置电压结电容等参数是否符合应用电路的要求，应选用结电容变化大、品质因数大、反向漏电流小的变容二极管。

② 变容二极管的代换：变容二极管损坏后，应用同型号的变容二极管代换或用与其主要参数相同（尤其是结电容范围应相同或相近）的其他型号变容二极管代换。

5.8 技能训练——二极管的识别与检测

1. 实训目的

复习二极管的识别与检测方法。

2. 实训器材

指针式万用表 1 块、数字万用表 1 块、二极管若干。

3. 实训步骤

（1）二极管正、负极的识别。

① 肉眼识别法。对于大功率二极管，在二极管的管体上都标有正、负极，可以直接识别；对于小功率二极管，在实验室里，把有标记的一端作为二极管的负极，另外一端作为二极管的正极。

② 用指针式万用表识别法。将指针式万用表置于 R×100 挡或者 R×1k 挡，将红、黑表笔分别接至二极管的两只引脚，若测得的电阻很大，说明二极管截止，此时红表笔连接的是二极管的正极；若测得的电阻很小，说明二极管导通，此时红表笔连接的是二极管的负极。

（2）二极管的检测。

① 二极管质量好坏的检测。将指针式万用表置于 R×100 挡或者 R×1k 挡，将红、黑表笔分别接至二极管的两只引脚，再调换两只表笔进行测量，若两次测得的电阻相差很大，说明二极管是好的；若两次测得的电阻差不多，说明二极管损坏。若测得的电阻都很大，说明二极管内部开路；若测得的电阻都很小，说明二极管内部短路。

② 二极管极性的检测。与上述方法相同，正常二极管导通时的电阻（正向电阻）约为几十欧姆，而截止时的电阻（反向电阻）约为几百欧姆甚至上千欧姆。正、反向电阻相差很大。

学生动手操作，测量几组二极管，判别二极管的质量好坏与极性，将结果填入表 5-3。

表 5-3　二极管的电阻

二 极 管	正 向 电 阻	反 向 电 阻	状　态	结　论
VD1				
VD2				
VD3				

4．作业

对表 5-3 中的数据进行分析，判断识别的正、负极是否正确，二极管是否能正常使用。

第 6 章

三极管的识别与检测

三极管是具有放大作用的半导体器件，由三极管组成的放大电路广泛应用于各种电子设备中，如收音机、电视机、扩音机、测量仪器及自动控制装置等。三极管是由两个靠得很近并且背对背排列的 PN 结组成的，由自由电子与空穴作为载流子共同参与导电，因此三极管也称为双极型三极管（Bipolar Junction Transistor，BJT）。

6.1 三极管的感性认识

6.1.1 印制电路板上的三极管

图 6-1 所示为印制电路板上的三极管，三极管在电路图中和印制电路板上常用 VT 表示。

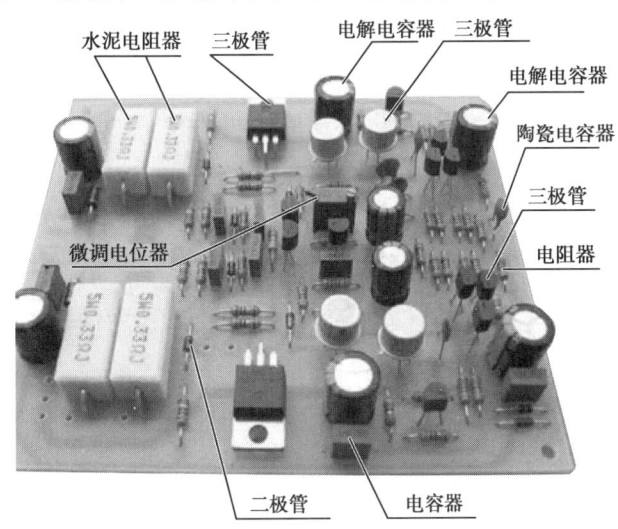

图 6-1 印制电路板上的三极管

6.1.2 常见三极管的外形

常见三极管的外形如图 6-2 所示。

常见三极管的外形

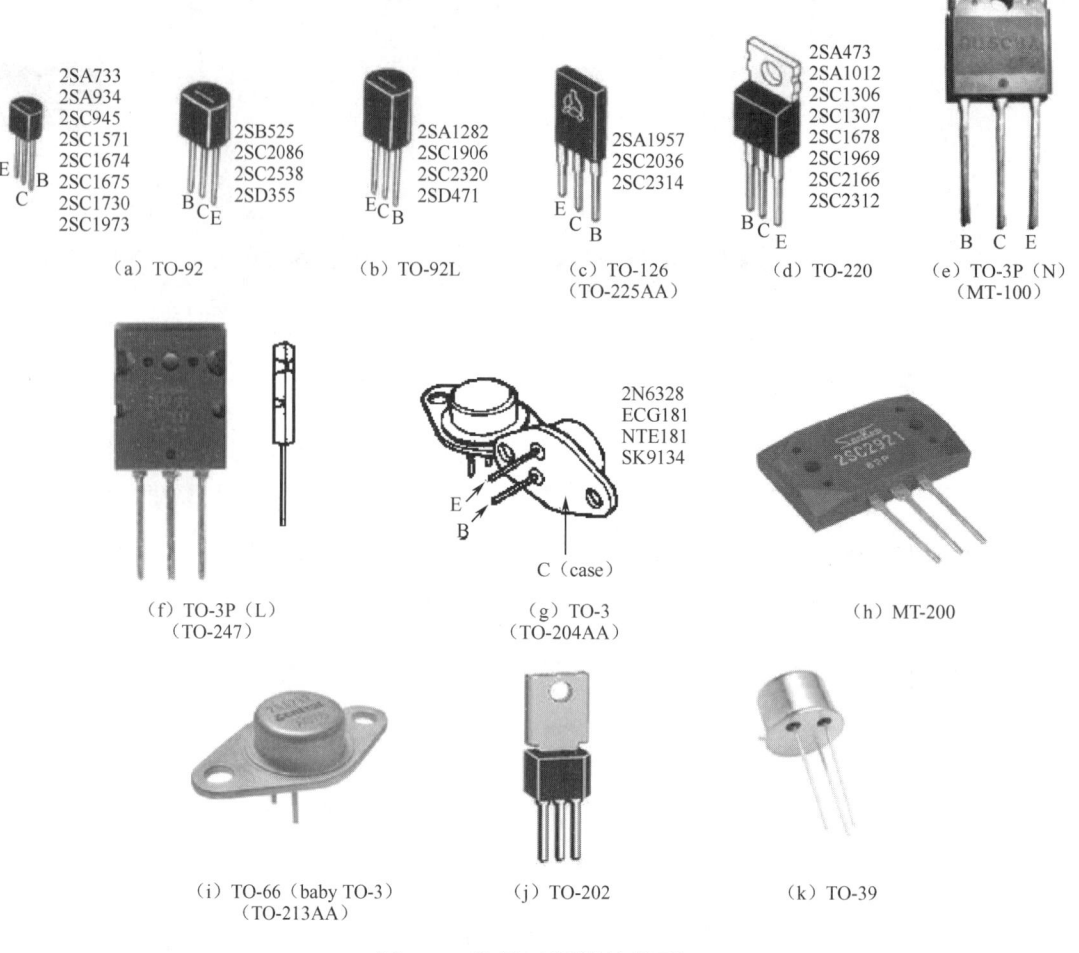

```
     2SA733
     2SA934
     2SC945                                                   2SA473
     2SC1571           2SB525           2SA1282                2SA1012
     2SC1674           2SC2086          2SC1906     2SA1957    2SC1306
     2SC1675           2SC2538          2SC2320     2SC2036    2SC1307
   E    B              B C E         E C B         2SC2314    2SC1678
       C                                                      2SC1969
     2SC1730                                                   2SC2166
     2SC1973                                         B C E     2SC2312      B C E

    (a) TO-92        (b) TO-92L       (c) TO-126    (d) TO-220   (e) TO-3P（N）
                                       （TO-225AA）                 （MT-100）
```

```
                                       2N6328
                                       ECG181
                                       NTE181
                                       SK9134
                                    E
                                    B
                                    C (case)

  (f) TO-3P（L）       (g) TO-3           (h) MT-200
    （TO-247）       （TO-204AA）
```

```
    (i) TO-66（baby TO-3）    (j) TO-202              (k) TO-39
        （TO-213AA）
```

图 6-2　常见三极管的外形

图 6-2 中有小功率三极管，也有中功率三极管和大功率三极管，由于大功率三极管的发热量较大，因此其需要加装散热器后才能稳定正常工作。

6.2　三极管的结构与电路符号

6.2.1　三极管的结构

三极管是通过在一块半导体基片上制作两个距离很近的 PN 结制成的，两个 PN 结把整块半导体分成三部分，中间部分是基区，两侧部分分别是发射区和集电区，排列方式有 PNP 和 NPN 两种，从三个区引出相应的电极，分别为基极 B、发射极 E 和集电极 C，如图 6-3 所示。

发射区和基区之间的 PN 结称为发射结，集电区和基区之间的 PN 结称为集电结。基区很薄，而发射区较厚，杂质浓度大，PNP 型三极管发射区"发射"的是空穴，其移动方向与电流方向一致，故 PNP 型三极管电路符号中发射极箭头向里；NPN 型三极管发射区"发射"的是自由电子，其移动方向与电流方向相反，故 NPN 型三极管电路符号中发射极箭头向外。发射极箭头指向也是 PN 结在正向电压下的导通方向。硅三极管和锗三极管都有 PNP 型和 NPN 型两种类型。三极管的 PN 结如图 6-4 所示。

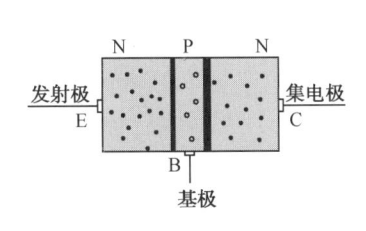

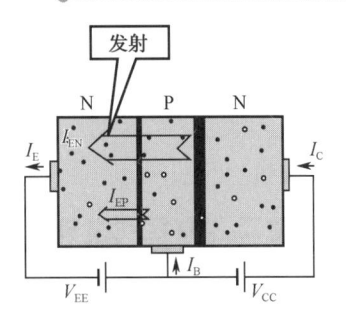

图 6-3　三极管的电极　　　　图 6-4　三极管的 PN 结

6.2.2　三极管的电路符号

常见三极管的电路符号如表 6-1 所示。表 6-1 中列出的三极管是在实际电路中经常遇到的三极管，同学们要熟练掌握其电路符号，并能在电路图中进行正确识别。

表 6-1　常见三极管的电路符号

三极管名称	电路符号	文字符号	三极管名称	电路符号	文字符号
光电三极管		Q、VT	NPN 型三极管		Q、VT
具有 P 型双基极的单结晶体管		Q、VT	带阻尼二极管、电阻器的 NPN 型三极管		Q、VT
复合三极管		Q、VT	IGBT（增强型、P 型沟道）		Q、VT
PNP 型三极管		Q、VT	带阻尼二极管的 NPN 型三极管		Q、VT

6.3　三极管的分类

三极管的种类很多，通常按以下方法进行分类。

（1）根据管芯所用的半导体材料不同，可将三极管分为硅三极管和锗三极管。硅三极管受温度影响较小，工作稳定，因此自动控制设备中常采用硅三极管。

（2）根据三极管内部基本结构不同，可将三极管分为 NPN 型三极管和 PNP 型三极管两类。目前，我国制造的硅三极管多为 NPN 型三极管（也有少量 PNP 型三极管），锗三极管多为 PNP 型三极管。

（3）根据工作频率不同，可将三极管分为高频管（工作频率不低于 3MHz）和低频管（工作频率在 3MHz 以下）。

（4）根据功率不同，可将三极管分为小功率三极管、中功率三极管和大功率三极管。

（5）根据用途不同，可将三极管分为普通放大三极管和开关三极管、达林顿管、光电三极管等。

6.4 国产三极管的型号命名方法

国产三极管的型号命名方法

国家标准《半导体分立器件型号命名方法》（GB/T 249—2017）中规定，半导体分立器件的型号由五部分组成，国产三极管型号各部分的符号及意义如表 6-2 所示。

表 6-2 国产三极管型号各部分的符号及意义

第一部分		第二部分		第三部分		第四部分	第五部分
用数字表示器件的电极数目		用字母表示器件的材料和极性		用字母表示器件的类别		用数字表示登记顺序号	用字母表示规格号
符号	意义	符号	意义	符号	意义		
3	三极管	A	PNP 型，锗材料	P	小信号管		
		B	NPN 型，锗材料	H	混频管		
		C	PNP 型，硅材料	V	检波管		
		D	NPN 型，硅材料	W	电压调整管和电压基准管		
		E	化合物或合金材料	C	变容管		
				Z	整流管		
				L	整流堆		
				S	隧道管		
				K	开关管		
				N	噪声管		
				F	限幅管		
				X	低频小功率三极管（$f_T<3MHz$，$P_C<1W$）		
				G	高频小功率三极管（$f_T\geq3MHz$，$P_C<1W$）		
				D	低频大功率三极管（$f_T\leq3MHz$，$P_C\geq1W$）		
				A	高频大功率三极管（$f_T\geq3MHz$，$P_C\geq1W$）		
				T	闸流管		
				Y	体效应管		
				B	雪崩管		
				J	阶跃恢复管		

第一部分：用数字"3"表示三极管。

第二部分：用字母表示三极管的材料和极性。

第三部分：用字母表示三极管的类别。

第四部分：用数字表示器件的登记顺序号，登记顺序号不同的三极管，其特性也不同。

第五部分：用字母表示规格号，登记顺序号相同、规格号不同的三极管特性差别不大，只是某个或某几个参数有所不同。

例如，高频小功率硅三极管的型号为3DG6C，各部分的含义如下。

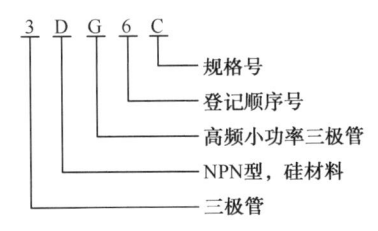

```
3 D G 6 C
        └─ 规格号
      └─── 登记顺序号
    └───── 高频小功率三极管
  └─────── NPN型，硅材料
└───────── 三极管
```

目前使用的进口三极管的型号常以"2N"或"2S"开头。其中，"2"表示有两个PN结的器件，三极管就属于这一类型；"N"表示该器件在美国电子工业协会注册登记；"S"表示该器件在日本电子工业协会注册登记。

例如，3AD50C 表示低频大功率 PNP 型锗三极管；3DG6E 表示高频小功率 NPN 型硅三极管。

6.5 三极管在电路中的工作状态

三极管在电路中有三种工作状态：截止状态、放大状态、饱和状态。当三极管用于不同目的时，它的工作状态是不同的。

（1）截止状态。

当三极管的工作电流为零或很小，即 $I_B=0$ 或 $I_B≈0$ 时，I_C 和 I_E 也为零或很小，三极管处于截止状态。

（2）放大状态。

在放大状态下，$I_C=\beta I_B$，其中 β（放大倍数）的大小是基本不变的（放大区的特征）。基极电流与集电极电流相对应。

（3）饱和状态。

在饱和状态下，当基极电流增大时，集电极电流不随之线性增大，当基极电流增大到一定程度时，集电极电流几乎不再增大。

6.6 三极管的作用

三极管主要有电流放大、开关作用。

1. 电流放大

三极管是电流控制器件，它用基极电流 I_B 来控制集电极电流 I_C 和发射极电流 I_E。没有 I_B，就没有 I_C 和 I_E；只要有一个很小的 I_B，就有一个很大的 I_C。放大电路就是利用三极管的这一特性来放大信号的。

2. 开关

当三极管作为开关时，工作在截止、饱和两个状态。

在三极管开关电路中，三极管的集电极和发射极之间相当于一个开关，当三极管截止时，它的集电极和发射极之间的内阻很大，相当于开关的断开状态；当三极管饱和时，它的集电极和发射极之间的内阻很小，相当于开关的接通状态。

导通状态的工作条件（以硅三极管为例）：$U_B>U_E$ 且 $U_{BE}≥0.7V$，集电极和发射极之间的内阻很小，此时电流可以从集电极流向发射极。

截止状态的工作条件（以硅三极管为例）：$U_{BE}<0.7V$，也就是基极没有电流，集电极和发射极之间的内阻很大，此时没有电流从集电极流向发射极。

硅三极管和锗三极管的导通、截止电压也是不同的。

硅三极管：导通电压 $U_{BE}>0.7V$，截止电压 $U_{BE}<0.7V$。

锗三极管：导通电压 $U_{BE}>0.3V$，截止电压 $U_{BE}<0.3V$。

6.7 三极管的识别

6.7.1 三极管电极的直观识别

通常情况下，三极管的外壳上都印有型号和标记。常用的小功率硅三极管和锗三极管有塑料外壳封装和金属外壳封装两种，其引脚排列如图6-5所示。识别塑料外壳封装的三极管电极时，面对侧平面将三个电极置于下方，从左到右三个电极依次为发射极、基极、集电极。金属外壳封装的三极管管壳上一般有定位销，将引脚底朝上，从定位销起，顺时针识别三个电极，依次为发射极、基极、集电极。

(a) 塑料外壳封装　　　　　　(b) 金属外壳封装

图6-5　三极管的引脚排列

6.7.2 用指针式万用表判别三极管电极

将指针式万用表置于R×1k挡或R×100挡，将红表笔接至三极管的某一引脚（假设基极），再将黑表笔分别接至另外两只引脚，如图6-6所示。如果测得的两个电阻都很大，则该三极管是NPN型三极管，红表笔所接的引脚是基极；如果测得的两个电阻均很小，则该三极管是PNP型三极管，红表笔所接的引脚是基极。如果没有引脚符合上述测量结果，则该三极管已坏。

将两表笔分别接至除基极外的两只引脚，如果是NPN型三极管，则将一只100kΩ电阻器接在基极与黑表笔之间，测得一电阻；然后将两表笔交换，同样测得一电阻；两次测量中电阻小的一次，黑表笔所接的引脚是NPN型三极管的集电极，红表笔所接的引脚是发射极。如果是PNP型三极管，则将一只100kΩ电阻器接在基极与红表笔之间，按上述方法测量两次，其中电阻小的一次，红表笔所接的引脚是PNP型三极管的集电极，黑表笔所接的引脚是发射极，如图6-7所示。在测量过程中，可以先假设一只引脚为集电极，在基极与集电极之间搭接一只电阻器来进行测量，如果不方便搭接电阻器，也可以用手指压住基极和假设的集电极。假设另一只引脚为集电极进行测量时，采用同样的方法。

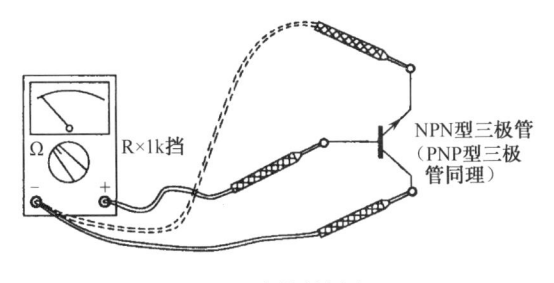

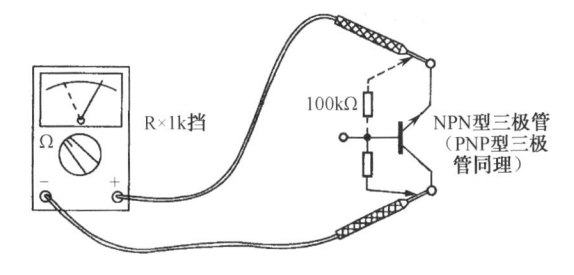

图 6-6　判断基极　　　　　　图 6-7　判别 NPN 型三极管的集电极和发射极

6.7.3　用指针式万用表测量三极管放大倍数

将指针式万用表置于 R×10 挡，即 hFE 挡，将表笔短接调零。

将三极管的发射极、基极、集电极分别插入对应的 E、B、C 插孔（NPN 型三极管放在 N 一侧，PNP 型三极管放在 P 一侧）。指针偏转，读取 hFE 刻度线上的读数，即可得到三极管的放大倍数 β。

6.7.4　用数字万用表判别三极管电极

若没有指针式万用表，只有数字万用表，怎样判别三极管的电极呢？

电子工作者大多同时拥有指针式万用表和数字万用表。它们各有长短，互补不足。数字万用表读数准确直观，输入阻抗高，但在某些情况下还是指针式万用表用起来顺手，如测量动态电平、测量三极管的放大倍数等场合。

就判别三极管电极而言，指针式万用表比数字万用表更方便快捷，熟练者可在 10s 左右得出结果。若确实没有指针式万用表，也可用数字万用表，以下是具体步骤。

（1）先利用二极管/蜂鸣挡找出基极，并判断三极管的管型、有没有击穿。
（2）若基极及三极管的管型已确定且三极管是好的，可以将数字万用表置于 hFE 挡。
（3）根据三极管的管型，将基极插入"B"插孔中。
（4）把任意假定的发射极、集电极分别插入"E"插孔、"C"插孔，记录 h_{FE} 读数。
（5）然后对调两个电极，记录 h_{FE} 读数。

h_{FE} 读数大的一次，"E"插孔中所插的电极为发射极。

上述方法普遍可行。熟练者可在 20s 左右得出结果。但要注意，带有阻尼二极管的三极管和互补达林顿三极管容易误判断。

6.7.5　三极管的质量检测

1. 检测普通三极管

检测普通三极管质量的方法如下（以 PNP 型三极管为例进行说明）。

（1）检测三极管两个 PN 结的内阻。

PNP 型三极管的结构相当于将两只二极管负极靠负极接在一起。首先用指针式万用表 R×100 挡或 R×1k 挡测量发射极与基极之间、发射极与集电极之间的正、反向电阻。当红表笔接基极时，用黑表笔分别接发射极和集电极，应出现两次电阻小的情况。然后把接基极的红表笔换成黑表笔，再用红表笔分别接发射极和集电极，应出现两次电阻大的情况。若被测 PNP 型三极管的测量结果与上述情况相符，则说明这只 PNP 型三极管是好的。

（2）检测三极管的穿透电流。

在基极开路的情况下，集电极和发射极之间在规定电压下的反向电流称为穿透电流。将指针式万用表的红表笔接至 PNP 型三极管的集电极，黑表笔接至发射极，查看指针式万用表的指示数值，此数值一般应大于几千欧姆，越大越好，此数值越小说明这只 PNP 型三极管的稳定性越差。

（3）检测三极管的放大性能。

将指针式万用表的两只表笔分别接至 PNP 型三极管的集电极和发射极，查看指针式万用表的指示数值，然后在集电极和基极间连接一只 50～100kΩ 的电阻器，观察指针的摆幅，摆幅越大，说明这只 PNP 型三极管的放大倍数越高。外接电阻也可以用人体电阻代替，即用手捏住基极和集电极。

（4）电压检测判断法。

在实际应用中，中小功率三极管通常被直接焊接在印制电路板上，由于印制电路板上电子元器件的安装密度大，拆卸比较麻烦，因此在检测时常常通过用指针式万用表直流电压挡测量被测三极管各引脚的电压，来推断其工作是否正常，进而判断其质量好坏。

2．检测大功率三极管

利用指针式万用表检测中小功率三极管的极性、管型及性能的各种方法，对检测大功率三极管来说基本上也是适用的。但是，由于大功率三极管的工作电流比较大，因此其 PN 结的面积也较大。PN 结的面积较大，其反向饱和电流也必然较大。要像测量中小功率三极管极间电阻那样，使用指针式万用表的 R×1k 挡进行测量，测得的电阻必然很小，好像极间短路一样，所以通常使用 R×10 挡或 R×1 挡检测大功率三极管。

3．检测普通达林顿管

用指针式万用表对普通达林顿管进行的检测包括识别电极、区分管型、估测放大能力等内容。因为达林顿管的发射极与基极之间包含多个发射结，所以应该使用指针式万用表能提供较高电压的 R×10k 挡进行测量。

4．检测大功率达林顿管

检测大功率达林顿管的方法与检测普通达林顿管的方法基本相同，但由于大功率达林顿管内部设置了 VD、R_1、R_2 等保护和泄放漏电流元件，因此在检测时应将这些元件对测量数据的影响加以区分，以免造成误判。具体可按下述几个步骤进行。

（1）用指针式万用表 R×10k 挡测量基极与集电极之间 PN 结的内阻，应能明显测出 PN 结具有单向导电性。正、反向电阻应有较大差异。

（2）在大功率达林顿管的基极与发射极之间有两个 PN 结，并且接有电阻器 R_1 和 R_2。用指针式万用表电阻挡进行检测，当正向检测时，测得的电阻是发射结与 R_1、R_2 并联后的电阻；当反向检测时，发射结截止，测得的电阻是 R_1 和 R_2 的电阻之和，大约为几百欧姆，且电阻固定，不随电阻挡的变换而改变。但需要注意的是，有些大功率达林顿管在 R_1、R_2 上还并联有二极管，此时所测得的电阻不是 R_1 和 R_2 的电阻之和，而是 R_1、R_2 的电阻之和与两只二极管正向电阻之和的并联电阻。

5．检测带阻尼二极管的行输出管

将指针式万用表置于 R×1 挡，通过单独测量带阻尼二极管的行输出管各电极之间的电阻，即可判断其是否正常，具体测试原理、方法及步骤如下。

（1）将指针式万用表红表笔接至发射极，将黑表笔接至基极，此时相当于测量行输出管 B-E 结等效二极管的正向电阻与保护电阻的并联电阻，由于等效二极管的正向电阻较小，而保护电阻器 R 的电阻一般也仅有 20～50Ω，因此两者并联后的电阻也较小；反之，将表笔对调，即红表笔接基极，黑表笔接发射极，则测得的是行输出管 B-E 结等效二极管的反向电阻与保护电阻的并联电阻，由于等效二极管的反向电阻较大，因此，此时测得的电阻即是保护电阻，此值仍然较小。

（2）将指针式万用表的红表笔接至集电极，将黑表笔接至基极，此时相当于测量行输出管 B-C 结等效二极管的正向电阻，一般测得的电阻较小；将红、黑表笔对调，即将红表笔接至基极，将黑表笔接至集电极，则相当于测量行输出管 B-C 结等效二极管的反向电阻，测得的电阻通常为无穷大。

（3）将指针式万用表的红表笔接至发射极，将黑表笔接至集电极，此时相当于测量管内阻尼二极管的反向电阻，测得的电阻一般较大（300Ω 至无穷大）；将红、黑表笔对调，即将红表笔接至集电极，将黑表笔接至发射极，则相当于测量管内阻尼二极管的正向电阻，测得的电阻一般较小，为几欧姆至几十欧姆。

6.8 三极管的选用与代换

6.8.1 三极管的选用

三极管的种类繁多，不同的电子设备与不同的电子电路对三极管各项性能指标的要求是不同的。所以，应根据应用电路的具体要求来选择不同用途、不同类型的三极管。

（1）一般高频三极管的选用。

通常情况下，小信号处理（如图像中放、缓冲放大等）电路中使用的高频三极管可以选用特征频率为 30～300MHz 的高频三极管，如 3DG6、3DG8、3CG21、3SA1015、2SA673、2SA733、S9011、S9012、S9014、S9015、2S5551、2S5401、BC337、BC338、BC548、BC558 等型号的小功率三极管，可根据电路的要求选择三极管的材料及极性，还要考虑待选三极管的耗散功率、最大集电极电流、最高反向工作电压、电流放大系数等参数及外形尺寸是否符合应用电路的要求。

(2)末级视放输出管的选用。

彩色电视机中使用的末级视放输出管应选用特征频率高于80MHz的高频三极管。

54cm（21英寸）以下的中小屏幕彩色电视机中使用的末级视放输出管，耗散功率应大于或等于70mW，最大集电极电流应大于或等于50mA，最高反向工作电压应大于200V，一般可选用3DG182J、2SC2229、2SC3942等型号的三极管。

64cm（25英寸）以上的大屏幕彩色电视机中使用的末级视放输出管，耗散功率应大于或等于1.5W，最大集电极电流应大于或等于50mA，最高反向电工作压应大于300V，一般可选用3DG182N、2SC2068、2SC2611、2SC2482等型号的三极管。

(3)行推动管的选用。

彩色电视机中使用的行推动管应选用大、中功率的高频三极管，耗散功率应大于或等于10W，最大集电极电流应大于150mA，最高反向工作电压应大于或等于250V，一般可选用3DK204、2SC1569、2SC2482、2SC2655、2SC2688等型号的三极管。

(4)行输出管的选用。

彩色电视机中使用的行输出管属于高反向电压大功率三极管，最高反向工作电压应大于或等于1200V，耗散功率应大于或等于50W，最大集电极电流应大于或等于3.5A（大屏幕彩色电视机中使用的行输出管的耗散功率应大于或等于60W，最大集电极电流应大于5A）。

54cm以下中小屏幕彩色电视机中使用的行输出管可选用2SD869、2SD870、2SD871、2SD899A、2SD950、2SD951、2SD1426、2SD1427、2SD1556、2SD1878等型号的三极管。

64cm以上的大屏幕彩色电视机中使用的行输出管可选用2SD1433、2SD2253、2SD1432、2SD1941、2SD953、2SC3153、2SC1887等型号的三极管。

(5)开关三极管的选用。

小电流开关电路和驱动电路中使用的开关三极管，最高反向工作电压应小于100V，耗散功率应小于1W，最大集电极电流应小于1A，可选用3CK3、3DK4、3DK9、3DK12等型号的小功率开关三极管。

大电流开关电路和驱动电路中使用的开关三极管，最高反向工作电压应大于或等于100V，耗散功率应大于30W，最大集电极电流应大于或等于5A，可选用3DK200、DK55、DK56等型号的大功率开关三极管。

开关电源等电路中使用的开关三极管，耗散功率应大于或等于50W，最大集电极电流应大于或等于3A，最高反向工作电压应大于800V，一般可选用2SD820、2SD850、2SD1403、2SD1431、2SD1553、2SD1541等型号的高反向电压大功率开关三极管。

(6)达林顿管的选用。

达林顿管广泛应用于音频功率输出、开关控制、电源调整、继电器驱动、高增益放大等电路中。

继电器驱动电路与高增益放大电路中使用的达林顿管可以选用不带保护电路的中小功率普通达林顿管。而音频功率输出、电源调整等电路中使用的达林顿管可选用大功率、大电流型普通达林顿管或带保护电路的大功率达林顿管。

(7)音频功率放大互补对管的选用。

音频功率放大器中的低放电路和功率输出电路一般均采用互补推挽对管（通常由1只NPN型三极管和1只PNP型三极管组成）。选用时要求两管配对，即性能参数一致。

低放电路中采用的中小功率互补推挽对管，耗散功率应小于或等于 1W，最大集电极电流应小于或等于 1.5A，最高反向工作电压应为 50～300V。常用的中小功率互补推挽对管有 2SC945/2SA733、2SC1815/2SA1015、2N5401/2N5551、S8050/S8550 等型号，选用时应根据应用电路的具体要求而定。

后级功率放大电路中使用的互补推挽对管应选用大电流、大功率、低噪声三极管，耗散功率应为 100～200W，最大集电极电流应为 10～30A，最高反向工作电压应为 120～200V。常用的大功率互补推挽对管有 2SC2922/2SA1216、2SC3280/2SA1301、2SC3281/2SA1302、2N3055/MJ2955 等型号。

（8）带阻尼二极管的三极管的选用。

带阻尼二极管的三极管是录像机、影碟机、彩色电视机中常用的三极管，其种类较多，但一般不能作为普通三极管使用，只能"专管专用"。

选用带阻尼二极管的三极管时，应根据应用电路的要求（如输入电压的高低、开关速度、饱和深度、功耗等）及其内部电阻器的电阻选择合适的管型。

（9）光电三极管的选用。

光电三极管和其他三极管一样，不允许其电参数（如最高工作电压、最大集电极电流和最大允许功耗等）超过最大值，否则会缩短光电三极管的使用寿命，甚至烧毁光电三极管。

另外，所选光电三极管的光谱响应范围必须与入射光的光谱特性相互匹配，以获得最佳的响应特性。

6.8.2 三极管的代换

三极管的代换方法有直接代换和间接代换两种。

（1）直接代换。

三极管损坏后，在无同型号三极管可更换的情况下，也可以用类型相同、特性相近、外形相似的三极管直接代换损坏的三极管。

类型相同是指代换用三极管应与原三极管类型相同，即材料要相同（只能用锗三极管代换锗三极管、用硅三极管代换硅三极管）、极性要相同（只能用 PNP 型三极管代换 PNP 型三极管、用 NPN 型三极管代换 NPN 型三极管）。

特性相近是指代换用三极管与原三极管的主要参数、特性曲线要相近。主要参数有耗散功率、最大集电极电流、最高反向工作电压、频率特性、电流放大系数等（开关三极管还要考虑开启时间和关断时间等参数）。

大功率三极管的外形差别较大，有时即使代换用三极管与原三极管的类型相同、特性相近，但因两管的封装外形及尺寸不同，也无法直接代换。因此，选择外形相似的代换用三极管有利于正常安装且不破坏正常的散热条件。

（2）间接代换。

若找不到可直接代换的三极管，也可以采用间接代换的方法。例如，带阻尼二极管的行输出管损坏后，可以用 1 只与其主要参数（耗散功率、最大集电极电流、最高反向工作电压等）相同的大功率开关管，在其集电极与发射极之间并联 1 只阻尼二极管（阻尼二极管的正极接大功率开关管的发射极，阻尼二极管的负极接大功率开关管的集电极）来间接代换，如

图 6-8 所示。

带阻尼二极管的三极管损坏后，可以用 1 只与其主要参数相同的三极管，在其基极、发射极之间并联合适电阻的电阻器（具体应视被代换带阻尼二极管的三极管的内部结构而定）来间接代换。

达林顿管或高 β 值三极管、大功率三极管等损坏后，也可以通过将两只三极管复合连接后来代换。

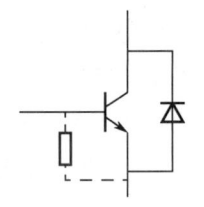

图 6-8 带阻尼二极管的行输出管的代换

6.9 技能训练——三极管的识别与检测

1．实训目的

（1）学会判别三极管的电极。
（2）学会测量三极管的电流放大系数。

2．实训器材

三极管若干，指针式万用表、数字万用表各 1 块。

用数字万用表检测贴片三极管

用指针式万用表判别三极管的管型及电极

3．实训步骤

（1）判别三极管的电极。

用指针式万用表判别三极管的电极依据：NPN 型三极管基极到发射极、基极到集电极均为 PN 结正向，PNP 型三极管基极到发射极、基极到集电极均为 PN 结反向。

用指针式万用表的 R×1k 挡或 R×100 挡找基极，定类型。

第一步，找基极。对于功率在 1W 以下的中小功率三极管，用指针式万用表的 R×100 挡或 R×1k 挡测量；对于功率在 1W 以上的大功率三极管，用指针式万用表的 R×10 挡或 R×1 挡测量。用指针式万用表的 R×100 挡或 R×1k 挡测量三极管 3 个电极中每两个电极之间的正、反向电阻，当用第一只表笔接触某一电极，而第二只表笔先后接触另外两个电极，均测得低电阻时，第一只表笔所接的电极即为基极 B。此时应注意，如果红表笔接的是基极 B，黑表笔分别接触其他两个电极，测得的电阻都较小，则可判定被测三极管为 PNP 型三极管；如果黑表笔接的是基极 B，红表笔分别接触其他两个电极，测得的电阻都较小，则被测三极管为 NPN 型三极管。找基极的测试示意图如图 6-9 所示。

第二步，根据基极找集电极。

找到基极并确定三极管的管型后，剩下的两个电极中哪一个是集电极，哪一个是发射极呢？可以先找到集电极，那么剩下的一个电极即为发射极。

以 NPN 型三极管为例，找集电极的测试示意图如图 6-10 所示。

基极和集电极之间的电阻可以用人体电阻来代替，即用手指搭接在基极和集电极之间。

结论：两次测量中，指针式万用表的指针偏转角度（测得的电阻）较小的一次，黑表笔接的是集电极。

PNP 型三极管找集电极的方法与 NPN 型三极管相同，只是要将红、黑表笔对调。将指针式万用表置于 R×100 挡或 R×1k 挡，红表笔接假设的集电极，黑表笔分别接触另外两个电极,所测得的两个电阻会是一大一小。在电阻较小的那次测量中,黑表笔所接电极为集电极;在电阻较大的那次测量中,黑表笔所接电极为发射极。

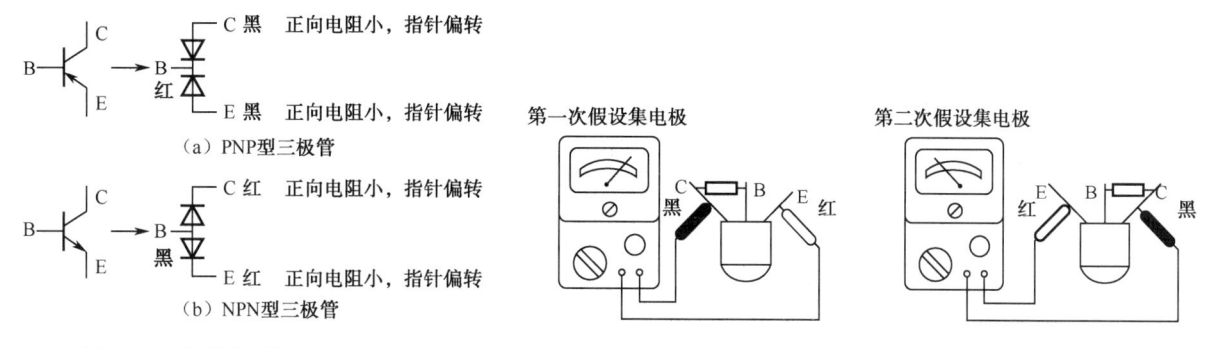

图 6-9　找基极的测试示意图

图 6-10　找集电极的测试示意图

（2）测量三极管的电流放大系数。

目前,部分型号的指针式万用表具有测量三极管电流放大系数 h_{FE} 的刻度线及其插孔,可以很方便地测量三极管的电流放大系数。先将指针式万用表的转换开关旋至 hFE 挡,将量程开关旋至 ADJ 位置,把红、黑表笔短接,调整机械调零螺钉,使指针式万用表的指针指示为零,然后将量程开关旋至 hFE 挡,并使两短接的表笔分开,把被测三极管插入"hFE"插孔,即可从 hFE 刻度线上读出三极管的电流放大系数。

4．学生操作练习

（1）分组,教师先对组长进行考核。
（2）组长对各组员进行考核。
（3）教师对各组进行抽查。

5．课后作业

（1）复习巩固本实训所学内容。
（2）填写实训报告。

第 7 章 晶闸管的识别与检测

7.1 晶闸管的感性认识

7.1.1 印制电路板上的晶闸管

以调光台灯电路板为例，图 7-1 中标注的即为晶闸管。

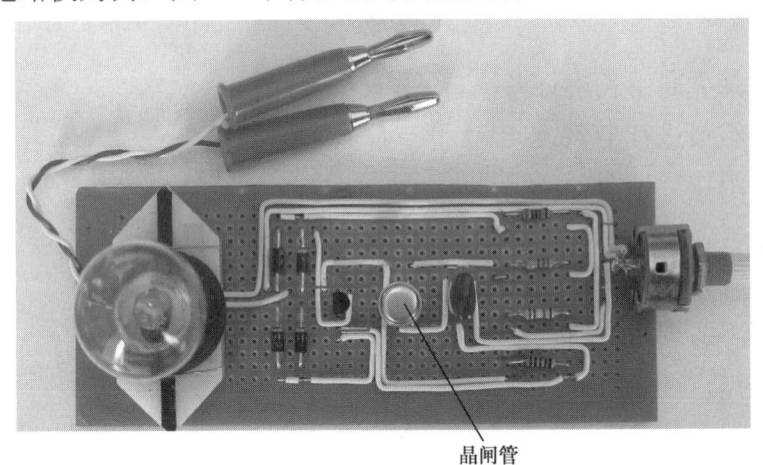

图 7-1 印制电路板上的晶闸管

7.1.2 常见晶闸管的外形

晶闸管的外形有多种，如图 7-2 所示。

图 7-2 晶闸管的外形

7.2 晶闸管的概念和结构

晶闸管的电路符号及工作原理

晶闸管是晶体闸流管的简称，又称可控硅。自从 20 世纪 50 年代问世以来，晶闸管已经发展成了一个大家族，它的主要成员有单向晶闸管、双向晶闸管、光控晶闸管、逆导晶闸管、可关断晶闸管、快速晶闸管等。通常所说的普通晶闸管即单向晶闸管，它是由四层半导体材料组成的，有三个 PN 结，对外有三个电极：由第一层 P 型半导体引出的电极称为阳极 A，由第三层 P 型半导体引出的电极称为控制极 G，由第四层 N 型半导体引出的电极称为阴极 K，如图 7-3（a）所示，其等效电路如图 7-3（b）所示。由单向晶闸管的电路符号 [见图 7-3（b）] 可以看出，它和二极管一样是一种单向导电器件，不同之处是多了一个控制极 G，这就使它具有与二极管完全不同的工作特性。

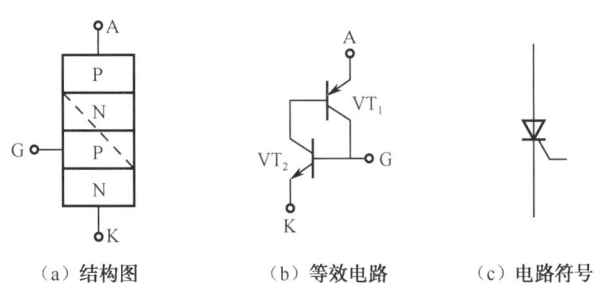

（a）结构图　　（b）等效电路　　（c）电路符号

图 7-3　单向晶闸管

7.3 晶闸管的工作特性

下面以单向晶闸管为例来说明晶闸管的主要特性。如图 7-4 所示，单向晶闸管 VS 与小灯泡 EL 串联起来，通过开关 S 接在直流电源上。注意阳极 A 接电源的正极，阴极 K 接电源的负极，控制极 G 通过按钮开关 SB 接在 3V 直流电源的正极（图 7-4 所示电路中使用的是 KP_5 型晶闸管，若采用 KP_1 型晶闸管，则控制极 G 应接在 1.5V 直流电源的正极）。单向晶闸管与电源的这种连接方式称为正向连接，也就是说，给单向晶闸管阳极和控制极所加的都是正向电压。现在合上开关 S，小灯泡不亮，说明单向晶闸管没有导通；再按一下按钮开关 SB，给控制极输入一个触发电压，小灯泡亮了，说明单向晶闸管导通了。

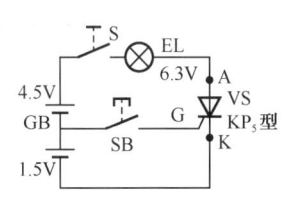

图 7-4　单向晶闸管连接电路

这个电路告诉我们，要使单向晶闸管导通需要两个条件：一是在它的阳极 A 与阴极 K 之间外加正向电压；二是在它的控制极 G 与阴极 K 之间施加一个正向的触发电压。单向晶闸管导通后，松开按钮开关，去掉触发电压，单向晶闸管仍然保持导通状态。

单向晶闸管的特点是"一触即发"。但是，如果阳极或控制极外加的是反向电压，单向晶闸管就不能导通。控制极的作用是通过外加正向触发脉冲使单向晶闸管导通，却不能使它关断。那么，用什么方法才能使导通的单向晶闸管关断呢？若要使导通的单向晶闸管关断，可以断开阳极电源（断开图 7-4 中的开关 S）或使阳极电流小于维持单向晶闸管导通的最小电流（维持电流）。如果单向晶闸管阳极和阴极之间外加的是交流电压或脉动直流电压，那么在电压过零时，单向晶闸管会自行关断。

7.4 晶闸管的分类

晶闸管是一种大功率开关型半导体器件，在电路中用文字符号"VS""VT"表示。

晶闸管具有硅整流器件的特性，能在高电压、大电流条件下工作，且其工作过程可以控制，被广泛应用于可控整流、交流调压、无触点电子开关、逆变及变频等电子电路中。

晶闸管有多种分类方法。

（1）按关断、导通及控制方式分类。

晶闸管按其关断、导通及控制方式可分为单向晶闸管、双向晶闸管、逆导晶闸管、门极关断晶闸管（GTO）、BTG晶闸管、温控晶闸管和光控晶闸管等多种。

（2）按引脚和极性分类。

晶闸管按其引脚和极性可分为二极晶闸管、三极晶闸管和四极晶闸管。

（3）按封装形式分类。

晶闸管按其封装形式可分为金属封装晶闸管、塑封晶闸管和陶瓷封装晶闸管三种类型。其中，金属封装晶闸管又分为螺栓式、平板式、圆壳式等多种；塑封晶闸管又分为带散热片型和不带散热片型两种。

（4）按电流容量分类。

晶闸管按其电流容量可分为大功率晶闸管、中功率晶闸管和小功率晶闸管三种。通常情况下，大功率晶闸管多采用金属封装，而中、小功率晶闸管则多采用塑封或陶瓷封装。

（5）按关断速度分类。

晶闸管按其关断速度可分为普通晶闸管和高频（快速）晶闸管。

7.5 单向晶闸管和双向晶闸管

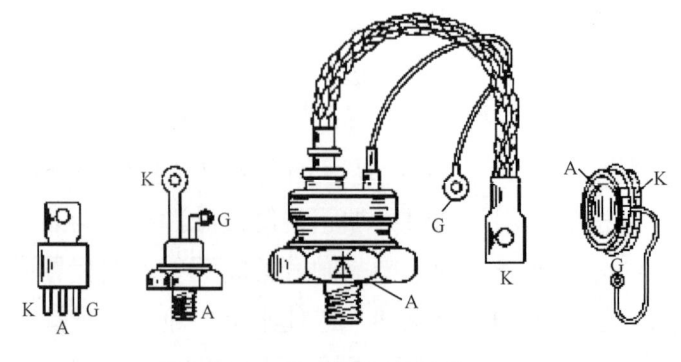

7.5.1 单向晶闸管的外形

单向晶闸管的外形如图7-5所示。单向晶闸管包括塑封单向晶闸管、螺栓式单向晶闸管、平板式单向晶闸管等。

图7-5 单向晶闸管的外形

7.5.2 用指针式万用表判别单向晶闸管

1. 单向晶闸管的电极判别

如图 7-6 所示，将指针式万用表置于 R×1k 挡，假设单向晶闸管三个电极中任一个电极为控制极，将黑表笔接至控制极 G，用红表笔分别接触另外两个电极，若两次测量中只有一次呈现小电阻，即 PN 结正向导通，则这一次测量中黑表笔接的电极是控制极 G，红表笔接的电极是阴极 K，另一电极是阳极 A。若两次测量测得的电阻都为无穷大，则假设的电极不是控制极，需假设另一电极为控制极后再测，直到判别出三个电极为止。

在测量过程中，判别出三个电极后，还要测试控制极和阴极之间的反向电阻，若控制极和阴极之间的反向电阻很小，说明控制极和阴极之间的 PN 结已损坏。若测得任意两个电极间的正向电阻都很小或都为无穷大，则说明单向晶闸管已损坏。

2. 触发特性检测

判别出三个电极后，用指针式万用表可简单检测单向晶闸管的触发特性。如图 7-7 所示，将指针式万用表置于 R×1 挡，将黑表笔接至阳极，将红表笔接至阴极；在阳极和控制极之间加一电阻器（可用人体电阻）或直接用黑表笔接触控制极一下，阳极和阴极之间呈导通状态（小电阻）；撤去阳极和控制极之间的电阻器（或将黑表笔与控制极断开），这时若指针式万用表仍保持导通状态，说明单向晶闸管的触发特性良好。

图 7-6　用指针式万用表判别晶闸管的电极　图 7-7　用指针式万用表检测单向晶闸管的触发特性

对于电流在 5A 以上的中、大功率单向晶闸管，因其通态电压 V_T、维持电流 I_H 及控制极触发电压 V_G 均相对较大，而指针式万用表 R×1 挡所提供的电流偏低，单向晶闸管不能完全导通，故检测时可在黑表笔端串联一只 200Ω 可调电阻器和 1～3 节 1.5V 干电池（视被测单向晶闸管的容量而定，若其工作电流大于 100A，则应用 3 节 1.5V 干电池）进行测量。此外，也可用一个简单电路来进行测量。

7.5.3 双向晶闸管的结构和电路符号

如图 7-8 所示，双向晶闸管从内部看有多个区域和多个 PN 结，相当于两个单向晶闸管的并联，外部引出三个电极：T1 极、T2 极和控制极（G 极）。

当控制极和 T1 极的电压相对于 T2 极为负时，导通方向为从 T2 极到 T1 极，此时 T2 极为阳极，T1 极为阴极。

当控制极和 T2 极的电压相对于 T1 极为负时，导通方向为从 T1 极到 T2 极，此时 T1

极为阳极，T2 极为阴极。

双向晶闸管也具有去掉触发电压后仍能保持导通的特性，只有当 T1 极、T2 极之间的电压降低到不足以保持导通或 T1 极、T2 极之间的电压改变极性且没有触发电压时，双向晶闸管才被关断。

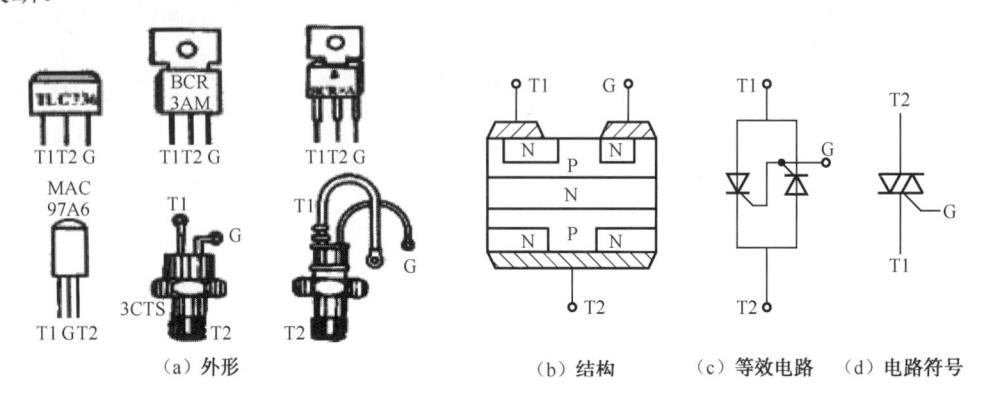

(a) 外形　　　　　　　　　(b) 结构　　(c) 等效电路　(d) 电路符号

图 7-8　双向晶闸管

7.5.4　用指针式万用表判别双向晶闸管

双向晶闸管的电极及质量判断

（1）判别各电极。

从结构上看，控制极距 T1 极较近，距 T2 极较远。因此，控制极与 T1 极间的正、反向电阻都很小。用指针式万用表 R×1 挡或 R×10 挡分别测量双向晶闸管三个电极间的正、反向电阻，若测得某一个电极与其他两个电极均不通，则此电极便是 T2 极。

找出 T2 极之后，剩下的两个电极便是 T1 极和控制极。测量这两个电极之间的正、反向电阻，会测得两个均较小的电阻。在电阻较小（约几十欧姆）的一次测量中，黑表笔接的是 T1 极，红表笔接的是控制极。

（2）判别其好坏。

用指针式万用表 R×1 挡或 R×10 挡测量双向晶闸管的 T1 极与 T2 极之间、T2 极与控制极之间的正、反向电阻，正常情况下均应接近无穷大。若测得的电阻均很小，则说明该双向晶闸管电极间已击穿或漏电短路。

测量 T1 极与控制极之间的正、反向电阻，正常情况下均应在几十欧姆至 100Ω 之间（黑表笔接 T1 极、红表笔接控制极时，测得的正向电阻较反向电阻略小一些）。若测得 T1 极与控制极之间的正、反向电阻均为无穷大，则说明该双向晶闸管已开路损坏。

（3）触发导通能力检测。

对于工作电流为 8A 以下的小功率双向晶闸管，可用指针式万用表 R×1 挡直接对其进行检测。检测时先将黑表笔接至 T2 极，将红表笔接至 T1 极，然后用镊子将 T2 极与控制极短路，给控制极加上正极性触发信号，若此时测得的电阻由无穷大变为十几欧姆，则说明该双向晶闸管已被触发导通，导通方向为 T2 极→T1 极；再将黑表笔接至 T1 极，将红表笔接至 T2 极，用镊子将 T2 极与控制极短路，给控制极加上负极性触发信号，若此时测得的电阻由无穷大变为十几欧姆，则说明该双向晶闸管已被触发导通，导通方向为 T1 极→T2 极。

若在双向晶闸管被触发导通后断开控制极，T2 极、T1 极间不能维持低阻导通状态，电阻变为无穷大，则说明该双向晶闸管性能不良或已经损坏。若给控制极加上正（或负）极性触发信号后，双向晶闸管仍不导通（T1 极与 T2 极间的正、反向电阻仍为无穷大），则说明该双向晶闸管已损坏，无触发导通能力。

对于工作电流为 8A 以上的中、大功率双向晶闸管，在检测其触发导通能力时，可先在指针式万用表的某只表笔上串联 1~3 节 1.5V 干电池，再用 R×1 挡按上述方法进行检测。

对于耐压为 400V 以上的双向晶闸管，也可以用 220V 交流电压来测试其触发导通能力及性能好坏。图 7-9 所示为双向晶闸管的测试电路，其中 EL 为 60W/220V 白炽灯，VT 为被测双向晶闸管，R 为 100Ω 限流电阻器，S 为按钮开关。

将电源插头接入市电后，双向晶闸管处于截止状态，灯泡应不亮，若此时灯泡正常发光，则说明被测双向晶闸管的 T1 极、T2 极之间已击穿短路；若灯泡微亮，则说明被测双向晶闸管漏电损坏。按动一下按钮开关 S，为双向晶闸管的控制极提供触发电压信号，正常情况下双向晶闸管应立即被触发导通，白炽灯正常发光。若白炽灯不能发光，则说明被测双向晶闸管内部开路损坏。

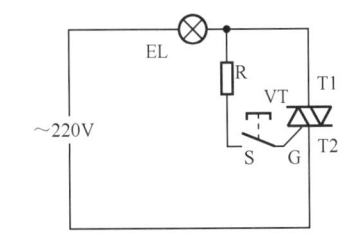

图 7-9 双向晶闸管的测试电路

7.6 晶闸管的选用及代换

7.6.1 晶闸管的选用

晶闸管的选用有以下要点。

（1）选择晶闸管的类型。

晶闸管有多种类型，应根据应用电路的具体要求合理选用。

若用于交直流电压控制、可控整流、交流调压、逆变电源、开关电源保护等电路中，可选用单向晶闸管。

若用于交流开关、交流调压、交流电动机线性调速、灯具线性调光、固体继电器、固体接触器等电路中，应选用双向晶闸管。

若用于交流电动机变频调速、逆变电源及各种电子开关等电路中，可选用门极关断晶闸管。

若用于锯齿波发生器、长时间延时器、过电压保护器及大功率晶体管触发等电路中，可选用 BTG 晶闸管。

若用于电磁灶、电子镇流器、超声波电路、超导磁能储存系统及开关电源等电路中，可选用逆导晶闸管。

若用于光电耦合器、光探测器、光报警器、光计数器、光电逻辑电路及自动生产线的运行监控电路中，可选用光控晶闸管。

（2）选择晶闸管的主要参数。

晶闸管的主要参数应根据应用电路的具体要求而定。

所选晶闸管应留有一定的功率裕量，其额定峰值电压（重复峰值电压）和额定电流（通态平均电流）均应高于受控电路最大工作电压和最大工作电流的 1.5~2 倍。

晶闸管的正向压降、控制极触发电流及触发电压等参数应符合应用电路（控制极的控制电路）的各项要求，不能偏高或偏低，否则会影响晶闸管的正常工作。

7.6.2 晶闸管的代换

晶闸管损坏后，若无同型号的晶闸管可更换，可以选用与其性能参数相近的其他型号晶闸管代换。

在设计应用电路时，一般均留有较大的功率裕量。在更换晶闸管时，只要注意其额定峰值电压、额定电流、控制极触发电压和控制极触发电流满足电路要求即可，尤其是额定峰值电压与额定电流这两个指标。

代换用晶闸管应与已损坏晶闸管的开关速度一致。例如，脉冲电路、高速逆变电路中的快速晶闸管损坏后，只能选用同类型的快速晶闸管，而不能用普通晶闸管来代换。

选择代换用晶闸管时，不管什么参数，都不必留有过大的功率裕量，应尽可能与被代换晶闸管的参数相近，因为过大的功率裕量不仅是一种浪费，有时还会出现不触发或触发不灵敏等现象。

另外，还要注意两只晶闸管的外形要相同，否则会给安装工作带来不便。

7.7 技能训练——晶闸管的识别与检测

1. 实训目的

（1）认识晶闸管。
（2）晶闸管的电极判别。
（3）单向晶闸管、双向晶闸管的检测。

2. 实训器材

单向晶闸管、双向晶闸管若干，指针式万用表1块。

3. 实训步骤

（1）认识单向晶闸管、双向晶闸管。

晶闸管分为单向晶闸管和双向晶闸管，它们的电路符号也不同。单向晶闸管有三个PN结，由最外层的P型半导体和N型半导体引出两个电极，分别称为阳极和阴极，由中间的P型半导体引出一个控制极。

单向晶闸管有其独特的特性：当阳极接反向电压或者阳极接正向电压但控制极不加电压时，它都不导通；只有当阳极和控制极同时接正向电压时，它才会变成导通状态。一旦导通，控制电压便失去了对它的控制作用，不论有没有控制电压、控制电压的极性如何，单向晶闸管都将一直处于导通状态，要想关断，只能把阳极电压降低到某一临界值以下或者反向。

双向晶闸管的电极多数是按T1、T2、G的顺序从左至右排列的（电极向下，面对有字符的一面），当加在控制极上的触发脉冲的大小或时间改变时，就能改变其导通电流的大小。双向晶闸管与单向晶闸管的区别：当双向晶闸管控制极上触发脉冲的极性发生改变时，其导通方向就随着极性的改变而变化，从而能够控制交流电负载，而单向晶闸管经触发后只能从阳极向阴极单向导通。

电子制作中常用晶闸管，单向晶闸管型号有 MCR-100 等，双向晶闸管型号有 TLC336 等。

（2）用指针式万用表检测单向晶闸管的质量好坏。

① 将指针式万用表置于 R×1k 挡，正、反向测量单向晶闸管阴极和阳极之间的电阻，均应接近无穷大；用指针式万用表的 R×10 挡测量控制极和阴极之间的正、反向电阻，应为从十几欧姆至几百欧姆，单向晶闸管的功率越大，此电阻越小。控制极和阴极之间的正、反向电阻相等或差异极小。这说明单向晶闸管的控制极和阴极之间并不像一般三极管的发射结那样，有明显的正、反向电阻的差异。这种测量方式是有局限性的，当阴极和阳极之间呈开路状态时，则无法测出单向晶闸管的质量好坏；有的单向晶闸管控制极和阴极之间的电阻极小，也难以判别控制极是否已经短路。

② 如图 7-10 所示，为单向晶闸管连接上电源和负载，才能得出其质量好坏的准确结论。将单向晶闸管接入电路，单向晶闸管因无触发信号输入，小灯泡 EL1 因无电流通过而不发光；将阳极和控制极短接一下再断开，单向晶闸管受触发而导通，并能维持导通（小灯泡的额定电流应大于 100mA），小灯泡一直发光，直到断开电源。再接通电源时，小灯泡不亮。此时，即可判断该单向晶闸管基本是好的。

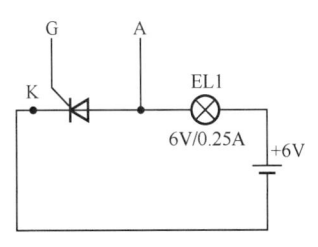

图 7-10　检测单向晶闸管的质量好坏

（3）单向晶闸管的损坏情况。

①阳极和阴极间短路或开路；②控制极和阳极间短路或开路；③三个电极之间短路。

还有一种损坏情况极为少见，用上述（1）、（2）方法进行检测，单向晶闸管是好的，但将其接到交流电路中，其便失去了可控整流作用。此时，只能通过更换一只完好的单向晶闸管来排除故障。

（4）单向晶闸管的电极判别。

单向晶闸管的电极可用下述方法进行判别。先用指针式万用表 R×1k 挡测量三个电极之间的电阻，电阻小的两个电极分别为控制极和阴极，所剩的一个电极为阳极。再将指针式万用表置于 R×10k 挡，用手指捏住阳极和另一个电极，且不让两个电极接触，将黑表笔接至阳极，将红表笔接至剩下的一个电极，若指针向右摆动，则说明红表笔所接的电极为阴极；若指针不摆动，则说明红表笔所接的电极为控制极。

（5）单向晶闸管的检测。

将指针式万用表置于 R×1 挡，用红、黑两表笔分别测量任意两个电极间的正、反向电阻，直至找出读数为数十欧姆的一对电极，此时黑表笔所接的电极为控制极 G，红表笔所接的电极为阴极 K，剩余的一个电极为阳极 A。将黑表笔接至阳极 A，红表笔仍然与阴极 K 连接，此时指针式万用表的指针应不动。用短接线瞬间短接阳极 A 和控制极 G，此时指针式万用表的指针应向右偏转，电阻读数为 10Ω 左右。当阳极 A 接黑表笔、阴极 K 接红表笔时，若指针式万用表的指针发生偏转，则说明该单向晶闸管已击穿损坏。

（6）双向晶闸管的检测。

将指针式万用表置于 R×1 挡，用红、黑两表笔分别测量任意两个电极间的正、反向电阻，测量结果应是其中两组读数为无穷大。若一组读数为数十欧姆，则该组红、黑表笔所接的两个电极为 T1 极和控制极，另一个电极即为 T2 极。确定 T1 极、控制极后，再仔细测量 T1 极与控制极间的正、反向电阻，读数相对较小的那次测量中，黑表笔所接的电极为 T1 极，红表笔所接的电极为控制极。将黑表笔接至已确定的 T2 极，将红表笔接至 T1 极，此时指针不应发生偏转，电阻为无穷大。再用短接线将 T2 极、控制极瞬间短接，给控制极加上正向触发电压，T2 极、T1 极间的电阻是 10Ω 左右。随后断开 T2 极、控制极间短接线，读数应保持在 10Ω 左右。互换红、黑表笔接线，红表笔接 T2 极，黑表笔接 T1 极，指针应不发生偏转，电阻为无穷大。用短接线将 T2 极、控制极间再次瞬间短接，给控制极加上负向触发电压，T1 极、T2 极间的电阻也是 10Ω 左右。随后断开 T2 极、控制极间短接线，读数应不变，保持在 10Ω 左右。若检测结果符合以上规律，说明被测双向晶闸管未损坏且三个电极极性判断正确。

4．学生操作练习

（1）用指针式万用表判别晶闸管的质量好坏。
（2）判别晶闸管的电极。

5．课后作业

（1）简述单向晶闸管的质量检测方法。
（2）简述双向晶闸管的质量检测方法。
（3）简述判别晶闸管电极的方法。

第 8 章 场效应管的识别与检测

8.1 场效应管的感性认识

8.1.1 印制电路板上的场效应管

印制电路板上的场效应管（Field-Effect Transistor，FET）很多，一般以 Q 来表示，图 8-1 中 Q 后面的数字是场效应管的编号。

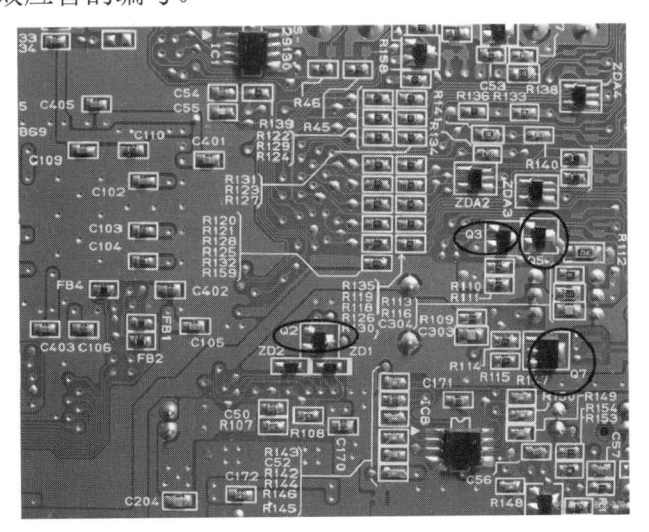

图 8-1 印制电路板上的场效应管

8.1.2 常见场效应管的外形

常见场效应管的外形如图 8-2 所示。场效应管的外形与普通三极管一样，但工作原理不同。普通三极管是电流控制器件，通过控制基极电流达到控制集电极电流或发射极电流的目的。场效应管是电压控制器件，其输出电流的大小取决于输入电压，即场效应管的电流受控于栅极电压。

图 8-2 常见场效应管的外形

8.2 场效应管的概念、特点和分类

8.2.1 场效应管的概念

场效应晶体管简称场效应管。一般的晶体管是由两种极性的载流子，即多数载流子和反极性的少数载流子参与导电的，因此称为双极型晶体管，而场效应管仅由多数载流子参与导电，它与双极型晶体管相反，也称为单极型晶体管。场效应管的应用范围很广，但双极型晶体管不可以用场效应管替代。由于场效应管的特性与双极型晶体管的特性完全不同，因此能构成技术性能非常好的电路。

8.2.2 场效应管的特点和分类

场效应管具有输入阻抗高、噪声低、热稳定性好、抗辐射能力强、耗电少、易集成等特点。

场效应管按结构可以分为结型场效应管和绝缘栅场效应管。

结型场效应管简称 JFET。它又分为 N 沟道结型场效应管和 P 沟道结型场效应管。

绝缘栅场效应管简称 IGFET。它又分为 N 沟道绝缘栅场效应管和 P 沟道绝缘栅场效应管，每种类型可细分为增强型、耗尽型。

8.3 结型场效应管

8.3.1 结型场效应管的结构和电路符号

N 沟道、P 沟道结型场效应管分别如图 8-3、图 8-4 所示。

结型场效应管由两个 PN 结和一个导电沟道组成。三个电极分别为源极 S、漏极 D 和栅极 G，漏极和源极具有互换性。

结型场效应管工作的条件是两个 PN 结加反向电压。

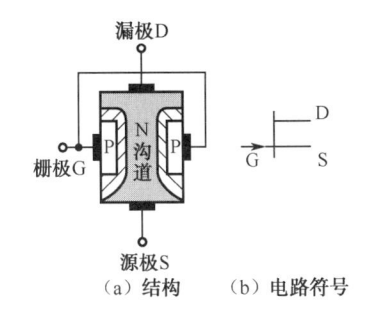

图 8-3　N 沟道结型场效应管

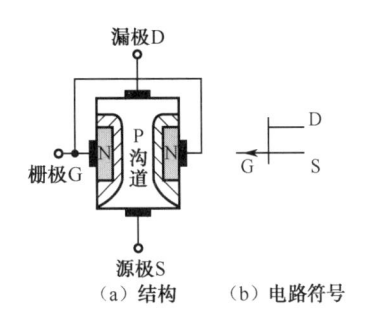

图 8-4　P 沟道结型场效应管

8.3.2　结型场效应管的工作原理

以 N 沟道结型场效应管为例，其工作原理电路如图 8-5 所示。

在漏-源电压 V_{DS} 不变的条件下，改变栅-源电压 V_{GS}，通过 PN 结的变化，控制沟道宽窄，即沟道电阻的大小，从而控制漏极电流 I_D。

结型场效应管是电压控制电流的电压控制器件。其输入电阻很大，一般可达 $10^7 \sim 10^8 \Omega$。

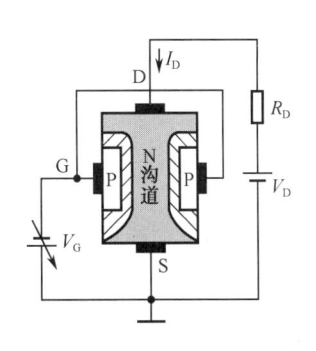

图 8-5　N 沟道结型场效应管的工作原理电路

8.4　绝缘栅场效应管

绝缘栅场效应管是一种栅极与源极、漏极之间有绝缘层的场效应管，简称 MOS 管。

特点：输入电阻高，噪声小。

分类：有 P 沟道绝缘栅场效应管和 N 沟道绝缘栅场效应管两种类型；每种类型又可细分为增强型和耗尽型两种。

8.4.1　N 沟道增强型绝缘栅场效应管

N 沟道增强型绝缘栅场效应管如图 8-6 所示。

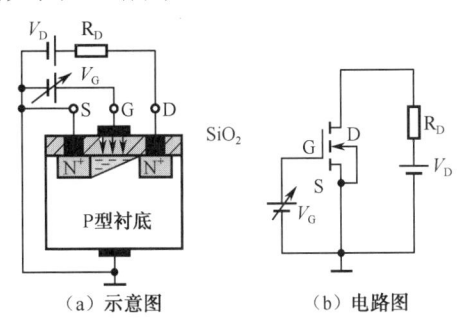

N 沟道增强型绝缘栅场效应管的工作原理电路如图 8-7 所示。

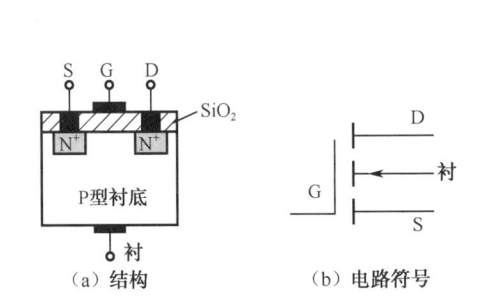

图 8-6　N 沟道增强型绝缘栅场效应管

图 8-7　N 沟道增强型绝缘栅场效应管的工作原理电路

（1）当$V_{GS}=0$时，在漏、源极间加一正向电压V_{DS}，漏、源极之间的电流$I_D=0$。

（2）当$V_{GS}>0$，在绝缘层和衬底之间感应出一个反型层时，漏极和源极之间产生导电沟道。在漏、源极间加一正向电压V_{DS}，将产生电流I_D。

（3）当$V_{DS}>0$时，若$V_{GS}<V_T$，则反型层消失，无导电沟道，$I_D=0$；若$V_{GS}>V_T$，则出现反型层，即形成电沟道，漏极和源极之间有电流I_D流过；若V_{GS}逐渐增大，则导电沟道变宽，I_D也随之逐渐增大，即V_{GS}控制I_D的变化。

8.4.2　N沟道耗尽型绝缘栅场效应管

N沟道耗尽型绝缘栅场效应管如图8-8所示。

特点：N沟道耗尽型绝缘栅场效应管本身已形成导电沟道。

工作原理：当$V_{DS}>0$时，若$V_{GS}=0$，则有导电沟道，有电流I_D；当$V_{GS}>0$并逐渐增大时，导电沟道变宽，I_D增大；当$V_{GS}<0$并逐渐增大此负电压时，导电沟道变窄，I_D减小，由此实现V_{GS}对I_D的控制。

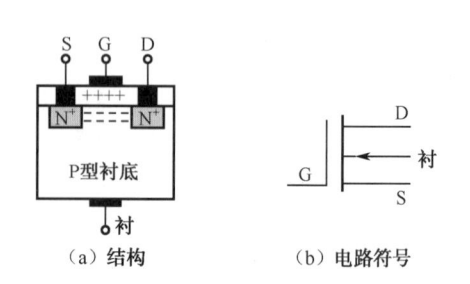

图8-8　N沟道耗尽型绝缘栅场效应管

8.5　场效应管的主要参数

1. 直流参数

（1）开启电压V_T。

开启电压V_T是指在V_{DS}为定值的条件下，增强型场效应管开始导通（I_D达到某一定值，如$10\mu A$）时所需施加的V_{GS}值。

（2）夹断电压V_P。

夹断电压V_P是指在V_{DS}为定值的条件下，耗尽型场效应管I_D减小到接近零时的V_{GS}值。

（3）饱和漏极电流I_{DSS}。

饱和漏极电流I_{DSS}是指耗尽型场效应管工作在饱和区且$V_{GS}=0$时所对应的漏极电流。

（4）输入阻抗R_{GS}。

输入阻抗R_{GS}是指栅-源电压V_{GS}与对应的栅极电流I_G之比。

场效应管的输入阻抗很大，结型场效应管的输入阻抗一般为$10^7\Omega$以上，绝缘栅场效应管的输入阻抗则更高，一般为$10^9\Omega$以上。

2. 交流参数

（1）跨导g_m。

跨导g_m是指当V_{DS}一定时，漏极电流变化量ΔI_D和引起这个变化的栅-源电压变化量ΔV_{GS}之比。它表示了栅-源电压对漏极电流的控制能力。

（2）极间电容。

场效应管三个电极之间的等效电容 C_{GS}、C_{GD}、C_{DS} 一般为几皮法。结电容小的场效应管，高频性能好。

3．极限参数

（1）漏极最大允许耗散功率 P_{DM}。

漏极最大允许耗散功率 P_{DM} 是指 I_D 与 V_{DS} 的乘积不应超过的极限值。

（2）漏极击穿电压 $V_{(BR)DS}$。

漏极击穿电压 $V_{(BR)DS}$ 是指漏极电流 I_D 开始剧增时所加的漏-源电压 V_{DS}。

8.6 场效应管的特点

与三极管相比，场效应管具有如下特点。

（1）场效应管是电压控制器件，它通过 V_{GS} 来控制 I_D。

（2）场效应管的输入端电流极小，输入阻抗很大。

（3）场效应管利用多数载流子导电，因此它的温度稳定性较好。

（4）由场效应管组成的放大电路的电压放大系数要小于由三极管组成的放大电路的电压放大系数。

（5）场效应管的抗辐射能力强。

（6）由于不存在由杂乱运动的少数载流子扩散引起的散粒噪声，因此场效应管的噪声小。

（7）场效应管容易产生静电击穿损坏。储存时，应将场效应管的3个电极短路，并放在屏蔽的金属盒内，焊接时电烙铁外壳应接地或断开电烙铁的电源，利用余热进行焊接。

场效应管与三极管的比较如表 8-1 所示。

表 8-1　场效应管与三极管的比较

项　目	特　点	
	三　极　管	场　效　应　管
极型	双极型	单极型
控制方式	电流控制	电压控制
类型	PNP 型、NPN 型	N 沟道、P 沟道
放大参数	$\beta=50 \sim 200$	$g_m=1000 \sim 5000 A/V$
输入阻抗	$10^2 \sim 10^4 \Omega$	$10^7 \sim 10^{15} \Omega$
噪声	较大	较小
热稳定性	差	好
抗辐射能力	差	强
制造工艺	较复杂	简单、成本低

8.7 场效应管的型号命名方法

场效应管有两种型号命名方法。

场效应管的型号命名方法

第一种型号命名方法与三极管相同，即场效应管的型号分为五部分：第一部分用数字 3 表示场效应管；第二部分用字母表示场效应管的材料（D 代表 P 型、硅材料、反型层是 N 沟道，C 代表 N 型、硅材料、反型层是 P 沟道）；第三部分用字母表示场效应管的类型（J 代表结型场效应管，O 代表绝缘栅场效应管）；第四部分用数字表示场效应管的登记顺序号；第五部分用字母表示场效应管的规格号。例如，3DJ6D 是 N 沟道结型场效应管，3DO6C 是 N 沟道绝缘栅场效应管。

第二种型号命名方法是 CS××#：CS 代表场效应管；××为数字，代表型号的序号；#为字母，代表同一型号中的不同规格，如 CS14A、CS45G 等。

8.8 场效应管的作用

场效应管的作用及应用

（1）场效应管可用于放大。由于场效应管的输入阻抗很高，因此耦合电容器的电容量可以较小，不必使用电解电容器。

（2）由于场效应管的输入阻抗很大，因此其常用于多级放大器输入级的阻抗变换。

（3）场效应管可以用作可变电阻器。

（4）场效应管可以方便地用作恒流源。

（5）场效应管可以用作电子开关。

8.9 场效应管的应用

1．应用领域

场效应管是电场效应控制电流大小的单极型半导体器件。其输入端基本不获取电流或电流极小，具有输入阻抗大、噪声小、热稳定性好、制造工艺简单等特点，可用于大规模集成电路和超大规模集成电路。

场效应管凭借其功耗小、性能稳定、抗辐射能力强等优势，在集成电路中已经有逐渐取代三极管的趋势。但它还是非常娇贵的，虽然现在多数场效应管已经内置了保护二极管，但稍不注意，也会损坏。

2．应用特点（与三极管对比）

（1）场效应管的源极 S、栅极 G、漏极 D 分别对应于三极管的发射极 E、基极 B、集电极 C，它们的作用相似。

（2）场效应管是电压控制器件，由 V_{GS} 控制 I_D，其跨导 g_m 一般较小，因此场效应管的放大能力较差；三极管是电流控制器件，由 I_B（或 I_E）控制 I_C。

（3）场效应管栅极几乎不获取电流，而三极管工作时基极总要获取一定的电流。因此场效应管的输入阻抗比三极管的输入电阻高。

（4）场效应管只有多数载流子参与导电，三极管有多数载流子和少数载流子两种载流子参与导电。由于少数载流子的浓度受温度、辐射等因素影响较大，因此场效应管比三极管的温度稳定性好、抗辐射能力强。在环境条件（如温度等）变化很大的情况下应选用场效应管。

（5）当场效应管的源极与衬底连在一起时，源极和漏极可以互换使用，且特性变化不大；当三极管的集电极与发射极互换使用时，其特性变化很大，β值将减小很多。

（6）场效应管的噪声系数很小，低噪声放大电路的输入级及要求信噪比较高的电路应选用场效应管。

（7）场效应管和三极管均可组成各种放大电路和开关电路，但由于前者制造工艺简单，且具有耗电少、热稳定性好、工作电源电压范围宽等优点，因此被广泛用于大规模集成电路和超大规模集成电路。

（8）三极管的导通电阻大，场效应管的导通电阻小，只有几百毫欧姆，大多数用电设备都将场效应管用作开关，它的效率是比较高的。

3．使用优势

场效应管是电压控制器件，而三极管是电流控制器件。在只允许从信号源获取较少电流的情况下，应选用场效应管；而在信号电压较低，又允许从信号源获取较多电流的条件下，应选用三极管。

有些场效应管的源极和漏极可以互换使用，栅极电压也可正可负，灵活性比三极管好。

场效应管能在很小电流和很低电压的条件下工作，而且它的制造工艺可以很方便地把很多场效应管集成在一块硅片上，因此场效应管在大规模集成电路中得到了广泛的应用。

8.10 场效应管的检测和使用

8.10.1 用指针式万用表检测场效应管

1．用指针式万用表判别结型场效应管的电极

根据场效应管的PN结正、反向电阻不一样的特点，可以判别出结型场效应管的三个电极。具体方法：将指针式万用表置于R×1k挡，任选两个电极，分别测出其正、反向电阻。若某两个电极的正、反向电阻相等且为几千欧姆，则这两个电极分别是漏极D和源极S。因为对结型场效应管而言，漏极和源极可互换，剩下的电极肯定是栅极G。也可以使指针式万用表的黑表笔（或红表笔）任意接触一个电极，另一只表笔依次接触其余两个电极，测其电阻。当出现两次测得的电阻近似相等时，黑表笔所接触的电极为栅极，其余两个电极分别为漏极和源极。若两次测出的电阻均很大，说明是反向PN结，即测得的电阻都是反向电阻，可以判定该结型场效应管是N沟道结型场效应管且黑表笔所接触的电极是栅极；若两次测出的电阻均很小，说明是正向PN结，即测得的电阻都是正向电阻，可以判定该结型场效应管为P沟道结型场效应管，黑表笔所接触的电极是栅极。若不出现上述情况，可以调换黑、红表笔按上述方法进行测量，直到判别出栅极为止。

2．用指针式万用表检测场效应管的质量

用指针式万用表测量场效应管的源极与漏极、栅极与源极、栅极与漏极之间的电阻，通

过比较其与场效应管手册中标明的电阻是否相符来判断场效应管的质量好坏。具体方法：首先，将指针式万用表置于 R×10 挡或 R×100 挡，测量源极与漏极之间的电阻，通常应为几十欧姆到几千欧姆（由场效应管手册可知，各种不同型号的场效应管，其电阻是各不相同的），如果测得的电阻大于场效应管手册中标明的电阻，则可能是场效应管内部接触不良；如果测得的电阻是无穷大，则可能是场效应管内部开路。然后，将指针式万用表置于 R×10k 挡，测量栅极与源极、栅极与漏极之间的电阻，当测得其各项电阻均为无穷大时，说明该场效应管是正常的；若测得上述各项电阻太小或两个电极之间为通路，则说明该场效应管已损坏。要注意，若两个栅极在管内断极，可用元件代换法进行检测。

3．用感应信号输入法估测结型场效应管的放大能力

具体方法：将指针式万用表置于 R×100 挡，将红表笔接至源极，将黑表笔接至漏极，给结型场效应管加上 1.5V 的电源电压，此时指针指示的是漏极和源极间的电阻。然后用手捏住结型场效应管的栅极，将人体的感应电压加到栅极上。这样，由于结型场效应管的放大作用，漏-源电压 V_{DS} 和漏极电流 I_D 都要发生变化，也就是漏极和源极间电阻发生了变化，由此可以观察到指针有较大幅度的摆动。如果手捏栅极时指针摆动较小，说明结型场效应管的放大能力较差；如果指针摆动较大，说明结型场效应管的放大能力强；如果指针不动，说明结型场效应管是坏的。

根据上述方法，用指针式万用表的 R×100 挡测结型场效应管 3DJ2F。先将结型场效应管的栅极开路，测得漏-源电阻 R_{DS} 为 600Ω，用手捏住栅极后，指针向左摆动，指示的电阻 R_{DS} 为 12kΩ，指针摆动的幅度较大，说明该结型场效应管是好的，并有较强的放大能力。

采用这种方法时要说明以下几点。

首先，在测量过程中用手捏住栅极时，指针式万用表的指针可能向右摆动（电阻减小），也可能向左摆动（电阻增加）。这是由人体的感应电压较高，而用电阻挡测量不同的结型场效应管时的工作点可能不同（工作在饱和区或不饱和区）所致。试验表明，多数结型场效应管的 R_{DS} 增大，即指针向左摆动；少数结型场效应管的 R_{DS} 减小，即指针向右摆动。但无论指针摆动方向如何，只要指针摆动幅度较大，就说明结型场效应管有较强的放大能力。

其次，此方法对绝缘栅场效应管也适用。但要注意，绝缘栅场效应管的输入阻抗，栅极上允许施加的感应电压不应过高，所以不要直接用手捏栅极，必须手握螺丝刀的绝缘柄，用金属杆碰触栅极，以防人体感应电压直接加到栅极，造成栅极击穿。

最后，每次测量完毕，应使栅极和源极之间短路一下。这是因为 G-S 结上会充有少量电荷，建立起 V_{GS} 电压，造成再次进行测量时指针可能不动，只有将 G-S 结上的电荷短路释放掉才行。

4．用测电阻法判别无标志的场效应管

首先用测量电阻的方法找出两个有电阻的电极，即源极和漏极，余下的电极为栅极。把源极与漏极之间的电阻记下来，对调表笔再测量一次，把测得的电阻记录下来，两次测量中电阻较大的一次，黑表笔所接的电极为漏极；红表笔所接的电极为源极。用这种方法判别出来的源极和漏极，还可以用估测其放大能力的方法进行验证，即放大能力强的一次测量中，黑表笔所接的电极是漏极，红表笔所接的电极是源极，两种方法的检测结果应一致。

5. 通过反向电阻的变化判断跨导的大小

测量 VMOS N 沟道增强型场效应管的跨导性能时，可用红表笔接源极、黑表笔接漏极，这就相当于在源极、漏极之间加了一个反向电压。此时栅极开路，VMOS N 沟道增强型场效应管的反向电阻是很不稳定的。将指针式万用表置于 R×10k 挡，此时表内电压较高。当用手接触栅极时，会发现 VMOS N 沟道增强型场效应管的反向电阻有明显的变化，其变化越大，说明 VMOS N 沟道增强型场效应管的跨导越大。如果被测 VMOS N 沟道增强型场效应管的跨导很小，用此法测量时，反向电阻变化不大。

8.10.2 场效应管的使用注意事项

（1）为了安全使用场效应管，设计的电路参数不能超过场效应管的耗散功率、最大漏-源电压、最大栅-源电压和最大电流等参数的极限值。

（2）在使用各类型场效应管时，都要严格按要求的偏置电压将其接入电路中，要遵守场效应管偏置电压的极性。例如，N 沟道场效应管栅极不能加正偏置电压，P 沟道场效应管栅极不能加负偏置电压等。

（3）由于绝缘栅场效应管的输入阻抗极大，因此在运输、储藏时必须将其引出脚短路，并用金属屏蔽包装，以防外来感应电势将栅极击穿。尤其要注意的是，不能将绝缘栅场效应管放入塑料盒子内，储存时最好放在金属盒内，同时要注意防潮。

（4）为了防止场效应管栅极感应击穿，要求一切测试仪器、工作台、电烙铁、线路本身都必须良好接地（采用先进的气热型电烙铁焊接场效应管是比较方便的，并且可以确保安全）；在焊接电极时，先焊源极；在接入电路之前，场效应管的全部引线端保持互相短接状态，焊接完后再把短接材料去掉；从电子元器件架上取下场效应管时，应以适当的方式确保人体接地，如采用接地环等；在未关断电源时，绝对不可以把场效应管插入电路或从电路中拔出。以上安全措施在使用场效应管时必须注意。

（5）在安装场效应管时，注意安装的位置要尽量避开发热元件；为了防止管件振动，应将管壳体紧固起来；弯曲电极引线时，应当在距离根部 5mm 处进行，以防弯断电极或引起漏气等。

对于功率型场效应管，要有良好的散热条件。因为功率型场效应管在高负荷条件下运行，所以必须设计足够的散热条件，确保壳体温度不超过额定值，使器件长期、稳定、可靠工作。

总之，确保场效应管安全使用要注意的事项很多，采取的安全措施各种各样，电子技术人员，特别是广大的电子爱好者，要根据自己的实际情况，采取切实可行的办法，安全有效地用好场效应管。

8.10.3 VMOS 场效应管的检测与使用

VMOS 场效应管简称 VMOS 管或功率场效应管，其全称为 V 形槽绝缘栅场效应管。它是继绝缘栅场效应管之后发展起来的高效、功率型开关器件。它不仅继承了绝缘栅场效应管输入阻抗大（≥10^8Ω）、驱动电流小（0.1μA 左右）的特点，还具有耐压高（最高 1200V）、工作电流大（1.5～100A）、输出功率高（1～250W）、跨导的线性好、开关速度快等优良特性。正是由于它将电子管与功率型三极管的优点集于一身，因此在电压放大器（电压放大倍数可达数千）、功率放大器、开关电源和逆变器中获得了广泛应用。

VMOS 场效应管具有极大的输入阻抗及较宽的线性放大区，并且具有负的电流温度系数，即在栅-源电压不变的情况下，导通电流会随管温的升高而减小，故不存在由"二次击穿"所引起的损坏现象。因此，VMOS 场效应管的并联得到了广泛应用。

众所周知，传统的绝缘栅场效应管的栅极、源极和漏极大致处于同一水平面的芯片上，其工作电流基本上是沿水平方向流动的。VMOS 场效应管则不同，其具有两大结构特点：第一，金属栅极采用 V 形槽结构；第二，具有垂直导电性。由于漏极是从芯片的背面引出的，因此 I_D 不是沿芯片水平流动的，而是从重掺杂 N+区（源极 S）出发，经过 P 沟道流入轻掺杂 N-漂移区，最后垂直向下到达漏极 D。因为流通截面积增大，所以能通过大电流。由于在栅极与芯片之间有 SiO_2 绝缘层，因此它仍属于绝缘栅场效应管。

我国生产 VMOS 场效应管的主要厂家有西安卫光科技有限公司、天津第四半导体器件厂、杭州新安江电子管厂等，典型产品有 VN401、VN672、VMPT2 等。

下面介绍检测 VMOS 场效应管的方法。

（1）判定栅极 G。

将指针式万用表置于 R×1k 挡，分别测量三个电极之间的电阻。若发现某个电极与其他两个电极之间的电阻均为无穷大，并且交换表笔后仍为无穷大，则证明此电极为栅极，因为它和另外两个电极之间是绝缘的。

（2）判定源极 S、漏极 D。

在源极和漏极之间有一个 PN 结，因此根据 PN 结正、反向电阻存在差异的特点，可识别源极与漏极。用交换表笔法测两次电阻，其中较小的电阻（一般为几千欧姆至十几千欧姆）为正向电阻，此时黑表笔接的电极是源极，红表笔接的电极是漏极。

（3）测量漏-源通态电阻 $R_{DS(on)}$。

将栅极和源极短路，将指针式万用表置于 R×1 挡，黑表笔接源极，红表笔接漏极，测得的电阻应为几欧姆至十几欧姆。

由于测试条件不同，测出的 $R_{DS(on)}$ 值比场效应管手册中给出的典型值要高一些。例如，用 500 型万用表 R×1 挡实测一只 IRFPC50 型 VMOS 场效应管，$R_{DS(on)}$=3.2Ω，大于 0.58Ω（场效应管手册中给出的典型值）。

（4）检测跨导。

将指针式万用表置于 R×1k 挡（或 R×100 挡），红表笔接源极，黑表笔接漏极，手持螺丝刀碰触栅极，指针应有明显偏转，偏转越大，VMOS 场效应管的跨导越大。

检测 VMOS 场效应管的注意事项如下。

（1）VMOS 场效应管也分为 N 沟道 VMOS 场效应管与 P 沟道 VMOS 场效应管，但绝大多数产品属于 N 沟道 VMOS 场效应管。对于 P 沟道 VMOS 场效应管，测量时应交换表笔的位置。

（2）有少数 VMOS 场效应管在栅极和源极之间并联有保护二极管，此时上述检测方法中的（1）、（2）不再适用。

（3）目前市场上还有一种 VMOS 场效应管功率模块，专供交流电机调速器、逆变器使用。

例如，美国 IR 公司生产的 IRFT001 型模块，其内部有 N 沟道 VMOS 场效应管、P 沟道 VMOS 场效应管各三只，构成三相桥式结构。

（4）目前市场上出售的 VNF 系列（N 沟道）产品，是美国 Supertex 公司生产的超高频功率场效应管。其最高工作频率 f_p=120MHz，I_{DSM}=1A，P_{DM}=30W，共源小信号低频跨导 g_m=2000μS，适用于高速开关电路和广播、通信设备。

（5）使用 VMOS 场效应管时，必须加合适的散热器。以 VNF306 为例，该 VMOS 场效应管只有在加装 140mm×140mm×4mm 的散热器后，最大功率才能达到 30W。

（6）多管并联后，极间电容和分布电容相应增加，使放大器的高频特性变坏，反馈容易引起放大器的高频寄生振荡。为此，并联的 VMOS 场效应管的数量一般不超过 4 个，并且需在每只 VMOS 场效应管的基极或栅极串联防寄生振荡电阻器。

8.11 技能训练——场效应管的识别与检测

1．实训目的

（1）掌握结型场效应管的电极识别与检测方法。
（2）掌握 VMOS 场效应管的检测方法。

2．实训器材

结型场效应管、VMOS 场效应管若干，指针式万用表 1 块。

3．实训步骤

（1）场效应管电路符号。
常用场效应管的电路符号如图 8-9 所示。

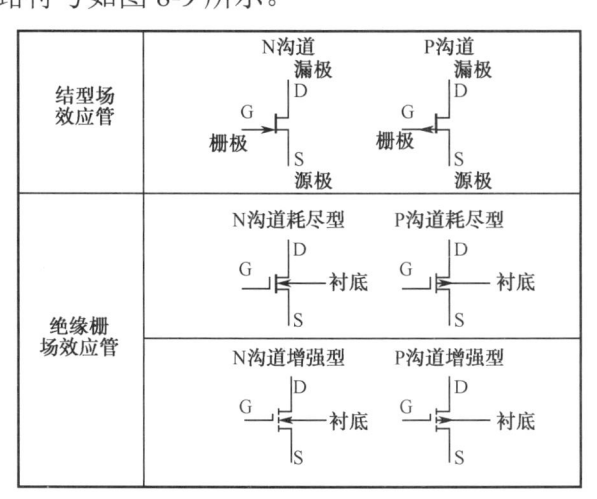

图 8-9 常用场效应管的电路符号

（2）场效应管的电极顺序。
常用场效应管的电极顺序如图 8-10 所示。

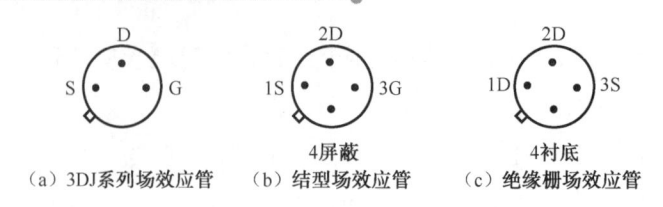

(a) 3DJ系列场效应管　(b) 结型场效应管　(c) 绝缘栅场效应管

图 8-10　常用场效应管的电极顺序

（3）判别结型场效应管的电极。

① 判别漏极和源极。

结型场效应管的栅极相当于三极管的基极，源极和漏极分别对应于三极管的发射极和集电极。将指针式万用表置于 R×1k 挡，用两表笔分别测量每两个电极间的正、反向电阻。若某两个电极间的正、反向电阻相等且为数千欧姆，则这两个电极分别为漏极和源极（可互换），余下的一个电极即为栅极。对于有 4 个电极的结型场效应管来说，另外一个电极是屏蔽极（使用时接地）。

② 判定栅极。

用指针式万用表的黑表笔碰触结型场效应管的一个电极，红表笔分别碰触另外两个电极。若两次测得的电阻都很小，说明均是正向电阻，该结型场效应管属于 N 沟道结型场效应管，黑表笔接的电极是栅极。

制造工艺决定了结型场效应管的源极和漏极是对称的，可以互换使用，并不影响电路的正常工作，所以不必加以区分。源极与漏极间的电阻约为几千欧姆。

注意：不能用此法判定绝缘栅场效应管的栅极。因为绝缘栅场效应管的输入阻抗极大，栅极和源极间的极间电容很小，测量时只要有少量的电荷，就可在极间电容上形成很高的电压，容易使绝缘栅场效应管损坏。

③ 估测结型场效应管的放大能力。

将指针式万用表置于 R×100 挡，红表笔接源极 S，黑表笔接漏极 D，相当于给结型场效应管加上 1.5V 的电源电压。这时指针指示出的是源极和漏极的极间电阻。然后用手指捏住栅极，将人体的感应电压加到栅极上。由于结型场效应管的放大作用，V_{DS} 和 I_D 都将发生变化，也相当于源极和漏极的极间电阻发生变化，可观察到指针有较大幅度的摆动。若手捏栅极时指针的摆动幅度很小，说明结型场效应管的放大能力较弱；若指针不动，说明结型场效应管已经损坏。

④ 测量时的注意事项。

由于人体感应的 50Hz 交流电压较高，而用电阻挡测量不同结型场效应管时的工作点可能不同，因此用手捏栅极时指针式万用表的指针可能向右摆动，也可能向左摆动。少数结型场效应管的 R_{DS} 减小，指针向右摆动，多数结型场效应管的 R_{DS} 增大，指针向左摆动。无论指针的摆动方向如何，只要有明显的摆动，就说明结型场效应管具有放大能力。

本方法也适用于绝缘栅场效应管。为了保护绝缘栅场效应管，必须用手握住螺丝刀绝缘柄，用金属杆去碰栅极，以防人体感应电压直接加到栅极上，使绝缘栅场效应管损坏。

绝缘栅场效应管每次测量完毕，栅极和源极之间的结电容上会充有少量电荷，建立起电压 V_{GS}，继续测量时，指针式万用表的指针可能不动，此时将栅极和源极之间短路一下即可。

4．学生操作练习

（1）识别结型场效应管的电极，并检测其质量好坏。

（2）检测 VMOS 场效应管的质量好坏。

5．课后作业

（1）简述结型场效应管的电极识别与质量检测方法。

（2）简述 VMOS 场效应管的质量检测方法。

第 9 章

集成稳压器的识别与检测

9.1 集成稳压器的感性认识

常见集成稳压器的封装及引脚如图 9-1 所示。

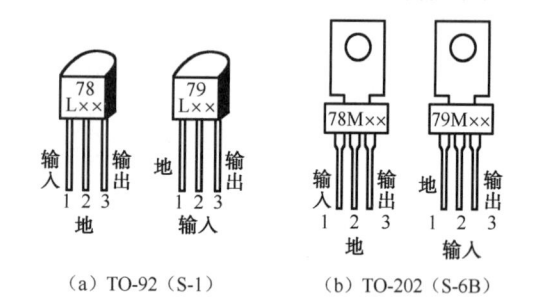

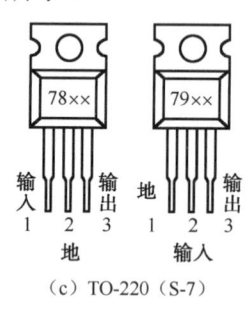

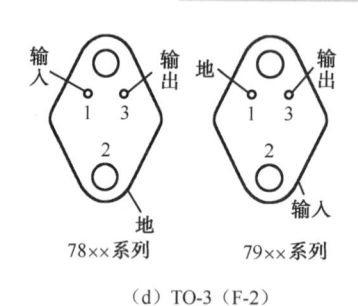

(a) TO-92（S-1）　　(b) TO-202（S-6B）　　(c) TO-220（S-7）　　(d) TO-3（F-2）

图 9-1　常见集成稳压器的封装及引脚

9.2　78××系列集成稳压器

9.2.1　78××系列集成稳压器的性能特点

78××系列集成稳压器是三端固定正压集成稳压器，已经成为世界通用系列产品。国外产品有美国 NS 公司（已被美国 TI 公司收购）生产的 LM78××、美国仙童半导体公司生产的 μ78××、摩托罗拉公司生产的 MC78××、意法半导体公司生产的 L78××、日本东芝公司生产的 TA78××、日本电气股份有限公司生产的μPC78××，以及日本日立公司生产的 HA78××等多种型号。我国的产品则以 W78××系列表示。

78××系列集成稳压器的封装形式主要有两种：一种是 TO-3 封装；另一种是 TO-220 封装，其外形及引脚排列如图 9-2 所示。其中，V_i 为直流电压的输入端；V_o 为稳定电压的输出端；GND 为接地端。

78××系列集成稳压器的特点是体积小、性能优良、保护功能完善、可靠性高、成本低廉、使用简便、无须调试等。

(a) TO-3封装　　　　(b) TO-220封装

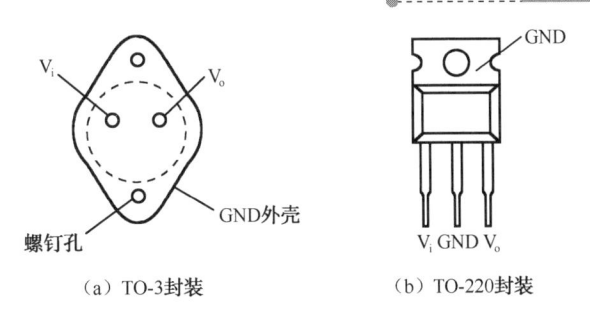

图 9-2　78××系列集成稳压器的外形及引脚排列

78××系列集成稳压器的内部电路如图 9-3 所示。该稳压器是由启动电路、基准电路、误差放大器、调整管、过电流保护电路、过热保护电路等组成的。

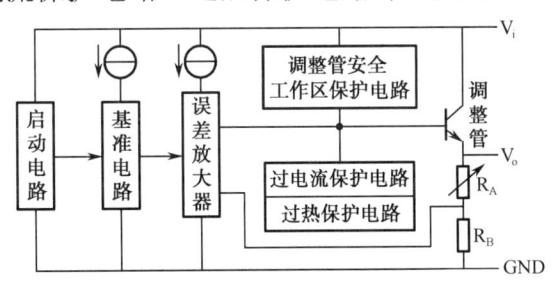

图 9-3　78××系列集成稳压器的内部电路

使用 78××系列集成稳压器时，应着重注意以下两点。

（1）接地端（GND）不允许开路悬空，输入端和输出端不得接反，否则会导致集成稳压器击穿损坏。

（2）当 78××系列集成稳压器用于大电流供电电路时，必须外加适当的散热器。如果使用过程中散热不良，会使其内部芯片的实际结温超过允许最高结温，引起过热保护电路动作，集成稳压器将不能正常工作。

9.2.2　78××系列集成稳压器的检测方法

测试 7805、7905 的电阻和电压

用万用表电阻挡测出 78××系列集成稳压器各引脚间的电阻，然后与正常值相比较，若相差较大，则说明被测集成稳压器的性能有问题。实践证明，78××系列集成稳压器正常与否，突出表现在其输入端与输出端之间的正、反向电阻上，正常情况下，正、反向电阻相差数千欧姆以上。如果输入端与输出端的正、反向电阻相差很小，接近 0Ω，则表明被测集成稳压器已损坏。用 500 型万用表 R×1k 挡测量 78××系列集成稳压器各引脚间的电阻，测量结果如表 9-1 所示，供读者检测时对照参考。

注意： 78××系列集成稳压器各引脚之间的电阻因生产厂家不同、稳压值不同及批号不同而有一定差异，所以在测试时要灵活掌握，具体分析。

表 9-1　78××系列集成稳压器各引脚间的电阻

红表笔所接引脚	黑表笔所接引脚	参考电阻/kΩ
GND	V_i	14～45
GND	V_o	4～13

续表

红表笔所接引脚	黑表笔所接引脚	参考电阻/kΩ
V_i	GND	3～6
V_o	GND	3～7
V_o	V_i	29～50
V_i	V_o	4.5～5.2

9.3 79××系列集成稳压器

9.3.1 79××系列集成稳压器的性能特点

79××系列集成稳压器是三端固定负压集成稳压器，它的种类基本与78××系列集成稳压器相对应。79××系列集成稳压器的封装形式也有两种，即TO-3封装和TO-220封装。图9-4所示为79××系列集成稳压器的外形及引脚排列。其引脚排列顺序与78××系列集成稳压器有很大的区别，使用时必须加以注意。其中，GND为公共接地端；$-V_i$为输入端；$-V_o$为输出端。

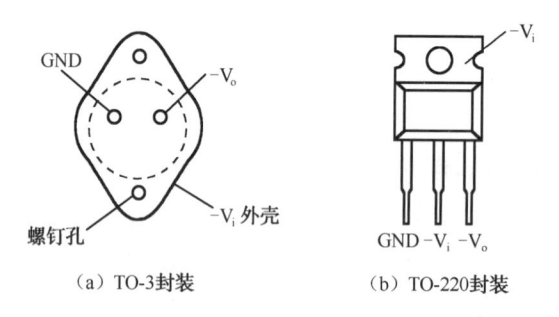

图 9-4 79××系列集成稳压器的外形及引脚排列

79××系列集成稳压器的结构与78××系列集成稳压器相似，也是由启动电路、基准电路、误差放大器、调整管、过电流保护电路、过热保护电路等组成的，不同之处在于79××系列集成稳压器内部调整管的集电极接$-V_o$端。

使用79××系列集成稳压器时除应注意使用78××系列集成稳压器时的注意事项外，还应特别注意，采用TO-220封装的79××系列集成稳压器的散热板和采用TO-3封装的79××系列集成稳压器的外壳均为输入端$-V_i$，不得与仪器的机壳相连通，加装散热器时，散热器也必须与仪器可靠绝缘。

9.3.2 79××系列集成稳压器的检测方法

检测79××系列集成稳压器的方法与检测78××系列集成稳压器的方法相似，用指针式万用表测出79××系列集成稳压器各引脚间的电阻并与正常值相比较，便可判断该集成稳压器正常与否。用MF47型万用表测量79××系列集成稳压器各引脚间的电阻，测量结果如表9-2所示，供读者检测时对照参考。

表 9-2 79××系列集成稳压器各引脚间的电阻

红表笔所接引脚	黑表笔所接引脚	参考电阻/kΩ
CND	$-V_i$	4～5
GND	$-V_o$	2.5～3.5
$-V_i$	GND	14.5～16
$-V_o$	GND	2.5～3.5
$-V_o$	$-V_i$	4～5
$-V_i$	$-V_o$	18～22

与 78××系列集成稳压器一样，79××系列集成稳压器各引脚间的电阻也因生产厂家的不同、稳压值的不同及批号的不同而有一定的差异，测试时要进行具体分析。

9.4 三端可调集成稳压器

9.4.1 三端可调集成稳压器的分类和性能特点

三端可调集成稳压器的种类很多，可分为正压输出和负压输出两种。国标和厂标符号分别为 CW 和 W。三端可调集成稳压器是一种使用方便、应用广泛的稳压集成电路。正压输出的三端可调集成稳压器有 LM317 等，负压输出的三端可调集成稳压器有 LM337 等。

三端可调集成稳压器有以下几个突出特点。

（1）使用起来非常方便，只需外接两只电阻器就可以输出一定范围内的电压。

（2）各项性能指标都优于三端固定集成稳压器。

（3）具有全过载保护功能，包括过电流保护、过热保护和调整管安全工作区保护。即使调整端悬空，所有的保护电路仍然有效。

9.4.2 三端可调集成稳压器的外形

三端可调集成稳压器的外形和引脚排列如图 9-5 所示。

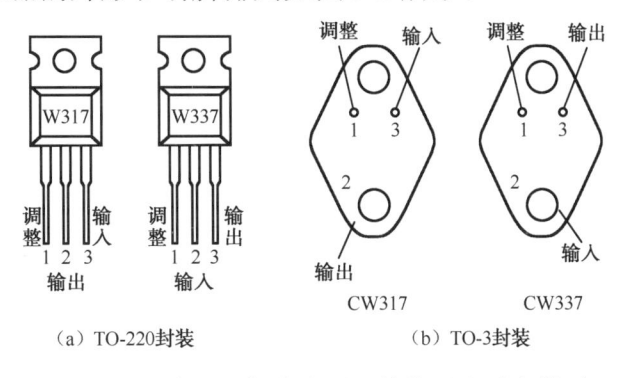

（a）TO-220封装　　　　　（b）TO-3封装

图 9-5 三端可调集成稳压器的外形和引脚排列

1. 测量引脚间电阻法

用指针式万用表的电阻挡测出三端可调集成稳压器各引脚间的电阻，并与正常值进行比较，若相差不大，则说明被测三端可调集成稳压器性能良好。若各引脚间的电阻偏离正常值较大，则说明被测三端可调集成稳压器性能不良或已经损坏。用 500 型万用表 R×1k 挡测量三端可调集成稳压器典型产品 LM317、LM350、LM338 各引脚间的电阻，测量结果如表 9-3 所示，供读者检测时对照参考。

表 9-3 三端可调集成稳压器典型产品各引脚间的电阻

表笔位置		电 阻		
黑表笔所接引脚	红表笔所接引脚	LM317	LM350	LM338
V_i	ADJ	150kΩ	75～100kΩ	140kΩ
V_o	ADJ	28kΩ	26～28kΩ	29～30kΩ
ADJ	V_i	24kΩ	7～30kΩ	28kΩ
ADJ	V_o	500kΩ	几十千欧姆至几百千欧姆	约 1MΩ
V_i	V_o	7kΩ	7.5kΩ	7.2kΩ
V_o	V_i	4kΩ	3.5～4.5kΩ	4kΩ

2. 加电测试法

按图 9-6 将电路连接好，加电后，边调整 R_2 的电阻边用指针式万用表直流电压挡测量三端可调集成稳压器输出端的电压。在将 R_2 的电阻从最小值调到最大值的过程中，输出电压 U_o 应在给定的标称电压调节范围内变化，若输出电压不变或变化范围与标称电压调节范围的偏差较大，则说明该三端可调集成稳压器已经损坏或性能不良。

9.5 技能训练——集成稳压器的应用

三端集成稳压器的电压测量

1. 实训目的

（1）掌握集成稳压器的特点及性能指标的测量方法。
（2）了解集成稳压器扩展性能的方法。

2. 实训器材

桥式整流器、电容器、集成稳压器 W7812 若干，指针式万用表 1 块。

3. 实训原理

随着半导体工艺的发展，稳压电路被制成了集成稳压器。由于集成稳压器具有体积小、外接线路简单、使用方便、工作可靠和通用等优点，因此在各种电子设备中应用十分普遍，基本上取代了由分立元件构成的稳压电路。集成稳压器的种类很多，应根据设备对直流电源的要求来进行选择。对于大多数电子仪器、设备和电子电路来说，通常选用串联线性集成稳压器。而在这种类型的器件中，又以三端集成稳压器的应用最为广泛。

W78××、W79××系列三端集成稳压器的输出电压是固定的，在使用中不能进行调整。W78××系列三端集成稳压器输出正极性电压，一般有 5V、6V、9V、12V、15V、18V、24V 共 7 个挡，输出电流最大可达 1.5A（加散热器）。同类型 78M×× 系列三端集成稳压器的输出电流为 0.5A，78L×× 系列三端集成稳压器的输出电流为 0.1A。若要求输出负极性电压，则可选用 W79×× 系列三端集成稳压器。

图 9-7 所示为 W78×× 系列三端集成稳压器的外形和接线图。

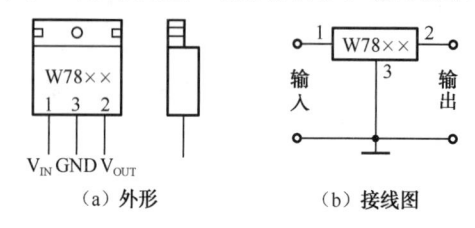

（a）外形　　　（b）接线图

图 9-7　W78×× 系列三端集成稳压器的外形和接线图

它有三个引出端：输入端 V_{IN}（不稳定电压输入端），标以"1"；输出端 V_{OUT}（稳定电压输出端），标以"2"；公共端 GND，标以"3"。

除输出固定的三端集成稳压器外，还有输出可调的三端集成稳压器，后者可通过外接电子元器件对输出电压进行调节，以适应不同的需要。

本实训所用的集成稳压器为三端固定正向集成稳压器 W7812，它的主要参数有输出电压（U_o=+12V）、输出电流（78L×× 系列为 0.1A、78M×× 系列为 0.5A）、电压调整率（10mV/V）、输出电阻（R_o=0.15Ω）、输入电压 U_i（范围为 15～17V）。一般 U_i 要比 U_o 大 3～5V，才能保证集成稳压器工作在线性区。

图 9-8 所示为由 W7812 构成的单电源电压输出串联型稳压电源。其中，整流部分采用了由 4 只二极管组成的桥式整流器，滤波电容器的电容量 C_1、C_2 一般选取几百微法至几千微法。当 W7812 距离整流滤波电路比较远时，在输入端必须接入电容器 C_3（电容量为 0.33μF），以抵消线路的电感效应，防止产生自激振荡。输出端电容器 C_4（电容量为 0.1μF）用以滤除输出端的高频信号，改善电路的暂态响应。

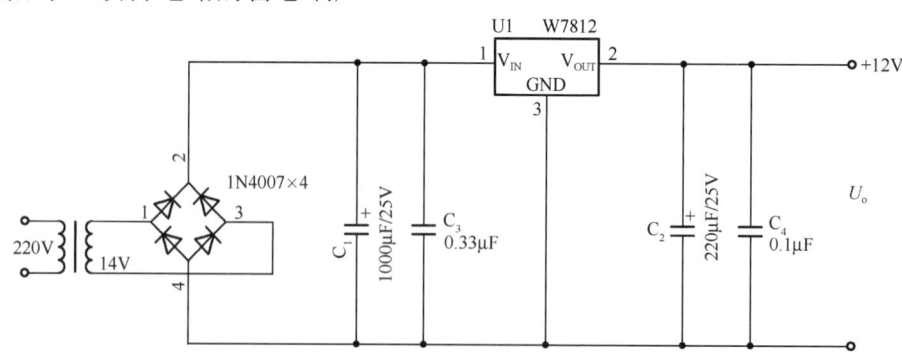

图 9-8　由 W7812 构成的单电源电压输出串联型稳压电源

图 9-9 所示为 W79×× 系列三端集成稳压器的外形和接线图。

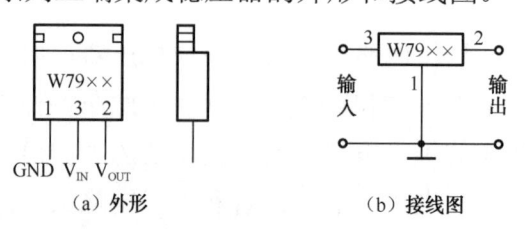

（a）外形　　　（b）接线图

图 9-9　W79×× 系列三端集成稳压器的外形和接线图

它也有三个引出端：输入端 V_{IN}（不稳定电压输入端），标以"3"；输出端 V_{OUT}（稳定电压输出端），标以"2"；公共端 GND，标以"1"。

图 9-10 所示为正、负双电压输出电路，若需要 U_{o1}=+12V，U_{o2}=-12V，则可选用 W7812 和 W7912，这时的 U_i 应为单电源电压输出时的 2 倍。

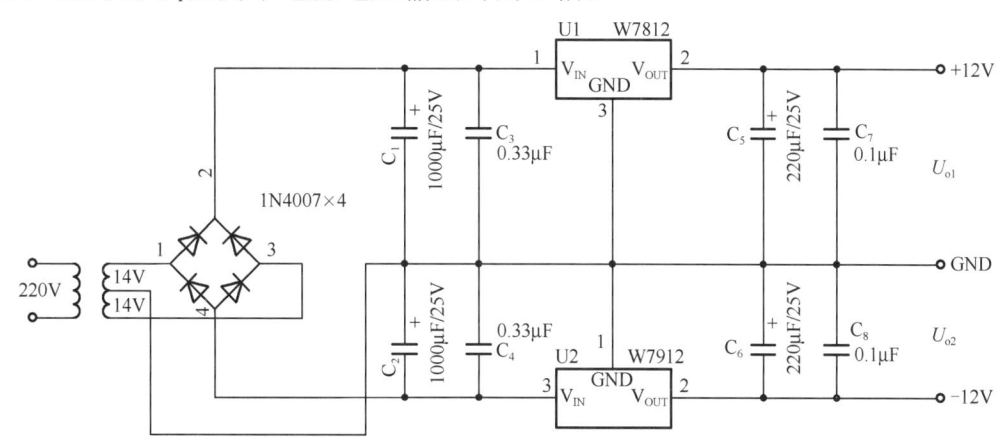

图 9-10　正、负双电压输出电路

4．实训内容

打开图 9-10 所示电路中控制电路的电源，测量滤波电路的输出电压，即三端集成稳压器的输入电压，以及三端集成稳压器的输出电压，它们的测量值应与理论值大致相同，否则说明电路出现故障。设法查找故障并加以排除。

5．实训报告要求

记录测量数据，将测量数据和理论值进行比较，分析存在误差的原因。

第10章 集成电路的识别与检测

10.1 集成电路的感性认识

10.1.1 集成电路的封装形式

集成电路的封装形式很多,有通孔插装式封装,也有表面安装式封装。集成电路的常见封装形式如图 10-1 所示。

双列直插封装(DIP)　晶体管外形封装(TO)　插针阵列封装(PGA)
(a)通孔插装式封装

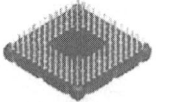

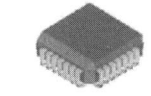

晶体管外形封装(TO-252)　小外形晶体管封装(SOT)　小引出线封装(SOP)　四面扁平封装(QFP)　有引线塑料芯片载体(PLCC)
(b)表面安装式封装

图 10-1　集成电路的常见封装形式

10.1.2 印制电路板上的集成电路

印制电路板上的集成电路如图 10-2 所示。在印制电路板上,集成电路一般以 U 来表示,U 后面的数字为集成电路的编号。

图 10-2　印制电路板上的集成电路

图 10-2 印制电路板上的集成电路（续）

10.2 集成电路的基本知识

集成电路是利用半导体工艺或厚膜、薄膜工艺，将电阻器、电容器、二极管、三极管、场效应管等电子元器件按照设计要求连接起来，制作在同一硅片上的具有特定功能的电路。这种器件打破了电路的传统概念，实现了材料、电子元器件、电路的三位一体。与由分立元件组成的电路相比，集成电路具有体积小、功耗低、性能好、质量轻、可靠性高、成本低等许多优点。几十年来，集成电路的生产技术取得了迅速发展，集成电路得到了极其广泛的应用。

10.2.1 集成电路的分类

集成电路的分类

按照集成电路的制造工艺划分，可以将集成电路分为半导体集成电路、薄膜集成电路、厚膜集成电路、混合集成电路。

用平面工艺（氧化、光刻、扩散、外延）在半导体晶片上制成的电路称为半导体集成电路，也称为单片集成电路。

用厚膜工艺（真空蒸发、溅射）或薄膜工艺（丝网印刷、烧结）将电阻器、电容器等无源元件连接起来，制作在同一片绝缘衬底上，再焊接上三极管管芯，使其具有特定的功能，这样制成的电路称为厚膜或薄膜集成电路。如果再装焊上半导体集成电路，则称为混合集成电路。

目前，使用最多的是半导体集成电路。半导体集成电路按有源元件划分，可分为双极型集成电路、MOS 型集成电路和双极 MOS 型集成电路；按集成度划分，可分为小规模集成电路（集成了几个门或几十个电子元器件）、中规模集成电路（集成了 100 个门或几百至几千个电子元器件）、大规模集成电路（集成了 1 万个门或几万个电子元器件）、超大规模集成电路（集成了 10 万个以上电子元器件）；按功能划分，可分为数字集成电路和模拟集成电路两大类。半导体集成电路的主要分类如表 10-1 所示。

表 10-1 半导体集成电路的主要分类

分　类	举　例
数字集成电路	门（如与门、或门、非门、与非门、或非门、与或非门等）
	触发器（如 RS 触发器、D 触发器、JK 触发器等）
	功能器件（如半加器、全加器、译码器、计数器等）

续表

分 类		举 例
数字集成电路	存储器	随机存储器（RAM）
		只读存储器（ROM）
		移位存储器（SR）
	微处理器（CPU）	
	可编程器件	PROM、EPROM、E^2PROM
		PLA
		PAL
		GAL、FPGA、EPLD
		其他
	其他	
模拟集成电路	线性集成电路	直流运算放大器
		音频放大器
		宽带放大器
		高频放大器
		其他
	非线性集成电路	电压调整器
		比较器
		读出放大器
		A/D（D/A）转换器
		模拟乘法器
		晶闸管触发器
		其他

10.2.2 集成电路的型号

近年来，集成电路的发展十分迅速，特别是中大规模电路的发展，使各种性能的通用、专用集成电路大量涌现，类别之广、型号之多令人眼花缭乱。国外各大公司生产的集成电路序号基本是一致的。大部分数字序号相同的器件，功能差别不大而且可以互换使用。因此，在使用国外集成电路时，应该查阅相关手册或几家公司的产品型号对照表，以便正确选用器件。

10.2.3 集成电路的封装

集成电路的封装根据材料不同，可分为金属封装、陶瓷封装、塑封三类，根据引脚的形式不同，可分为通孔插装式及表面安装式两类。这几类封装各有特点，应用领域也有所区别。下面主要介绍通孔插装式封装与表面安装式封装，对近年来迅速发展的BGA封装及表面安装元器件的封装也进行简要介绍。

集成电路的封装大致经过了如下发展进程。

结构方面：DIP 封装（20 世纪 70 年代）→SMT 工艺（20 世纪 80 年代，包括无引线陶瓷芯片载体 LCCC、PLCC、SOP、QFP）→BGA 封装（20 世纪 90 年代）→面向未来的工艺（CSP、MCM）。

材料方面：金属、陶瓷→陶瓷、塑料→塑料。

引脚形状：长引线直插→短引线或无引线贴装→球状凸点。

装配方式：通孔插装→表面安装→直接安装。

1. TO 封装

TO（Transistor Out-line）的中文意思是"晶体管外形"。这是早期的封装形式，TO-92、TO-92L、TO-220、TO-252 等都是通孔插装式封装形式。近年来，表面安装市场需求量增大，TO 封装也发展为表面安装式封装，如图 10-3 所示。

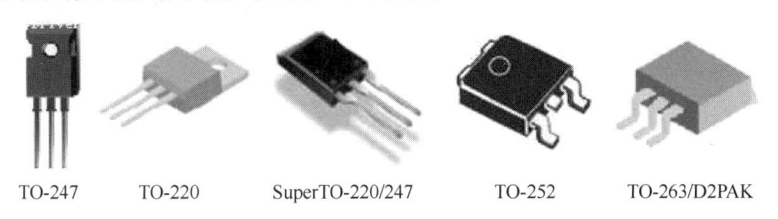

图 10-3 TO 封装

TO-252 和 TO-263 就是表面安装式封装。其中，TO-252 又称 D-PAK；TO-263 又称 D2PAK。

TO-252 封装的绝缘栅场效应管有 3 个电极：栅极 G、漏极 D、源极 S。其中，漏极 D 的引脚被剪断不用，而是使用背面的散热板作为漏极，直接将其焊接在印制电路板上，一方面用于输出大电流，另一方面通过印制电路板散热，所以印制电路板上 TO-252 封装的绝缘栅场效应管有 3 处焊盘，漏极的焊盘较大。

2. DIP

DIP（Dual In-line Package）是指双列直插封装，如图 10-4 所示。绝大多数中小规模集成电路均采用这种封装形式，其引脚数一般不超过 100 个。封装材料有塑料和陶瓷两种。采用 DIP 的 CPU 芯片有两排引脚，使用时，需要将其插到具有 DIP 结构的芯片插座上。当然，也可以将其直接插在有相同焊孔数和几何排列的印制电路板上进行焊接。DIP 结构形式有多层陶瓷 DIP、单层陶瓷 DIP、引线框架式 DIP（含玻璃陶瓷封接式、塑料包封结构式、陶瓷低熔玻璃封装式）等。

DIP 具有以下特点。

（1）适合在印制电路板上穿孔焊接，操作方便。

（2）与 TO 封装相比，易于对印制电路板布线。

（3）芯片面积与封装面积之间的比值较大，故体积也较大。以采用 40 只 I/O 引脚塑料双列直插封装（PDIP）的 CPU 为例，假设芯片面积为 3mm×3mm，封装面积为 15.24mm×50mm，则芯片面积/封装面积=（3×3）/（15.24×50）≈1/85，与 1 相差很大（提示：衡量一种芯片封装技术先进与否的重要指标是芯片面积与封装面积之比，这个比值越接近 1 越好。如果封装尺寸远比芯片大，说明封装效率很低，占去了很多有效安装面积）。

DIP 是最普遍的通孔插装式封装，应用范围包括标准逻辑集成电路、存储器大规模集成电路、微机电路等。Intel 公司早期生产的 CPU，如 8086、80286 就采用这种封装形式，缓存（Cache）和早期的内存芯片也采用这种封装形式。

3. QFP

QFP（Quad Flat Package，四面扁平封装）的 CPU 引脚之间距离很小，引脚很细，引脚数一般都在 100 个以上，一般大规模或超大规模集成电路采用这种封装形式，封装材料有陶瓷、金属和塑料三种。引脚中心距有 1.0mm、0.8mm、0.65mm、0.5mm、0.4mm、0.3mm 等多种规格，如图 10-5 所示。

图 10-4　DIP 　　　　　图 10-5　QFP

QFP 具有以下特点。

（1）用 SMT（Surface Mount Technology，表面安装技术）在印制电路板上安装布线。

（2）封装外形尺寸小，寄生参数小，适合高频应用。以 0.5mm 引脚中心距、208 只 I/O 引脚 QFP 的 CPU 为例，如果外形尺寸为 28mm×28mm，芯片尺寸为 10mm×10mm，则芯片面积/封装面积=（10×10）/（28×28）≈1/7.8。由此可见，与 DIP 相比，QFP 的尺寸大大减小。

（3）封装 CPU 操作方便、可靠性高。

QFP 的缺点是当引脚中心距小于 0.65mm 时，引脚容易弯曲。为了防止引脚变形，现已出现了几种改进的 QFP，如 4 个角带有树脂缓冲垫的 BQFP（见图 10-6），带树脂保护环覆盖引脚前端的 GQFP，以及在封装本体里设置测试凸点、放在防止引脚变形的专用夹具里就可进行测试的 TPQFP。

QFP 不仅可用于微处理器（Intel 公司生产的 80386 处理器就采用塑料 QFP）、门阵列等数字逻辑大规模集成电路，还可用于录像机信号处理、音响信号处理等模拟大规模集成电路。

4. SOP

SOP 器件又称 SOIC（Small Outline Integrated Circuit），是 DIP 集成电路的缩小形式，引脚中心距为 1.27mm，封装材料有塑料和陶瓷两种。SOP 也称为 SOL 和 DFP，如图 10-7 所示。SOP 的结构有 SOP-8、SOP-16、SOP-20、SOP-28 等，SOP 后面的数字表示引脚数，业界往往把"P"省略，称为 SO（Small Outline）。

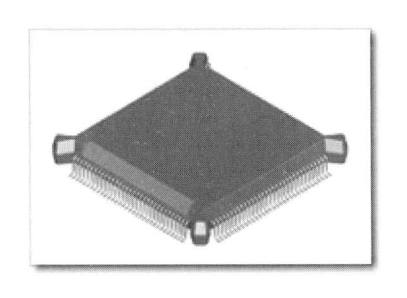

图 10-6　BQFP　　　　　　　图 10-7　SOP

除此之外，还派生出了 SOJ（J 形引脚 SOP）、TSOP（薄 SOP）、VSOP（甚小外形 SOP）、SSOP（缩小型 SOP）、TSSOP（薄的缩小型 SOP）及 SOT（小引出线晶体管）等。

5. PLCC

PLCC（Plastic Leaded Chip Carrier，有引线塑料芯片载体）是表面安装式封装之一，引线中心距为 1.27mm，引线呈 J 形，向器件下方弯曲，有矩形、方形两种，如图 10-8 所示。

PLCC 的特点如下。

（1）组装面积小，引线强度高，不易变形。
（2）多根引线保证了良好的共面性，使焊点的一致性得以改善。
（3）因 J 形引线向下弯曲，故检修有些不便。

目前，大部分主板的 BIOS（Basic Input/Output System，基本输入输出系统）采用的都是这种封装形式。

6. LCCC

LCCC（Leadless Ceramic Chip Carrier，无引线陶瓷芯片载体）的电极中心距有 1.0mm、1.27mm 两种，通常电极数目为 18～156 个，如图 10-9 所示。

图 10-8　PLCC　　　　　　　图 10-9　LCCC

LCCC 的特点如下。

（1）寄生参数小，噪声、延时特性明显改善。
（2）应力小，焊点易开裂。

LCCC 通常用作高速、高频集成电路封装，主要用于军用电路。

7. PGA

PGA（Pin Grid Array，插针阵列封装）在芯片的内外有多个方阵形的插针，每个方阵形插针沿芯片的四周间隔一定距离排列。根据引脚数目，插针可以围成 2～5 圈。安装时，将芯片插入专门的 PGA 插座。为使 CPU 能够更方便地安装和拆卸，自 Intel 公司推出的 80486 开始，出现了一种名为 ZIF（Zero Insertion Force Socket，零插拔力插座）的 CPU 插座，专门用于满足 PGA 的 CPU 在安装和拆卸上的要求。PGA 如图 10-10 所示。

将 ZIF 上的扳手轻轻抬起，CPU 就可很容易、轻松地插入插座中。然后将扳手压回原处，利用插座本身的特殊结构生成的挤压力，使 CPU 的引脚与插座牢牢地接触，绝对不存在接触不良的问题。而拆卸 CPU 只需将插座的扳手轻轻抬起，则挤压力解除，CPU 即可轻松取出。

PGA 具有以下特点。

（1）插拔操作更方便，可靠性高。

（2）可适应更高的频率。

在 Intel 系列 CPU 中，80486 和 Pentium、Pentium Pro 均采用这种封装形式。

8．BGA

随着集成电路技术的发展，对集成电路的封装要求更加严格。这是因为封装技术关系到产品的功能性，当集成电路的频率超过 100MHz 时，传统封装技术可能会产生所谓的"CrossTalk（串扰）"现象，而且当集成电路的引脚数大于 208 个时，传统封装存在困难。因此，除采用 QFP 外，现今大多数的高引脚数芯片（如图形芯片与芯片组等）皆转而采用 BGA（Ball Grid Array，球阵列封装），如图 10-11 所示。

BGA 一出现便成为 CPU、主板上南/北桥芯片等高密度、高性能、多引脚芯片封装的最佳选择。

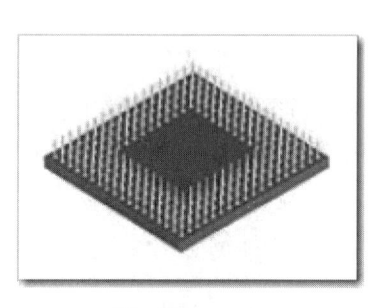

图 10-10　PGA　　　　图 10-11　BGA

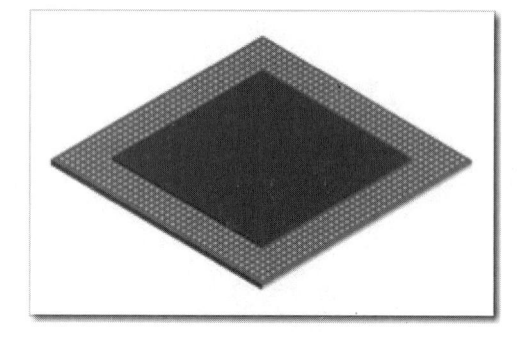

BGA 又可分为五大类。

（1）PBGA。

PBGA（Plastic BGA，塑料球阵列封装）是最普遍的 BGA 类型，其载体为普通的印制电路板基材，如 FR-4 等。硅片通过金属丝压焊方式连到载体的上表面，然后经过塑料模压成型。有些 PBGA 的结构中带有空腔，称为热增强型 BGA，简称 EBGA。载体下表面为呈部分或完全分布的共晶组分（37Pb/63Sn）的焊球阵列，焊球间距通常为 1.0mm、1.27mm、1.5mm。

PBGA 有以下特点。

① 其载体与印制电路板材料相同，故组装过程中二者的热膨胀系数（Coefficient of Thermal Expansion）几乎相同，即热匹配性良好。

② 组装成本低。

③ 共面性较好。

④ 易批量组装。

⑤ 电性能良好。

在 Intel 系列 CPU 中，Pentium Ⅱ、Pentium Ⅲ、Pentium Ⅳ 均采用这种封装形式。

（2）CBGA。

CBGA（Ceramic BGA，陶瓷球阵列封装）的基板为陶瓷基板，芯片与基板间的电气连接通常采用倒装芯片（Flip Chip，FC）的安装方式。

硅片采用金属丝压焊方式或使硅片线路面朝下，以倒装芯片方式实现与载体的互连，然后用填充物包封，起到保护作用。陶瓷载体下表面是 90Pb/10Sn 的共晶焊球阵列，焊球间距通常为 1.0mm 或 1.27mm。

CBGA 有以下特点。

① 优良的电性能和热特性。

② 密封性较好。

③ 封装可靠性高。

④ 共面性好。

⑤ 封装密度高。

⑥ 以陶瓷为载体，对湿气不敏感。

⑦ 封装成本较高。

⑧ 组装过程中热匹配性差，组装工艺要求较高。

在 Intel 系列 CPU 中，Pentium Ⅰ、Pentium Ⅱ、Pentium Pro 处理器均采用这种封装形式。

（3）FCBGA。

FCBGA（Filp Chip BGA，倒装芯片球阵列封装）的基板为硬质多层基板。

（4）TBGA。

TBGA（Tape BGA，载带球阵列）的基板为带状软质的 1～2 层印制电路板。

TBGA 是 TAB（Tape Automated Bonding，带式自动键合）技术的延伸。TBGA 的载体为铜/聚酰亚胺/铜的双金属层带（载带）。载体上表面分布的铜导线起传输作用，下表面的铜层用作地线。硅片与载体实现互连后，将硅片包封，起到保护作用。载体上的过孔实现上、下表面的导通，利用类似金属丝压焊的技术在过孔焊盘上形成焊球阵列。焊球间距有 1.0mm、1.27mm、1.5mm 等。

TBGA 有以下特点。

① 封装轻、小。

② 电性能良。

③ 组装过程中热匹配性好。

④ 潮气对其性能有影响。

（5）CDPBGA。

CDPBGA（Carity Down PBGA）指中央有方形低陷的芯片区（空腔区）的封装。

综上所述，BGA 具有以下特点。

① 虽然 I/O 引脚数很多，但引脚之间的距离远大于 QFP，提高了成品率。

② 虽然 BGA 的功耗增加，但由于采用可控塌陷芯片法（Controlled Collapse Chip Connection，C4）焊接，因此可以改善电性能和热性能。

③ 厚度比 QFP 减小 1/2 以上，质量减轻 3/4 以上。

④ 寄生参数小，信号传输延迟小，适应频率大大提高。

⑤ 组装可用共面焊接，可靠性大大提高。

⑥ BGA 仍与 QFP、PGA 一样，占用基板面积过大。

9. CSP

随着全球电子产品向个性化、轻巧化发展，集成电路封装已进步到 CSP（Chip Size Package，芯片尺寸封装）。它减小了芯片封装外形的尺寸，做到芯片尺寸有多大，封装尺寸就有多大，即封装后的集成电路尺寸边长不大于芯片尺寸边长的 1.2 倍，集成电路面积不超过芯片面积的 1.44 倍。

CSP 可分为以下 4 类。

（1）传统导线架形式（Lead Frame Type）：代表厂商有富士通、日立、Rohm、高士达（Goldstar）等。

（2）硬质内插板型（Rigid Interposer Type）：代表厂商有摩托罗拉、索尼、东芝、松下等。

（3）软质内插板型（Flexible Interposer Type）：其中最有名的是 Tessera 公司的 microBGA，CTS（西迪斯）的 sim-BGA 也采用相同的原理。其他代表厂商包括通用电气（GE）和 NEC。

（4）晶圆尺寸封装（Wafer Level Package）：有别于传统的单一芯片封装方式，其中的 WLCSP（Wafer Level Chip Scale Packaging，晶圆级芯片封装方式）是将整片晶圆切割为一颗颗单一芯片，它号称封装技术的未来主流，已投入研发的厂商包括 FCT、卡西欧、富士通、三菱电子等。

CSP 具有以下特点。

① 满足了芯片 I/O 引脚不断增加的需要。

② 芯片面积与封装面积之间的比值很小。

③ 可极大地缩短延迟时间。

CSP 适用于引脚数少的集成电路，如内存条和便携电子产品。未来则将大量应用在信息家电（IA）、数字电视（DTV）、电子书（E Book）、ADSL/手机芯片、蓝牙（Bluetooth）设备等新兴产品中。

10.2.4 集成电路的使用

集成电路的使用要注意以下几点。

（1）工艺筛选。

工艺筛选的目的在于将一些可能早期失效的电路及时筛选出来，保证整机产品的可靠性。由于由正常渠道供货的集成电路在出厂前都要进行多项筛选试验，可靠性通常很高，因此用户在一般情况下不需要进行老化或筛选试验。但是，近年来集成电路的市场情况比较混乱，常有一些从非正常渠道流入市场的次品鱼目混珠。所以，实行了科学质量管理的企业都把电子元器件的使用筛选作为整机产品生产的第一道工序，特别是对于设备及系统可靠性要求很高的产品，必须对电子元器件进行使用筛选。

事实上，每一种集成电路都有多项技术指标，而对于使用这些集成电路的具体产品来说，往往并不需要用到它的全部功能及技术指标的极限。这样，就为集成电路的使用筛选留出了很大的余地。有经验的电子工程技术人员都知道,对廉价集成电路进行关键指标的使用筛选,既可保证产品的可靠性,也有利于降低产品的成本。

(2) 正确使用。

① 在使用集成电路时,其负荷不允许超过极限值。当集成电路电源电压变化不超出其额定值±10%的范围时,集成电路的电气参数应符合规定标准;在接通或断开电源的瞬间,不得有高电压产生,否则会击穿集成电路。

② 输入信号的电平不得超出集成电路电源电压的范围(输入信号的上限不得高于集成电路电源电压的上限,输入信号的下限不得低于集成电路电源电压的下限;对于单个正电源供电的集成电路,输入信号的电平不得为负)。必要时,应在集成电路的输入端增加输入信号电平转换电路。

③ 一般情况下,数字集成电路的多余端不允许悬空,否则容易造成逻辑错误。与门和与非门的多余输入端应该接电源正端,或门和或非门的多余输入端应该接地(或电源负端)。为避免多余端的出现,也可以把几个输入端并联起来,不过这样会增大前级电路的驱动电流,影响前级电路的负载能力。

④ 数字集成电路的负载能力一般用扇出系数表示,但它所指的情况是用同类门作为负载。当负载是继电器或发光二极管等需要大电流的电子元器件时,应该在集成电路的输出端增加驱动电路。

⑤ 使用模拟集成电路前,要仔细查阅它的技术说明书和典型应用电路,特别注意外围电子元器件的配置,保证工作电路符合规范。对于线性放大集成电路来说,要注意调整零点漂移,防止信号堵塞,消除自激振荡。

⑥ 集成电路的使用温度一般为-30~+80℃。在系统布局时,应使集成电路尽量远离热源。

⑦ 在手工焊接电子产品时,一般应该最后装配、焊接集成电路;不得使用功率大于45W的电烙铁,每次焊接时间不得超过10s。

⑧ 对于MOS集成电路,要特别防止栅极静电感应击穿。一切测试仪器(特别是信号发生器和交流测量仪器)、电烙铁及线路本身均需良好接地,当MOS集成电路的源-漏电压加在控制信号的电路时,对于使用机械开关转换输入状态的电路,为避免集成电路输入端在拨动开关的瞬间悬空,应该在集成电路输入端接一个几十千欧的电阻器到电源正极(或负极)上。此外,在存储MOS集成电路时,必须将其放在金属盒内或用金属箔包装起来,防止外界电场将其栅极击穿。

10.3 集成电路的选用、代换与检测

10.3.1 集成电路的选用与代换

集成电路的代换与检测

1. 集成电路的选用

在选用某种类型的集成电路之前,应先认真阅读产品说明书或有关资料,全面了解该集成电路的功能、电气参数、外形封装(包括引脚分布情况)及相关外围电路,不允许集成电

路的使用环境、参数等指标超过厂家所规定的极限参数。

选用集成电路时，还应仔细观察其产品型号是否清晰、外形封装是否规范等，以免购到假货。

2．集成电路的代换

（1）直接代换。

集成电路损坏后，应优先选用与其规格、型号完全相同的集成电路来直接更换。若无同型号集成电路，则应从有关集成电路代换手册或相关资料中查明允许直接代换的集成电路型号，在确定其引脚、功能、内部电路结构与已损坏集成电路完全相同后，方可进行代换，不可凭经验或仅因引脚数、外形封装等相同便盲目直接代换。

（2）间接代换。

在无可直接代换集成电路的情况下，也可以用与已损坏集成电路的外形封装、内部电路结构、主要参数等相同，只是个别或部分引脚排列不同的集成电路来间接代换（通过改变引脚进行应急处理）。

10.3.2 集成电路的检测

1．常用的检测方法

集成电路常用的检测方法有在路测量法、非在路测量法和代换法。

（1）在路测量法。

在路测量法是采用电压测量法、电阻测量法及电流测量法等，通过在电路中测量集成电路的各引脚电压、电阻和电流是否正常，来判断该集成电路是否损坏。

① 电阻测量法。

集成电路的电阻测量法分为在路测量和非在路测量，由于在路测量电阻受集成电路外围电子元器件的影响比较大，因此一般采用较少。相比之下，由于集成电路非在路电阻测量法不受集成电路外围电子元器件的制约，因此是检测集成电路好坏的常用方法。集成电路非在路电阻测量法是指在集成电路完全与外围电路脱焊的状态下，用万用表电阻挡测量其各引脚相对接地引脚的正、反向电阻，然后与正常值（可查阅相关资料）相比较，或结合内部电路对测量结果进行分析，以判断集成电路是否正常。一般情况下，测得电阻与正常值差别较大的引脚，很可能其内部相应的电路已经损坏。测量时可使用万用表 R×1k 挡，读数超过 150kΩ 时使用 R×10k 挡。操作时，先将一表笔固定接至集成电路的接地引脚，以此为公共端，用另一表笔依次触碰其他引脚，读出相应的电阻。然后，调换表笔再测出相对应的一组电阻。

② 电压测量法。

这是判断集成电路有无故障最常用的方法，具有简洁、迅速、有效的特点。所谓电压测量法，是指用万用表直流电压挡测出集成电路各引脚对地的在路电压，然后将其与整机电路图所标注的或相关资料上介绍的正常工作电压相比较，并且结合其内部和外围电路进行综合分析，以此判断集成电路正常与否。

由于集成电路内部电路主要以三极管放大电路为主，各级之间均采用直接耦合方式，前后级之间的工作点相互影响，当其内部某电子元器件损坏时，不但会使相应引脚对地的在路电压发生变化，还必然影响到与之相关的后级电路，因此在采用电压测量法时，不能一概而论，要根据各引脚的不同功能区别处理，并且要综合分析测量结果，以作出正确的判断。

（2）非在路测量法。

非在路测量法是指在集成电路未焊入电路时，通过测量其各引脚之间的直流电阻，并与已知正常同型号集成电路各引脚之间的直流电阻进行对比，来确定其是否正常。

（3）代换法。

代换法是用已知完好的同型号、同规格集成电路来代换被测集成电路，如果代换后的电路恢复正常，则可以判断被测集成电路已损坏。

2．常用集成电路的检测

（1）微处理器集成电路的检测。

微处理器集成电路的关键测试引脚是电源端（V_{DD}）、复位端（RESET）、晶振信号输入端（X_{IN}）、晶振信号输出端（X_{OUT}），以及其他各线输入、输出端。

在路测量这些关键引脚对地的电阻和电压，比较测量结果是否与正常值（可从产品电路图或有关维修资料中查出）相同。

不同型号微处理器集成电路的复位电压也不相同，有的是低电平复位，即在开机瞬间为低电平，复位后维持高电平；有的是高电平复位，即在开机瞬间为高电平，复位后维持低电平。

（2）开关电源集成电路的检测。

开关电源集成电路的关键测试引脚是电源端（V_{CC}）、激励脉冲输出端、电压检测输入端、电流检测输入端。测量各引脚对地的电压和电阻时，若测量结果与正常值相差较大，则在其外围电子元器件正常的情况下，可以确定该集成电路已损坏。

对于内置大功率开关三极管的厚膜集成电路，还可通过测量开关三极管3个电极之间的正、反向电阻来判断开关三极管是否正常。

（3）音频功放集成电路的检测。

检测音频功放集成电路时，应先检测其电源端（正电源端和负电源端）、音频输入端、音频输出端、反馈端对地的电压和电阻。若测量结果与正常值相差较大且外围电子元器件正常，则可判断该集成电路内部已损坏。

对于存在无声故障的音频功放集成电路，当其电源电压正常时，可用信号干扰法来检测。检测时，万用表应置于R×1挡，将红表笔接地，用黑表笔点触音频输入端，正常时扬声器中应有较强的"喀、喀"声。

（4）集成运算放大器的检测。

用指针式万用表直流电压挡测量集成运算放大器输出端与负电源端之间的电压（静态时的电压较高）。手持金属镊子依次点触集成运算放大器的两个输入端（加入干扰信号），若指针式万用表的指针有较大幅度的摆动，则说明该集成运算放大器完好；若指针式万用表的指针不动，则说明该集成运算放大器已损坏。

（5）时基集成电路的检测。

时基集成电路内含数字和模拟电路，用万用表很难直接测出好坏，可以用图10-12所示的电路来检测时基集成电路的好坏。

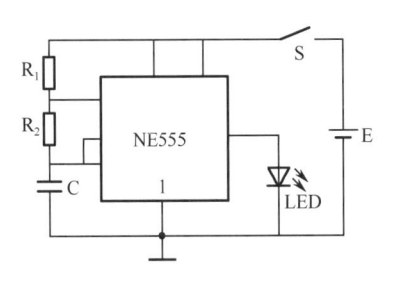

图10-12 时基集成电路的检测电路

检测电路由阻容元件、发光二极管 LED、6V 直流电流 E、电源开关 S 和 8 引脚集成电路插座组成。将时基集成电路（如 NE555）插入集成电路插座后，按下电源开关 S，若被测时基集成电路正常，则发光二极管 LED 将闪烁发光；若 LED 不亮或一直亮，则说明被测时基集成电路性能不良。

10.4 技能训练——集成电路的识别与检测

1．实训目的

（1）学会识别集成电路的种类。
（2）熟悉各种集成电路的名称。
（3）了解不同类型集成电路的作用。
（4）掌握集成电路的检测方法。

2．实训要求

（1）掌握集成电路的种类、作用与识别方法。
（2）掌握各种集成电路的主要参数。
（3）能用目视法判断、识别常见集成电路的种类，能说出各种集成电路的名称。
（4）会使用指针式万用表对集成电路进行正确测量，并对其质量进行判断。

3．实训器材

（1）功率放大器若干台（每两人配备一台），集成运算放大器、三端集成稳压器若干只。
（2）各种类型、不同规格的新集成电路若干只。
（3）每两人配备 1 块指针式万用表。

4．实训步骤

（1）识读功率放大器上各种类型的集成电路。
（2）用指针式万用表对功率放大器上的集成电路进行在路测量。
（3）用指针式万用表对与功率放大器上相同的新集成电路进行非在路测量，并分析比较在路测量与非在路测量的结果。

5．实训考查

（1）说出功率放大器上各种类型的集成电路名称。
（2）识读不同类型集成电路的主要参数。
（3）将新的和已损坏的集成电路混合在一起，先进行直观识别，再用指针式万用表进行检测，找出已损坏的集成电路，说明其故障类型。

6．实训报告

实训报告内容应包括实训目标、实训器材、实训步骤、集成电路测量数据和实训体会，并按照下列要求将每次操作的结果填入对应的表中。

操作 1：直观识别功率放大器上的集成电路。

要求：对功率放大器上的各种集成电路进行直观识别，将结果填入表 10-2。

表 10-2　集成电路的直观识别记录表

序　号	封 装 形 式	型　号	应 用 电 路	备　注

操作 2：判别模拟集成电路的类型和应用场合。

要求：识别功率放大器、集成运算放大器、三端集成稳压器的文字标注，查阅手册，找出其应用场合和主要参数，将结果填入表 10-3。

表 10-3　模拟集成电路的类型和应用场合记录表

序　号	型　号	封 装 形 式	类　型	应 用 场 合	主 要 参 数

操作 3：判别数字集成电路的类型和应用场合。

要求：识别 74 系列集成电路、40 系列集成电路的字符标志，查阅手册，指出其应用场合和主要参数，将结果填入表 10-4。

表 10-4　数字集成电路的类型和应用场合记录表

序　号	型　号	封 装 形 式	类　型	应 用 场 合	主 要 参 数

第11章 焊接训练

本章主要介绍焊接材料、手工焊接技术、实用焊接技术、焊接质量的检查、拆焊,并进行焊接与拆焊训练。

11.1 焊接材料

11.1.1 焊料

1. 常用焊锡

(1)管状焊锡丝。

管状焊锡丝是将助焊剂与焊锡制作在一起,做成管状的焊料,管状焊锡丝中夹带固体助焊剂。助焊剂一般选用特级松香为基质材料,并添加一定的活化剂。管状焊锡丝一般适用于手工焊接,直径有 0.5mm、0.8mm、1.2mm、1.5mm、2.0mm、2.3mm、2.5mm、4.0mm 和 5.0mm 等。

(2)抗氧化焊锡。

抗氧化焊锡是在锡铅合金中加入少量活性金属制成的焊料,活性金属能使氧化锡、氧化铅还原,并漂浮在焊锡表面形成致密的覆盖层,从而保护焊锡不被继续氧化。这类焊锡适用于浸焊和波峰焊。

(3)含银焊锡。

含银焊锡是在锡铅焊料中加入 0.5%~4.0%的银制成的焊料,可减少镀银件中银在焊料中的熔解量,并可降低焊料的熔点。

(4)焊膏。

焊膏是 SMT 中使用的一种重要材料,它由焊粉、有机物和熔剂制成糊状物,能方便地用丝网、模板或点膏机印涂在印制电路板上。

焊粉是用于焊接的金属粉末,其直径为 15~20μm,目前已有锡-铅、锡-铅-银和锡-铅-铟等。有机物包括树脂和部分树脂熔剂混合物,用来调节和控制焊膏的黏性。焊膏中使用的熔剂有触变胶、润滑剂、金属清洗剂。

2. 常用焊锡的分类

常用的焊锡分为以下几类。

（1）锡铅合金焊锡。

锡铅合金焊锡是最常见的焊锡类型，由锡和铅按一定比例（通常为 63%锡和 37%铅）熔融而成，熔点为 183℃。这种焊锡具有良好的焊接性和较低的熔点，适用于大多数电子元器件的焊接。

（2）加银焊锡。

加银焊锡常用于对信号要求较高的电子产品中，组成成分为 62%锡、36%铅、2%银。它具有良好的导电性和焊接性。

（3）加铜焊锡。

加铜焊锡用于焊接细铜线，组成成分为 50%锡、48.5%铅、1.5%铜。加铜焊锡中铜的作用是防止焊锡及助焊剂对细铜线产生侵蚀。

（4）加锑焊锡。

加锑焊锡中锑的作用是防止焊锡在极冷环境中重新结晶，组成成分为 63%锡、36.7%铅、0.3%锑。

（5）加镉焊锡。

加镉焊锡用于对温度敏感的场合，熔点为 145℃，组成成分为 50%锡、33%铅、17%镉。

11.1.2 助焊剂

助焊剂主要用于锡铅焊接中，有助于清洁被焊接面，防止其氧化，增加焊料的流动性，使焊点易于成形，提高焊接质量。

1．助焊剂的作用

（1）去除氧化物和杂质。

在进行焊接时，为使被焊物与焊锡焊接牢靠，要求金属表面无氧化物和杂质，只有这样才能保证焊锡与被焊物的金属表面固体结晶组织之间发生合金反应。因此，在焊接开始之前，必须采取各种有效措施将氧化物和杂质去除。

去除氧化物与杂质的方法通常有两种，即机械方法和化学方法。机械方法是指用砂纸和刀将其除掉；化学方法则是指用助焊剂将其清除，这样不仅不损坏被焊物，而且效率高。因此焊接时，一般都采用化学方法。

（2）防止被焊接面氧化。

助焊剂除可去除氧化物和杂质外，还具有加热时防止被焊接面氧化的作用。焊接时，必须把被焊金属加热到使焊料润湿并产生扩散的温度，而随着温度的升高，被焊接面的氧化会加速，助焊剂此时就在整个被焊接面上形成一层薄膜，包住金属使其与空气隔绝，从而起到了在加热过程中防止被焊接面氧化的作用。

（3）促使焊料流动，降低表面张力。

焊料熔化后将贴附于被焊接面，焊料本身的表面张力力图将焊料变成球状，从而减小了焊料的附着力，而助焊剂有降低焊料表面张力、促进焊料流动的作用，可使焊料附着力增强，焊接质量提高。

（4）把热量从烙铁头传递到焊料和被焊接面。

在焊接过程中，烙铁头的表面及被焊接面之间存在许多间隙，间隙中有空气，空气为隔热体，这样必然使被焊接面的预热速度减慢。而助焊剂的熔点比焊料和被焊接面的熔点低，故能够先熔化，并填满间隙和润湿焊点，烙铁头的热量通过它能很快地传递到被焊接面上，加快预热速度。

2．助焊剂的分类

常用的助焊剂分为无机类助焊剂、有机类助焊剂和树脂类助焊剂三大类。

（1）无机类助焊剂。

无机类助焊剂的化学作用强、腐蚀性大、焊接性非常好。这类助焊剂包括无机酸和无机盐。它的熔点约为180℃，是适用于锡焊的助焊剂。由于其具有强烈的腐蚀作用，因此不宜在电子产品装配中应用，只能在特定场合应用，并且焊接完成后一定要清除残渣。

（2）有机类助焊剂。

有机类助焊剂由有机酸、有机类卤化物及各种铵盐树脂等合成。这类助焊剂由于含有酸值较高的成分，因此具有较好的助焊性能，但其具有一定程度的腐蚀性，残渣不易清洗，焊接时有废气污染等缺点限制了它在电子产品装配中的应用。

（3）树脂类助焊剂。

这类助焊剂在电子产品装配中应用较广，其主要成分是松香。在加热情况下，松香具有去除被焊接面氧化物的能力，同时焊接后形成的膜层具有覆盖和保护焊点不被氧化、腐蚀的作用。由于松香残渣具有非腐蚀性、非导电性、非吸湿性，焊接时几乎没有污染，且焊后容易清洗，成本又低，因此这类助焊剂被广泛应用。松香助焊剂的缺点是酸值低、软化点低（55℃左右）、易结晶、稳定性差，在高温时很容易因脱羧碳化而造成虚焊。

目前，出现了一种新型的助焊剂——氢化松香，它是由普通松香提炼而来的。氢化松香在常温下不易氧化变色、软化点高、脆性小、酸值稳定、无毒、无特殊气味、残渣易清洗，适用于波峰焊。

3．使用助焊剂的注意事项

常用的松香助焊剂在超过60℃时，绝缘性能会下降，焊接后的残渣对发热电子元器件有较大的危害，所以要在焊接完毕后清除其残留物。另外，存放时间过长的助焊剂不宜使用。当助焊剂的存放时间过长时，其成分会发生变化，活性变差，影响焊接质量。

正确、合理地选择助焊剂，还应注意以下两点。

（1）在加工电子元器件时，若引线表面状态不太好，又不便采用最有效的清洗手段，则可选用活性强和清除氧化物能力强的助焊剂。

（2）在电子产品总装时，焊件基本上都处于可焊性较好的状态，可选用性能不强、腐蚀性较小、清洁度较好的助焊剂。

11.1.3 阻焊剂

阻焊剂是一种耐高温的涂料。在焊接时，可将不需要焊接的部位涂上阻焊剂保护起来，使焊料只在需要焊接的焊点上流动。阻焊剂广泛用于浸焊和波峰焊。

1. 阻焊剂的优点

（1）可避免或减少浸焊时桥接、拉尖、虚焊和连条等弊病，使焊点饱满，大大减少印制电路板的返修量，提高焊接质量，保证产品的可靠性。

（2）使用阻焊剂后，除焊盘外，其余线条均不上锡，可节省大量焊料。另外，由于阻焊剂受热少、冷却快，因此可降低印制电路板的温度，起到保护电子元器件和集成电路的作用。

（3）阻焊剂膜覆盖印制电路板的板面部分，为印制电路板增加了一定硬度，是很好的永久性保护膜，还可以起到防止印制电路板表面受到机械损伤的作用。

2. 阻焊剂的分类

阻焊剂的种类很多，一般分为干膜型阻焊剂和印料型阻焊剂。目前，广泛使用的阻焊剂是印料型阻焊剂，这种阻焊剂又可分为热固化阻焊剂和光固化阻焊剂（光敏阻焊剂）两种。

（1）热固化阻焊剂的优点是附着力强，能耐 300℃高温；缺点是要在 200℃高温下烘烤 2h 才能固化，印制电路板易翘曲变形，能源消耗大，生产周期长。

（2）光固化阻焊剂的优点是在高压汞灯照射下，只要 2~3min 就能固化，节约了大量能源，大大提高了生产效率，便于组织自动化生产。另外，其毒性低，减少了环境污染。光固化阻焊剂的缺点是溶于酒精，能和印制电路板上喷涂的助焊剂中的酒精成分相溶，进而影响印制电路板的焊接质量。

11.2 手工焊接技术

11.2.1 焊接操作姿势与注意事项

1. 电烙铁的握法

使用电烙铁的目的是加热被焊件而进行锡焊，绝不能烫伤、损坏导线和电子元器件，因此必须正确掌握电烙铁的握法。

手工焊接时，电烙铁要拿稳、对准，可根据电烙铁的大小、形状和被焊件的要求等不同情况决定电烙铁的握法。电烙铁的握法通常有 3 种，如图 11-1 所示。

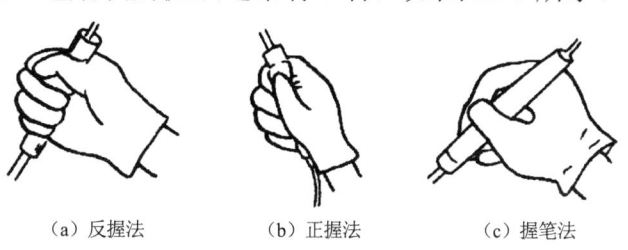

（a）反握法　　（b）正握法　　（c）握笔法

图 11-1 电烙铁的握法

（1）反握法。

反握法是指用五指把电烙铁柄握在手掌心内，烙铁头在小指一侧。采用这种握法焊接时动作稳定，长时间操作不易疲劳。它适用于大功率的电烙铁和热容量大的被焊件。

（2）正握法。

正握法是指用五指把电烙铁柄握在手掌心内，烙铁头在拇指一侧。它适用于中功率的电烙铁或具有弯烙铁头的电烙铁。

（3）握笔法。

这种握法类似于写字时手拿笔的姿势，易于掌握，但长时间操作易疲劳，烙铁头会出现抖动现象，因此适用于小功率的电烙铁和热容量小的被焊件。

2．焊锡丝的拿法

手工焊接时，应一手握电烙铁，另一手拿焊锡丝，帮助电烙铁吸取焊料。拿焊锡丝的方法一般有两种：连续焊锡丝拿法和断续焊锡丝拿法，如图 11-2 所示。

（a）连续焊锡丝拿法　　　　（b）断续焊锡丝拿法

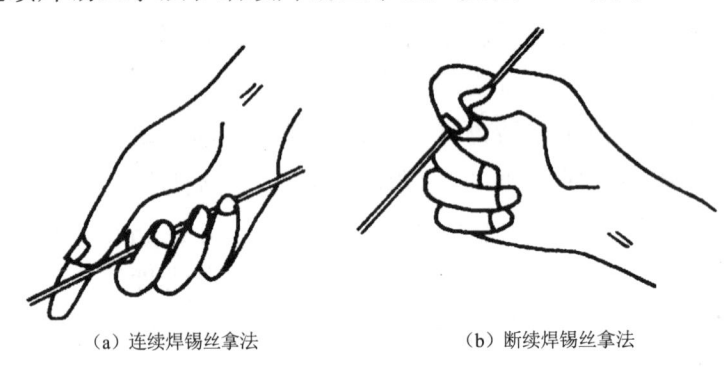

图 11-2　焊锡丝的拿法

（1）连续焊锡丝拿法。

连续焊锡丝拿法是指用拇指和食指握住焊锡丝，其余三指配合拇指和食指把焊锡丝连续向前送进。它适用于使用成卷（筒）焊锡丝的手工焊接。

（2）断续焊锡丝拿法。

断续焊锡丝拿法是用拇指、食指和中指夹住焊锡丝，采用这种拿法时，焊锡丝不能连续向前送进。它适用于使用小段焊锡丝的手工焊接。

3．焊接操作的注意事项

（1）由于铅在焊锡丝中占有一定比例，而铅是对人体有害的重金属，因此操作时应戴手套或操作后洗手，避免食入。

（2）助焊剂被加热时挥发出来的化学物质对人体是有害的，如果操作时人的鼻子距离烙铁头太近，则很容易将有害气体吸入。一般鼻子与烙铁头的距离不小于 30cm，通常以 40cm 为宜。

（3）电烙铁要配置烙铁架，一般放置在工作台右前方，电烙铁使用完后一定要稳妥地放于烙铁架上，并注意导线等不要碰到烙铁头。

11.2.2　手工焊接的要求

通常可以看到这样一种焊接操作法，即先用烙铁头粘上一些焊锡，然后将烙铁头移到焊点上停留，等待加热后焊锡润湿被焊件。应注意，这不是正确的操作方法。虽然这样也可以完成焊接，但却不能保证焊接质量。

当把焊锡熔化到烙铁头上时，焊锡中的助焊剂附在焊料表面，由于烙铁头温度一般都为 250～350℃，在烙铁头放到焊点上之前，助焊剂不断挥发，而当烙铁头放到焊点上时，由于被焊件温度低，加热还需一段时间，在此期间助焊剂很可能挥发大半甚至完全挥发，因此在润湿过程中会由于缺少助焊剂而润湿不良。

同时，由于焊料和被焊件温度差得多，结合层不容易形成，因此很容易造成虚焊。除此之外，助焊剂的保护作用丧失后，焊料容易氧化，焊接质量也得不到保证。

（1）焊点要保证良好的导电性能。

虚焊是指焊料与被焊件表面没有形成合金结构，只是简单地依附在被焊件的表面上，如图 11-3 所示。为使焊点具有良好的导电性能，必须防止虚焊的发生。

（a）与引线浸润不好　　　　（b）与印制电路板浸润不好

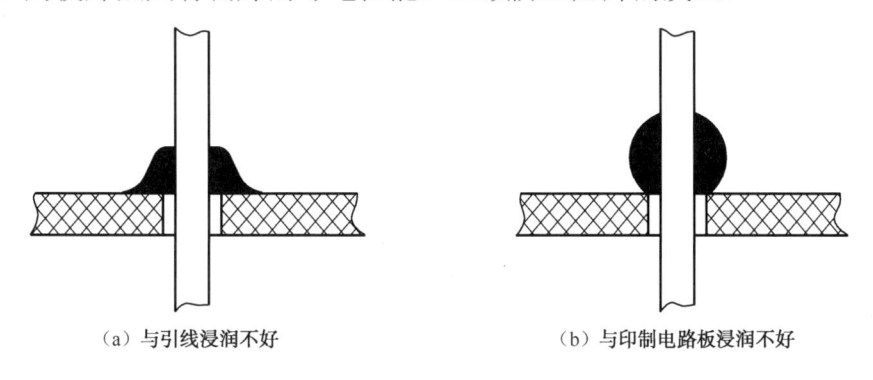

图 11-3　虚焊

虚焊很难用仪表检测出来，但会使产品质量大打折扣，以致出现产品质量问题，因此在焊接时应杜绝发生虚焊。

（2）焊点要有足够的机械强度。

焊点要有足够的机械强度，以保证被焊件在受到振动或冲击时不至于脱落、松动。为使焊点有足够的机械强度，一般可采用把被焊件的引线打弯后再焊接的方法。

为提高焊接强度，引线穿过焊盘后可进行相应的处理，一般采用 3 种方式，如图 11-4 所示。其中，图 11-4（a）所示为直插式，焊点的机械强度较小，但拆焊方便；图 11-4（b）所示为半打弯处理方式，打弯角度为 45°左右，焊点具有一定的机械强度；图 11-4（c）所示为完全打弯处理方式，打弯角度为 90°左右，焊点具有很高的机械强度，但拆焊比较困难。

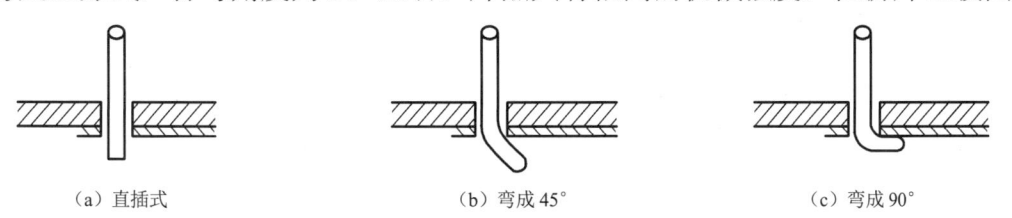

（a）直插式　　　　（b）弯成45°　　　　（c）弯成90°

图 11-4　引线穿过焊盘后的处理方式

（3）焊点表面要光滑、清洁。

为使焊点表面光滑、清洁、整齐，不但要有熟练的焊接技能，还要选择合适的焊料和助焊剂。焊点不光洁表现为焊点粗糙，出现拉尖、有棱角等现象。

(4) 焊点不能出现搭接、短路现象。

当两个焊点距离较近时，很容易出现搭接、短路现象，因此在焊接和检查时，应特别注意这些地方。

11.2.3 五步操作法

对于一名初学者来说，一开始就掌握正确的手工焊接方法并养成良好的操作习惯是非常重要的。手工焊接的五步操作法如图11-5所示。

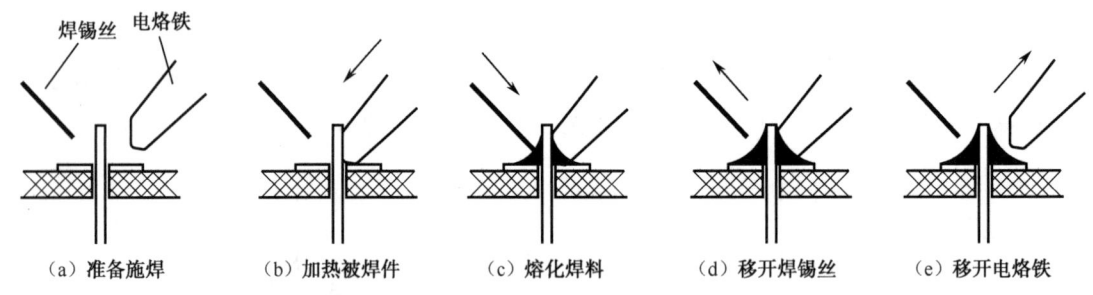

图 11-5 手工焊接的五步操作法

（1）准备施焊。

将焊接所需材料、工具准备好，如焊锡丝、松香助焊剂、电烙铁及其支架等。焊接前，要对烙铁头进行检查，查看其是否能正常"吃锡"。如果吃锡不好，就要将其锉干净，再通电加热并用松香和焊锡将其镀锡，即预上锡，如图11-5（a）所示。

（2）加热被焊件。

加热被焊件是指将预上锡的烙铁头放在焊点上，如图11-5（b）所示，使被焊件的温度上升。烙铁头放在焊点上时应注意，其位置应能同时加热被焊件与铜箔，并要尽可能加大与被焊件的接触面，以缩短加热时间，保护铜箔不被烫坏。

（3）熔化焊料。

待被焊件被加热到一定温度后，将焊锡丝放到被焊件和铜箔的交界面上（注意：不要放到烙铁头上），使焊锡丝熔化并润湿焊点，如图11-5（c）所示。

（4）移开焊锡丝。

当焊点上的焊锡已将焊点润湿时，要及时撤离焊锡丝，以保证焊锡不至于过多，焊点不出现堆锡现象，从而获得质量较好的焊点，如图11-5（d）所示。

（5）移开电烙铁。

移开焊锡丝后，待焊锡全部润湿焊点，并且松香助焊剂还未完全挥发时，就要及时、迅速地移开电烙铁，电烙铁移开的方向以斜向上45°为宜。如果移开的时机、方向、速度掌握不好，则会影响焊点的质量和外观。

完成这五步后，焊料尚未完全凝固以前，不能移动被焊件的位置，因为当焊料未凝固时，如果被焊件的相对位置被改变，就会发生假焊现象。

上述过程对一般焊点而言，大约需要两三秒钟。对于热容量较小的焊点，如印制电路板上的小焊盘，有时用三步操作法进行焊接，即将上述步骤（2）、（3）合为一步，（4）、（5）合为一步。实际上，三步操作法细微区分还是五步，所以五步操作法具有普遍性，是掌握手工焊接的基本方法。

各步骤之间停留的时间对焊接质量至关重要，只有通过实践才能逐步掌握。

11.2.4 手工焊接的操作要领

（1）焊前准备。

① 根据被焊件的大小准备好电烙铁、镊子、剪刀、斜口钳、尖嘴钳、助焊剂等工具和焊料。

② 焊前要将电子元器件引线刮干净，最好是先上锡再焊接。被焊件表面的氧化物、锈斑、油污、灰尘、杂质等要清理干净。

（2）助焊剂要适量。

助焊剂要根据被焊面积的大小和表面状态适量使用。用量过少会影响焊接质量，用量过多会造成焊接完成后的焊点周围出现残渣，使印制电路板的绝缘性能下降，同时还可能对电子元器件和印制电路板造成腐蚀。助焊剂适量的标准是既能润湿被焊件的引线和焊盘，又不让助焊剂流到引线插孔中和焊点的周围。

（3）焊接温度和时间要掌握好。

在焊接时，为使被焊件达到适当的温度，并使固体焊料迅速熔化、润湿焊点，就要有足够的热量和焊接温度。如果焊接温度过低，则焊锡流动性差，很容易凝固，形成虚焊；如果焊接温度过高，则将使焊锡流淌，焊点不易存锡，助焊剂分解速度加快，金属表面加速氧化，并导致印制电路板上的焊盘脱落。

特别值得注意的是，当使用天然松香作助焊剂且焊接温度过高时，很容易使焊接时间随被焊件的形状、大小不同而有所差别，但总的原则是观察焊点是否完全被焊料所润湿（焊料的扩散范围达到要求）。通常情况下，烙铁头与焊点的接触时间以使焊点光亮、圆滑为宜。如果焊点不光亮并形成粗糙面，说明温度不够，时间太短，此时需要提高焊接温度，只要将烙铁头继续放在焊点上多停留些时间即可。

（4）焊料的施加方法。

焊料的施加方法可根据焊点的大小及被焊件的多少而定，如图 11-6 所示。

当将引线焊接于接线柱上时，首先将烙铁头放在接线端子和引线上，当被焊件经过加热达到一定温度时，先向烙铁头所在位置添加少量焊料，使烙铁头的热量尽快传到被焊件上，当所有的被焊件温度都达到了焊料熔化温度时，应立即将焊料从烙铁头向其他需焊接的部位延伸，直到距烙铁头加热部位最远的地方，并等待焊料润湿整个焊点，一旦润湿达到要求，就要立即撤掉焊料，以避免造成堆焊。

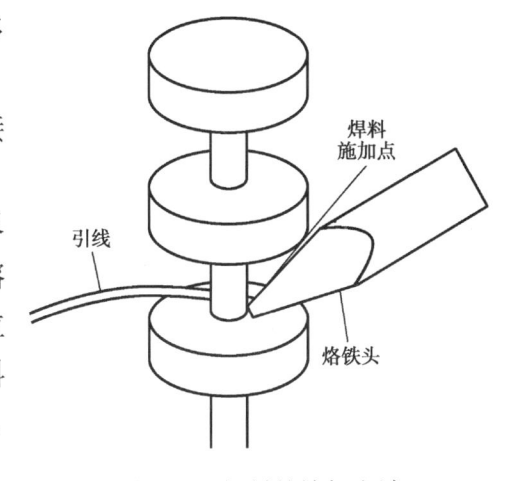

图 11-6 焊料的施加方法

如果焊点较小，则最好使用焊锡丝。将烙铁头放在焊盘与电子元器件引脚的交界面上，同时对两者加热。当达到一定温度时，将焊锡丝点到焊盘与引脚上，使焊锡丝熔化并润湿焊盘与引脚。当刚好润湿整个焊点时，及时撤离焊锡丝和烙铁头，焊出光洁的焊点。焊接时应注意烙铁头的位置，如图 11-7 所示。

(a) 错误位置　　　　　　　　　　(b) 正确位置

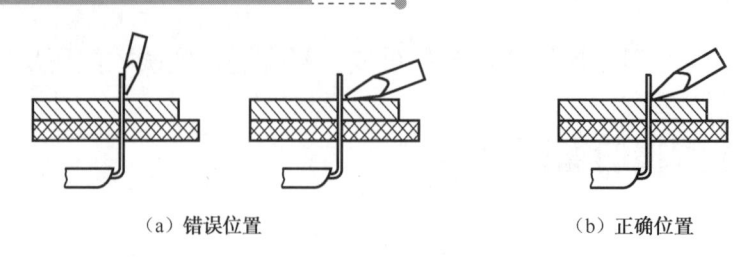

图 11-7　焊接时烙铁头的位置

如果没有焊锡丝且焊点较小，则可用烙铁头粘适量焊料，再粘松香助焊剂后，直接放于焊点处，待焊点着锡并润湿后便可将烙铁头撤离。撤离烙铁头时，要向上提拉，以使焊点光亮、饱满。焊接时要注意把控时间，如果时间过长，松香助焊剂就会分解，焊料就会被氧化，从而使焊接质量下降。

如果烙铁头的温度较高，所粘的松香助焊剂就很容易分解挥发，从而造成焊接时松香助焊剂不足。解决的办法是将印制电路板的焊接面朝上放在桌面上，用镊子夹一小粒松香助焊剂（一般芝麻粒大小即可）放到焊盘上，再用烙铁头粘上焊料进行焊接，这样就比较容易焊出高质量的焊点。

（5）焊接时被焊件要扶稳。

在焊接过程中，特别是在焊锡凝固过程中不能晃动被焊件的引线，否则将造成虚焊。

（6）撤离烙铁头的方法。

掌握好烙铁头的撤离方向可带走多余的焊料，从而控制焊点的形成。为此，可以合理地利用烙铁头的撤离方向来提高焊点的质量。

烙铁头撤离方法及重新焊接

不同的烙铁头撤离方向产生的效果也不一样，如图 11-8 所示。图 11-8（a）所示为烙铁头与轴向成 45°（斜上方）撤离，此种方法能使焊点美观、圆滑，是较好的撤离方法；图 11-8（b）所示为烙铁头垂直向上撤离，此种方法容易造成焊点出现拉尖及毛刺现象；图 11-8（c）所示为烙铁头水平方向撤离，此种方法将使烙铁头带走很多的焊锡，将造成焊点焊锡量不足；图 11-8（d）所示为烙铁头垂直向下撤离，此种方法将使烙铁头带走大部分焊锡，使焊点无法形成，常常会在印制电路板上造成淌锡；图 11-8（e）所示为烙铁头垂直向上撤离，此种方法将使烙铁头带走少量焊锡，影响焊点的正常形成。

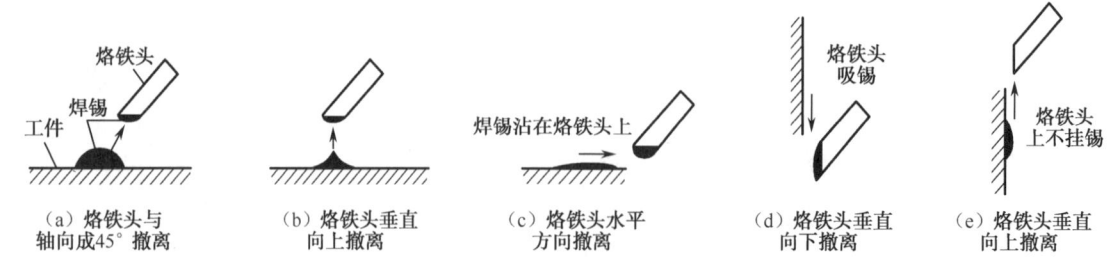

(a) 烙铁头与　　　(b) 烙铁头垂直　　(c) 烙铁头水平　　(d) 烙铁头垂直　　(e) 烙铁头垂直
轴向成45°撤离　　　向上撤离　　　　方向撤离　　　　向下撤离　　　　向上撤离

图 11-8　烙铁头的撤离方向

（7）焊点的重焊。

当焊点一次焊接不成功或焊锡量不够时，要重新焊接。重新焊接时，必须等上次的焊锡一同熔化并融为一体后，才能把烙铁头移开。

（8）焊接后的处理。

在焊接结束后，应将焊点周围的助焊剂清洗干净，并检查有无漏焊、错焊、虚焊等现象。用镊子将每个电子元器件拉一拉，查看有无松动现象。

11.3 实用焊接技术

掌握焊接原则和要领对正确实施焊接操作是必要的，但仅仅依靠这些原则和要领并不能解决实际操作中的各种问题，具体工艺步骤和实际经验是不可缺少的。借鉴他人的经验、遵循成熟的工艺步骤是初学者掌握好焊接技术的必由之路。

11.3.1 印制电路板的焊接

印制电路板的焊接在整个电子产品的制造过程中处于核心地位，可以说，一个整机产品的"精华"部分都装在印制电路板上，其质量对整机产品的影响是不言而喻的。尽管在现代生产中印制电路板的焊接已经日臻完善，实现了自动化焊接，但在产品研制、维修领域主要还是依靠手工操作，且手工操作经验也是自动化焊接获得成功的基础。

1. 焊接前的准备

（1）焊接前要对被焊件的引线进行清洁和预上锡。

（2）清洁印制电路板的表面（主要是去除氧化层），检查焊盘和印制导线是否有缺陷、短路点等不足。除此之外，还要检查烙铁头能否吃锡，如果吃锡不良，则应进行去除氧化层和预上锡操作。

（3）熟悉相关印制电路板的装配图，并按图纸检查所有电子元器件的型号、规格及数量是否符合图纸的要求。

2. 焊接顺序

电子元器件焊接的顺序是先低后高、先轻后重、先耐热后不耐热。一般的电子元器件焊接顺序依次是电阻器、电容器、二极管、三极管、集成电路、大功率管等。

3. 常见电子元器件的焊接

（1）电阻器的焊接。

按图纸要求将电阻器装入规定位置，插入孔位时要注意，标注字符的电阻器上的字符要向上（卧式）或向外（立式），色码电阻器的色环顺序应朝一个方向，以方便读取。插装时可按图纸标号顺序依次装入，也可按单元电路装入，依具体情况而定。插装完成后，即可对电阻器进行焊接。

（2）电容器的焊接。

按图纸要求将电容器装入规定位置，并注意有极性电容器的正、负极不能装错，电容器上的字符标注要易于查看。装入电容器时，可先装玻璃釉电容器，再装金属膜电容器、陶瓷电容器，最后装电解电容器。

（3）二极管的焊接。

将二极管辨认正、负极后按图纸要求装入规定位置，型号及标记要向上或向外。对于立式安装的二极管，焊接其最短的引线时要注意焊接时间不要超过 2s，以避免温升过高而损坏二极管。

(4）三极管的焊接。

按图纸要求将三极管的 3 个电极插入相应孔位，焊接时应尽量缩短焊接时间，并可用镊子夹住电极，以帮助散热。焊接大功率三极管时，若需要加装散热片，应将散热片的接触面加以平整，打磨光滑，涂上硅脂后再紧固，以加大接触面积。要注意，有的散热片与管壳间需要加垫绝缘薄膜片。当引脚与印制电路板上的焊点需要进行导线连接时，应尽量采用绝缘导线。

（5）集成电路的焊接。

按图纸要求将集成电路装入印制电路板的相应位置，并进一步检查集成电路的型号、引脚位置是否符合要求，确保无误后便可进行焊接。焊接时应先焊接 4 个角的引脚，使之固定，然后依次焊接其他引脚。

4．焊接注意事项

焊接印制电路板时，除应遵循焊接要领外，还要注意以下几点。

（1）电烙铁的选用。一般应选用内热式 20～35W 或调温式电烙铁，电烙铁的温度以不超过 300℃为宜。烙铁头形状应根据印制电路板焊盘大小采用凿形或锥形。目前，印制电路板的发展趋势是小型密集化，因此一般常用小型圆锥烙铁头。

（2）加热方法。加热时，应尽量使烙铁头同时接触印制电路板上的铜箔和电子元器件引线。对于较大的焊盘（直径大于 5mm），焊接时可移动烙铁头，即使烙铁头绕焊盘转动，以免长时间停留于一点，导致局部过热，如图 11-9 所示。

（3）金属化孔的焊接。两层以上印制电路板的孔要进行金属化处理。焊接时不仅要让焊料润湿焊盘，孔内也要润湿填充，如图 11-10 所示。因此，金属化孔的加热时间长于单层印制电路板。

（4）焊接时，不要采用烙铁头摩擦焊盘的方法来增强焊料的润湿性能，而要靠表面清理和上锡。

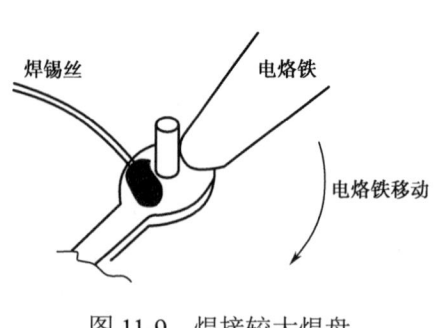

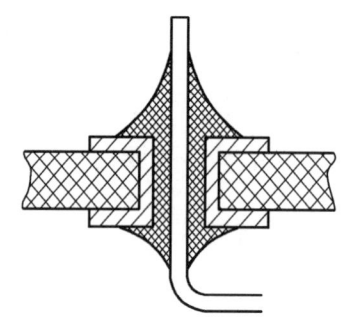

图 11-9　焊接较大焊盘　　　　图 11-10　金属化孔的焊接

11.3.2　导线的焊接

导线焊接在电子产品装配中占有重要的地位。实践中发现，在出现故障的电子产品中，导线焊点的失效率高于印制电路板，所以有必要对导线的焊接工艺给予特别的重视。

上锡是导线焊接中的关键步骤，尤其是多股导线，如果没有经过上锡处理，则焊接质量很难保证。导线的上锡又称预焊，方法与电子元器件引线上锡方法一样，需要注意的是，导线上锡时要边上锡边旋转。多股导线的上锡要防止"烛心效应"，即焊锡浸入绝缘层内，造成软线变硬，进而导致接头故障，如图 11-11 所示。

（a）良好的镀层　　　　　　　　（b）烛心效应造成软线变硬

图 11-11　烛心效应

导线的焊接方式根据焊点的连接方式确定，通常有 3 种基本方式：绕焊、钩焊和搭焊，如图 11-12 所示。

（1）绕焊。

绕焊是指将被焊件的引线或导线等线头绕在被焊件接点的金属件上，然后进行焊接，以增加焊点的强度，如图 11-12（a）所示。

导线一定要紧贴端子表面，绝缘层不接触端子，一般 $L=1\sim 3\text{mm}$，这种连接的可靠性最好。

（2）钩焊。

钩焊是指将导线弯成钩形，钩在接点的眼孔内，使导线不脱落，然后施焊，如图 11-12（b）所示。钩焊的强度不如绕焊，但操作简便，易于拆焊。

（3）搭焊。

搭焊是指把经过上锡的导线或电子元器件引线搭接在焊点上进行焊接，如图 11-12（c）所示。搭与焊是同时进行的，因此无绕头工艺。这种焊接方法最简便，但焊点强度和可靠性最差，仅用于临时连接或焊接要求不高的产品。

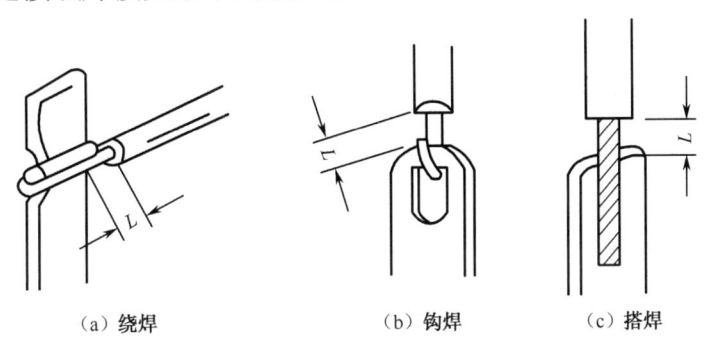

（a）绕焊　　　　（b）钩焊　　　　（c）搭焊

图 11-12　导线的焊接方式

11.3.3　易损电子元器件的焊接

易损电子元器件的焊接

1．铸塑电子元器件的焊接

各种有机材料（包括有机玻璃、聚氯乙烯、聚乙烯、酚醛树脂等材料）现在已被广泛用于电子元器件的制造，如各种开关、插接件等。这些电子元器件都是采用热铸塑方式制成的，它们的最大弱点就是不能承受高温。

当对铸塑在有机材料中的导体的接点施焊时，若不注意控制加热时间，极容易使电子元器件塑性变形，导致电子元器件失效或降低性能，造成隐性故障。因此，在焊接这类电子元器件时必须注意以下几点。

（1）在对电子元器件进行预处理时，尽量清理好接点，一次上锡成功，不要反复上锡，尤其将电子元器件在锡锅中浸镀时，更要掌握好浸入深度及时间。

（2）焊接时，烙铁头要修整得尖一些，焊接一个接点时不能碰触相邻接点。

（3）上锡及焊接时，添加助焊剂的量要少，防止其侵入电接触点。

（4）烙铁头在任何方向均不要对接线片施加压力。

（5）在保证润湿的情况下，焊接时间越短越好。实际操作时，在被焊件上锡良好的情况下，只需用已上锡的烙铁头轻轻一点即可。焊接完成后，不要在塑壳未冷却前对焊点进行牢固性试验。

2. 瓷片电容器、中频变压器、发光二极管等电子元器件的焊接

这类电子元器件的共同弱点是加热时间过长就会失效，其中瓷片电容器、中频变压器等电子元器件的故障体现为内部接点开焊，发光二极管的故障则体现为管芯损坏。焊接前一定要处理好焊点，施焊时强调一个"快"字。采用辅助散热措施（见图11-13）可避免电子元器件因过热而失效。

3. 绝缘栅场效应管及集成电路的焊接

在焊接绝缘栅场效应管和集成电路时，要注意防止电子元器件因内部静电击穿而失效。一般可以利用电烙铁断电后的余热进行焊接，操作者必须戴防静电手套，在防静电接地系统良好的环境中进行焊接，有条件者可选用防静电焊台。

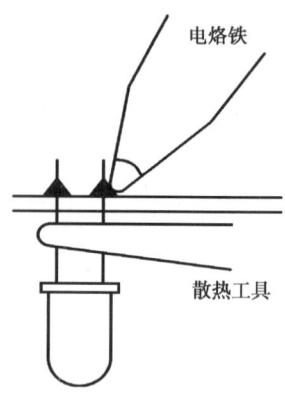

图 11-13 辅助散热

集成电路价格高，内部电路密集，要防止其因过热而损坏，一般焊接温度应控制在200℃以下。

11.4 焊接质量的检查

焊接是电子产品制造中最主要的一个环节，在焊接结束后，为保证焊接质量，要进行焊接质量检查。由于焊接质量检查与其他生产工序不同，没有一种机械化、自动化的检查方法，因此主要通过目视检查和手触检查发现问题。一个虚焊点就能造成整台仪器的失灵，要在一台有成千上万个焊点的设备中找出虚焊点是很困难的。

11.4.1 焊点缺陷及质量分析

焊点缺陷及质量分析

1. 桥接

桥接是指焊料将印制电路板中相邻的印制导线及焊盘连接起来的现象，如图11-14所示。明显的桥接较易发现，但细小的桥接用目视法是较难发现的，往往要通过仪器的检测才能暴露出来。

明显的桥接是由焊料过多或焊接技术不佳造成的。当焊接的时间过长使焊料的温度过高时，焊料将会流动并与相邻的印制导线相连，电烙铁离开焊点的角度过小也容易造成桥接。

对于毛细状的桥接，可能是由于印制电路板的印制导线有毛刺或有残余的金属丝等，其

在焊接过程中起到了连接作用。

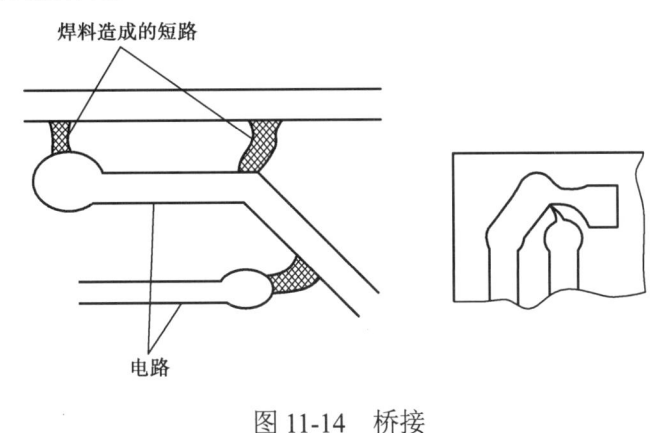

图 11-14 桥接

处理桥接的方法是将电烙铁上的焊料抖掉，再将桥接的多余焊料带走，断开短路部分。

2．拉尖

拉尖是指焊点上有焊料尖产生，如图 11-15 所示。焊接时间过长或助焊剂分解挥发过多会使焊料黏性增加，当电烙铁离开焊点时就容易产生拉尖现象，电烙铁撤离方向不当也可产生拉尖。避免产生拉尖的根本方法是提高焊接技能，控制焊接时间。对于已造成拉尖的焊点，应进行重焊。

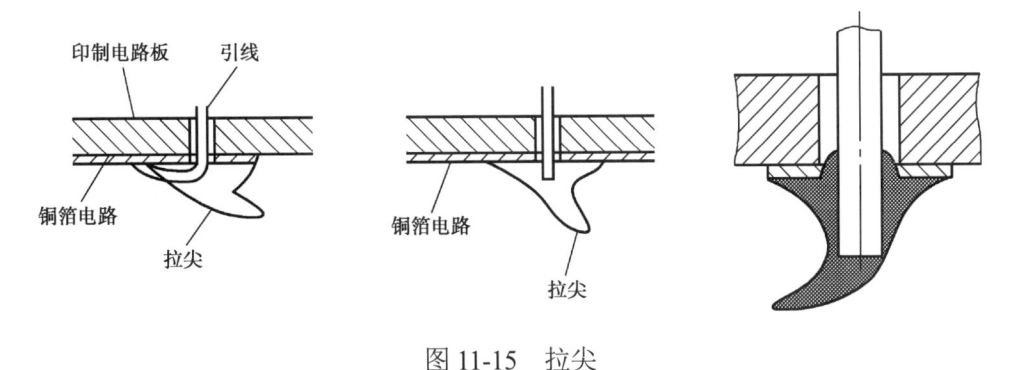

图 11-15 拉尖

拉尖如果超过了允许的引出长度，将造成绝缘距离变小，尤其是对于高压电路来说，将造成打火现象。因此，对这种缺陷要加以修整。

3．堆焊

堆焊是指焊点的焊料过多，外形轮廓不清，甚至根本看不出焊点的形状，而焊料又没有布满被焊件引线和焊盘，如图 11-16 所示。

造成堆焊的原因可能是焊料过多、焊料的温度过低、焊料没有完全熔化、焊点加热不均匀，以及焊盘、引线不能润湿等。

避免产生堆焊的办法包括彻底清洁焊盘和引线、适当控制焊料用量、增加助焊剂用量、提高电烙铁功率等。

4．空洞

空洞是由于焊盘的插线孔太大、焊料不足，致使焊料没有全部填满印制电路板插线孔而形成的。除上述原因外，印制电路板焊盘开孔位置偏离焊盘中点，孔径过大，孔周围焊盘氧化、脏污、预处理不良都将造成空洞，如图 11-17 所示。出现空洞后，应根据空洞出现的原因分别予以处理。

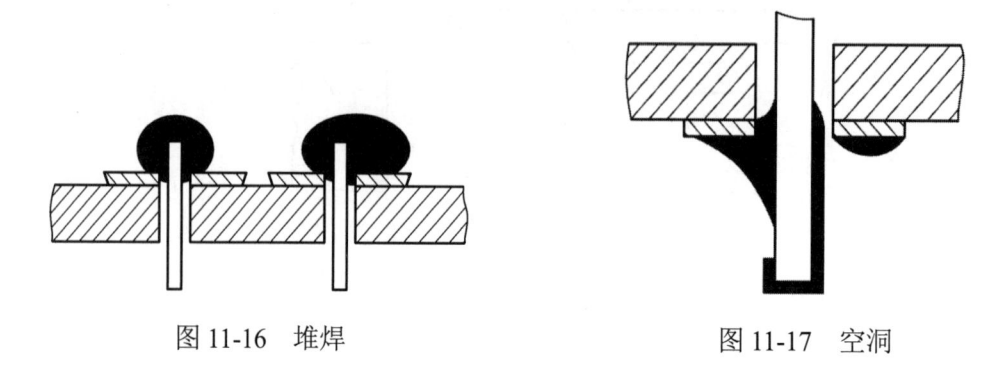

图 11-16　堆焊

图 11-17　空洞

5．浮焊

浮焊的焊点不如正常焊点有光泽和圆滑，呈白色细粒状，表面凸凹不平。造成浮焊的原因是烙铁头温度不够、焊接时间太短或焊料中杂质太多。浮焊的焊点强度较弱，焊料容易脱落。出现这种焊点时，应进行重焊，重焊时应提高烙铁头温度或延长烙铁头在焊点上的停留时间，也可更换熔点低的焊料进行重焊。

6．虚焊

虚焊是指焊锡简单地依附在被焊件的表面，没有与被焊接的金属紧密结合，形成金属合金。从外形上看，虚焊的焊点焊接良好，但实际上松动或电阻很大，甚至没有连接。由于虚焊是较易出现的故障，且不易被发现，因此要严格遵守焊接程序，提高焊接技能，尽量减少虚焊的出现。

造成虚焊的原因：一是焊盘、电子元器件引线上有氧化层、脏污，在焊接时没有被清洁或清洁不彻底而造成焊锡与被焊件隔离，因此产生虚焊；二是焊接时焊点的温度较低，热量不够，助焊剂未能充分挥发，致使被焊接面上形成一层松香薄膜，这样会造成焊料的润湿不良，从而出现虚焊，如图 11-18 所示。

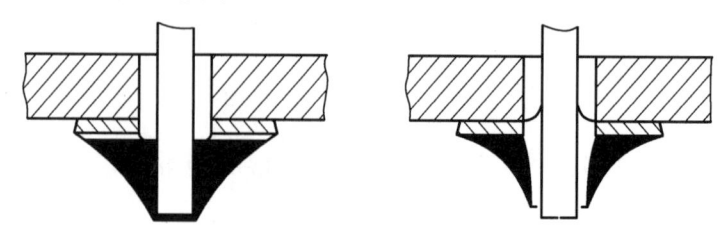

图 11-18　虚焊

7．焊料裂纹

焊点上焊料产生裂纹，主要是由在焊料凝固时移动电子元器件引线位置造成的。

8．铜箔翘起、焊盘脱落

铜箔从印制电路板上翘起，甚至剥离，如图 11-19 所示，主要原因是焊接温度过高，焊接时间过长。另外，维修过程中拆除和重插电子元器件时，操作不当会造成焊盘脱落。有时电子元器件因过重而没有被固定好，不断晃动也会造成焊盘脱落。

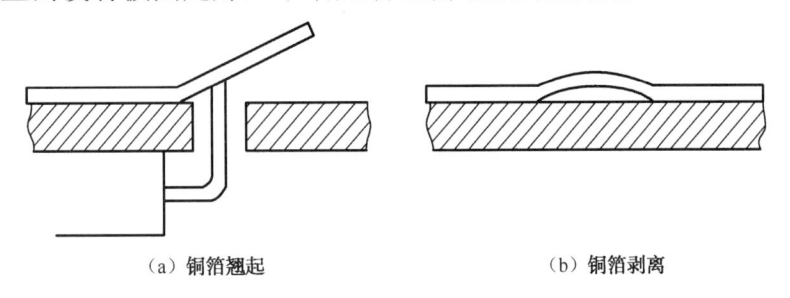

（a）铜箔翘起　　　　　　　　　　　（b）铜箔剥离

图 11-19　铜箔翘起和铜箔剥离

从上面焊接缺陷产生原因的分析中可知，焊接质量的提高要从以下两个方面着手。

第一，要熟练地掌握焊接技能，准确地掌握焊接温度和焊接时间，使用适量的焊料，认真对待焊接过程中的每一个步骤。

第二，要保证被焊件表面的可焊性，必要时采取涂敷浸锡措施。

11.4.2　直观检查

焊接质量的直观检查

直观检查（可借助放大镜、显微镜观察）是指从外观上检查焊接质量是否合格，也就是从外观上评价焊点有什么缺陷。直观检查主要包括以下内容。

（1）是否有漏焊，漏焊是指应该焊接的焊点没有焊上。
（2）焊点的光泽好不好。
（3）焊点的焊料足不足。
（4）焊点周围是否有残留的助焊剂。
（5）有没有连焊。
（6）焊盘有没有脱落。
（7）焊点有没有裂纹。
（8）焊点是不是凹凸不平。
（9）焊点是否有拉尖。

图 11-20 所示为正确的焊点形状，其中图 11-20（a）所示为直插式焊点形状，图 11-20（b）所示为半打弯式焊点形状。

（a）直插式焊点形状　　　　　　　　　（b）半打弯式焊点形状

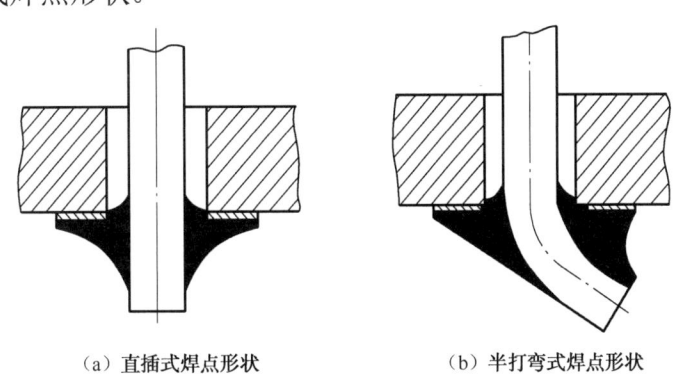

图 11-20　正确的焊点形状

11.4.3　手触检查

手触检查主要包括以下内容。
（1）用手指触摸电子元器件时，有无松动、焊接不牢的现象。
（2）用镊子夹住电子元器件引线轻轻拉动时，有无松动现象。
（3）在摇动焊点时，上面的焊锡是否有脱落现象。

11.4.4　通电检查

通电检查必须在直观检查及手触检查无误后才可进行，它是检验电路性能的关键步骤。如果不经过严格的直观检查及手触检查，通电检查不仅困难较多，而且有损坏设备仪器、造成安全事故的危险。例如，电源连线虚焊，那么通电时就会发现设备加不上电，当然也就无法检查。

通电检查可以发现许多微小的缺陷，如目测不到的电路桥接，但对于内部虚焊的隐患就不容易觉察。所以关键还是要提高焊接操作的技术水平，不能把问题留给检查工作。

图 11-21 所示为通电检查时可能存在的故障与焊接缺陷的关系，可供参考。

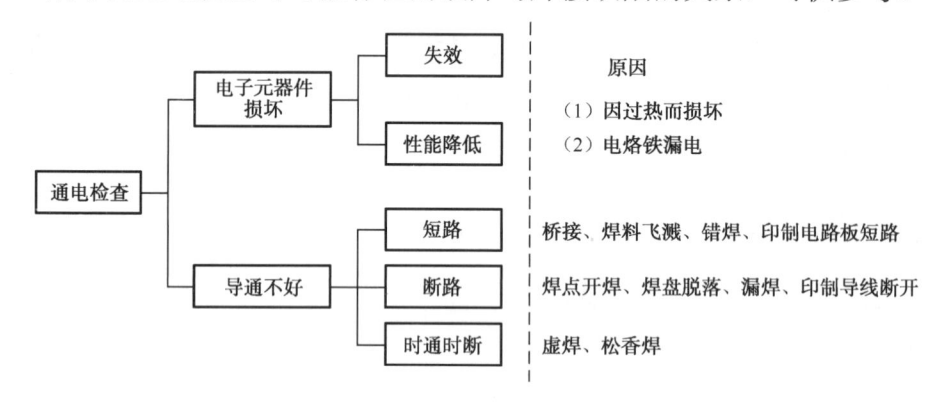

图 11-21　通电检查时可能存在的故障与焊接缺陷的关系

11.5　拆焊

在调试和维修中常需要更换一些电子元器件，如果方法不得当，就会破坏印制电路板，也会使被换下而并未失效的电子元器件无法重新使用。

对于电阻器、电容器、三极管等引脚不多，且每根引线可相对活动的电子元器件，一般可用电烙铁直接进行拆焊。如图 11-22 所示，将印制电路板竖起来夹住，一边用电烙铁加热待拆电子元器件的焊点，一边用镊子或尖嘴钳夹住电子元器件引线轻轻拉出。

重新焊接时，需先用锥子将焊孔在加热熔化焊锡的情况下扎通。需要指出的是，这种方法不宜在一个焊点上多次使用，因为印制导线和焊盘经反复加热后很容易脱落，造成印制电路板损坏。

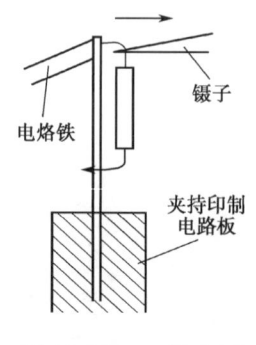

图 11-22　一般电子元器件的拆焊

当需要拆下有多个焊点且引线较硬的电子元器件时，以上方法就不适用了，为此，介绍下面几种拆焊方法。

1. 用医用空心针头拆焊

将医用空心针头用钢锉锉平，作为拆焊的工具。具体拆焊方法：一边用电烙铁熔化焊点，一边把医用空心针头套在被焊的电子元器件引线上，直至焊点熔化后，将医用空心针头迅速插入印制电路板的孔内，使电子元器件的引线与印制电路板的焊盘脱开，如图11-23所示。

2. 用气囊吸锡器拆焊

先加热被拆的焊点，使焊料熔化，再把气囊吸锡器的气囊挤瘪，将吸嘴对准熔化的焊料，然后放松气囊吸锡器，焊料就被吸进气囊吸锡器内，如图11-24所示。

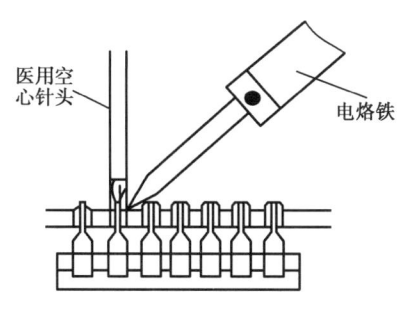

图11-23 用医用空心针头拆焊 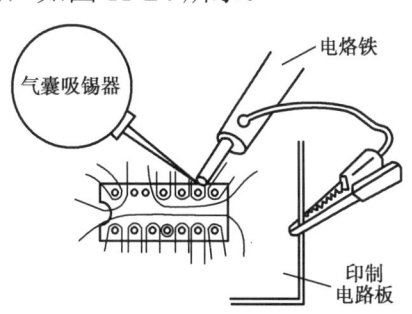　　　　图11-24 用气囊吸锡器拆焊

3. 用铜编织线进行拆焊

使铜编织线的一部分吃上松香助焊剂，然后放在将要拆焊的焊点上，再把电烙铁放在铜编织线上加热焊点，焊点上的焊锡熔化后就被铜编织线吸去。若焊点上的焊锡没有被一次吸完，则可进行第二次、第三次，直至吸完。铜编织线吸满焊锡后，就不能再使用，需要把已吸满焊锡的部分剪去。

4. 采用吸锡电烙铁拆焊

吸锡电烙铁是一种专用于拆焊的电烙铁，它能在对焊点进行加热的同时，把焊锡吸入内腔，从而完成拆焊。

拆焊是一项细致的工作，不能马虎，否则将造成电子元器件损坏、印制导线断裂，以及焊盘脱落等不应有的损失。为保证拆焊的顺利进行，应注意以下两点。

第一，当用烙铁头加热被拆焊点时，一旦焊锡熔化，就应及时按垂直印制电路板的方向拔出电子元器件的引线，不管电子元器件的安装位置如何、是否容易取出，都不要强拉或扭转电子元器件，以避免损伤印制电路板和其他电子元器件。

第二，在插装新电子元器件之前，必须把焊盘插线孔内的焊锡清除干净，否则在插装新电子元器件引线时，将造成印制电路板的焊盘翘起。

清除焊盘插线孔内焊锡的方法：用合适的缝衣针或电子元器件的引线从印制电路板的非焊盘面插入孔内，然后用电烙铁对准焊盘插线孔加热，待焊锡熔化时，缝衣针从孔中穿出，从而清除孔内焊锡。

11.6 技能训练——焊接与拆焊

实训 1 电烙铁的使用

1．实训目的

通过实训，掌握电烙铁的使用方法。

2．实训器材

电烙铁。

3．实训步骤

（1）电烙铁的结构。

内热式电烙铁主要由发热元件、烙铁头、手柄、接线柱 4 部分组成。

① 发热元件。

发热元件是电烙铁中的能量转换部分，俗称烙铁芯子。它是将镍铬发热电阻丝缠在云母、陶瓷等耐热绝缘材料上制造而成的。内热式发热元件和外热式发热元件的主要区别在于外热式发热元件在传热体的外部，内热式发热元件在传热体的内部，即发热元件在内部发热。显然，内热式发热元件的能量转换效率高，故同样温度的电烙铁，内热式电烙铁在体积、质量等方面都优于外热式电烙铁。

② 烙铁头。

烙铁头主要进行能量存储和传递，一般用紫铜制成。在使用过程中，高温氧化和焊剂腐蚀会使烙铁头表面变得凸凹不平，需经常对其进行修整。

③ 手柄。

手柄一般用木料或胶木制成，若手柄设计不良，则温升过高会影响操作。

④ 接线柱。

接线柱是发热元件与电源线的连接处。一般电烙铁有三个接线柱，其中一个是接金属外壳的，接线时应用三芯线将外壳接保护零线。使用新电烙铁或更换发热元件时，应判明接地端，最简单的方法是用万用表测量外壳与接线柱之间的电阻。

（2）使用电烙铁的规范与注意事项。

① 使用电烙铁的规范。

使用新电烙铁前，应用细砂纸将烙铁头打磨光亮，通电烧热，粘上松香助焊剂后用烙铁头刃面接触焊锡丝，使烙铁头均匀地镀上一层锡。这样做便于焊接和防止烙铁头表面氧化。若旧的烙铁头因严重氧化而发黑，应用钢锉锉去表层氧化物，使其露出金属光泽，重新上锡后才能使用。电烙铁采用 220V 交流电源，使用时要特别注意安全。

电烙铁插头最好使用三极插头，电烙铁外壳应妥善接地。使用前，应认真检查电源插头、电源线有无损坏，并检查烙铁头是否松动。使用电烙铁时，不能用力敲击，要防止其跌落。烙铁头上焊锡过多时，可用布擦掉，不可乱甩，以防烫伤他人。焊接过程中，电烙铁不能到处乱放，不进行焊接时，应将其放在烙铁架上。电源线不可搭在烙铁头上，以防因烫坏绝缘层而发生事故。使用结束后，应及时切断电源，拔下电源插头。待烙铁头冷却后，再将电烙铁收回工具箱。

焊接时，还需要焊锡和助焊剂。焊接电子元器件时，一般采用有松香芯的焊锡丝。这种焊锡丝的熔点较低，而且内含松香助焊剂，使用极为方便。常用的助焊剂是松香助焊剂或松香水（将松香溶于酒精中）。使用助焊剂可以帮助清除金属表面的氧化物，不仅利于焊接，还可保护烙铁头。焊接较大的电子元器件或导线时，也可采用焊膏，但它有一定的腐蚀性，焊接后应及时清除残留物。为了方便焊接操作，常采用尖嘴钳、偏口钳、镊子和小刀等作为辅助工具，应学会正确使用这些工具。

使用电烙铁进行焊接时，应右手持电烙铁，左手用尖嘴钳或镊子夹持电子元器件或导线。焊接前，电烙铁要充分预热。烙铁头刃面上要吃锡，即带上一定量的焊锡。将烙铁头刃面紧贴在焊点处，电烙铁与水平面大约成60°，以便于熔化的焊锡从烙铁头流到焊点上。烙铁头在焊点处停留的时间控制在2~3s，移开烙铁头，左手仍持电子元器件不动。待焊点处的焊锡冷却凝固后，才可松开左手。用镊子转动引线，确认不松动，然后可用偏口钳剪去多余的引线。

② 使用电烙铁的注意事项。

a．使用电烙铁前，应检查使用电压是否与电烙铁标称电压相符。

b．电烙铁应良好接地。

c．电烙铁通电后不能任意敲击、拆卸及安装其电热部分零件。

d．电烙铁应保持干燥，不宜在过分潮湿或淋雨环境中使用。

e．拆卸烙铁头时，要关闭电源。

f．关闭电源后，利用余热在烙铁头上镀一层锡，以保护烙铁头。

g．当烙铁头上有黑色氧化层时，可用砂布擦去，然后通电，并立即上锡。

实训2　焊接大头针

1．实训目的

本实训针对的是刚入学的学生。他们对电烙铁等焊具了解不多，甚至未见过。本实训旨在使学生逐步了解焊具的使用、保养方法，激发学生对专业技术的学习兴趣。

2．实训器材

电烙铁、大头针、焊锡丝等。

3．实训时间

本实训安排在学生练习焊接的第一阶段。

4．实训内容

焊接大头针。

5．技术要求

掌握电烙铁的正确使用和保养方法，主要是电烙铁的正确拿法和烙铁头氧化后的处理方法。掌握大头针的上锡方法，即必须有大量助焊剂参与。

掌握大头针与大头针的焊接方法、火候，要领是均匀加热、同时焊接。掌握对焊点的自我评价，不论从哪一个大头针去看焊点，都应该是圆锥形的。

6．评价标准

评价标准：被焊件成型的形状不限；上锡均匀；焊点光亮，无毛刺、虚焊、假焊；焊点的焊锡量合适；焊接牢固、美观。由三个不同方向的大头针形成的焊点为一个合格点。

实训3　焊点练习

1．实训目的

由于有了实训2的基础，本实训主要是运用实训2获得的焊接技术在焊接练习板上进行印制电路板焊接练习。本实训注重焊接技术的巩固与提升，使学生对电路焊点有初步认识。

2．实训器材

电烙铁、大头针、焊锡丝等。

3．实训时间

本实训安排在学生练习焊接的第二阶段。

4．实训内容

用大头针在焊接练习板上做焊点练习。

5．技术要求

掌握电子元器件的上锡要领、印制电路板与大头针焊接的技巧、烙铁头对印制电路板焊盘及电子元器件引脚的加热时间。掌握焊点的焊锡量，即焊锡能布满整个焊盘，并在电子元器件引脚处形成圆锥形。

6．评价标准

评价标准：大头针上锡合适，焊接牢固；焊点圆润光亮，无毛刺、虚焊、假焊；不允许隔行隔点焊。

实训4　导线焊接

1．实训目的

（1）掌握导线加工、连接方法。

(2)掌握手工焊接技巧。

2．实训器材

塑料导线（单股及多股）、焊锡丝、电烙铁等。

3．实训内容

(1) 剥线训练，检查是否伤线。
(2) 上锡训练，注意多股线绞合情况下的上锡情况。
(3) 导线搭焊及连接，六方体焊接训练。

4．操作要点

(1) 剥线长度合适（3～4mm），如图 11-25 所示。
(2) 上锡可靠且多留锡，如图 11-26 所示。

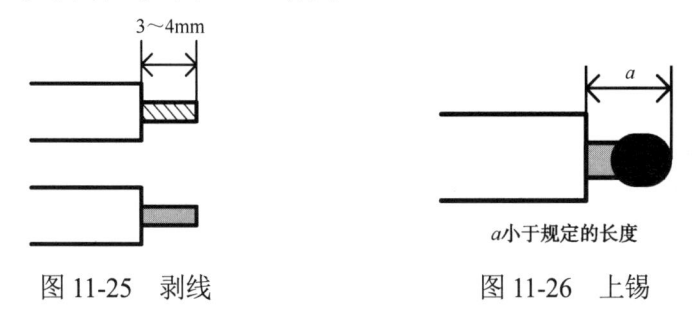

图 11-25　剥线

图 11-26　上锡

实训 5　焊接练习

1．实训目的

本实训主要考查焊接的基本知识，同学们通过实际焊接练习，才可以完成后续电子产品（如单片机、电视机等）的焊接。本实训旨在使学生掌握锡焊方法、要求及其注意事项。

2．实训器材

印制电路板 1 块、电子元器件若干、焊锡丝、电烙铁等。

3．实训内容

(1) 练习五步操作法，如图 11-27 所示。

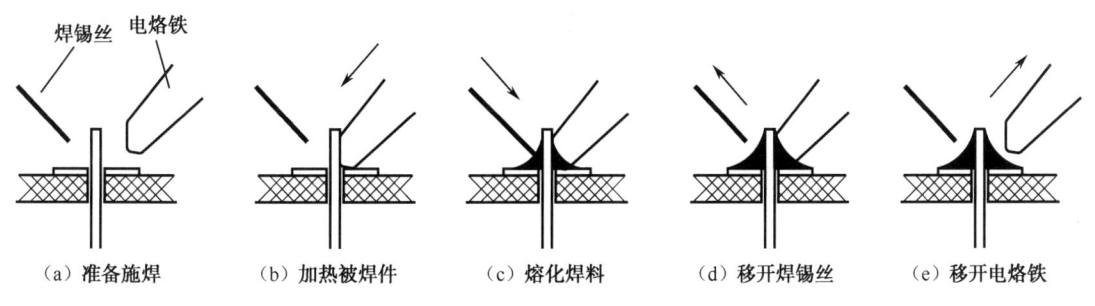

(a) 准备施焊　(b) 加热被焊件　(c) 熔化焊料　(d) 移开焊锡丝　(e) 移开电烙铁

图 11-27　焊接练习——五步操作法

（2）清理电子元器件引线表面，如图 11-28 所示。

（3）引线上锡，如图 11-29 所示。

（4）焊点成形，如图 11-30 所示。

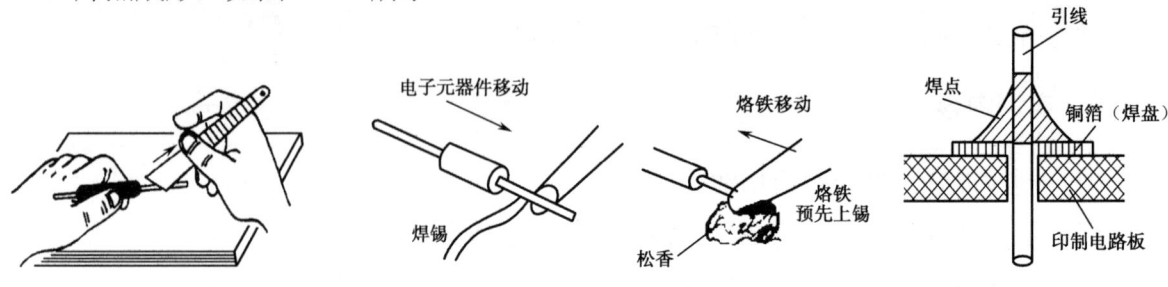

图 11-28　清理电子元器件引线表面　　　图 11-29　引线上锡　　　图 11-30　焊点成形

五步操作法的要点：烙铁头保持清洁，正确选择烙铁头形状，正确运用焊锡桥，加热时间适当，焊锡用量适当。

实训 6　铜丝造型焊接

1．实训目的

（1）不限造型，提高学生的创造与动手能力。

（2）使学生进一步掌握锡焊技巧。

2．实训器材

铜丝、电烙铁等。

3．实训内容

自己设计、制作导线焊接（可根据设计需要添加其他材料）。焊接练习的铜丝造型示例如图 11-31 所示。

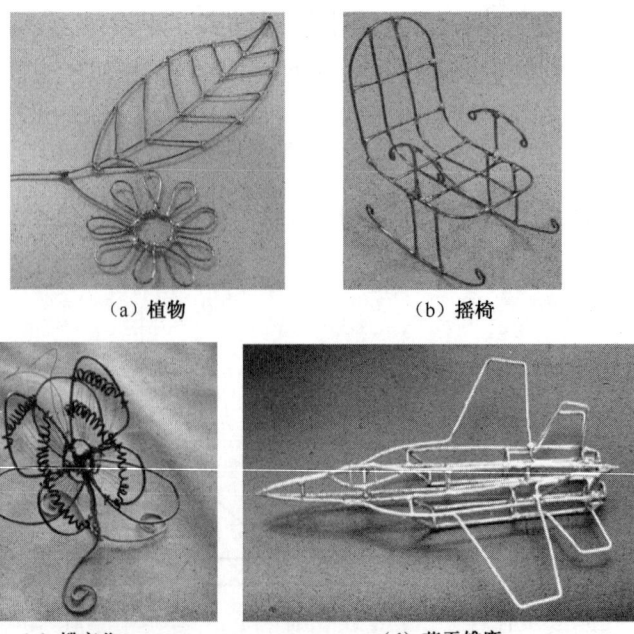

（a）植物　　（b）摇椅

（c）蝶恋花　　（d）蓝天雄鹰

图 11-31　焊接练习的铜丝造型示例

实训 7　焊接电子元器件

（1）对于只有 2~4 只引脚的电子元器件，如电阻器、电容器、二极管、三极管等，先对印制电路板的其中一个焊盘上锡，然后左手用镊子夹持电子元器件放到安装位置并抵住印制电路板，右手用电烙铁将已上锡焊盘上的引脚焊好。电子元器件被焊上一只引脚后已不会移动，左手镊子可以松开，改拿焊锡丝将其余引脚焊好。拆卸这类电子元器件也很容易，只需用两把电烙铁（左、右手各一把）将电子元器件的两端同时加热，等焊锡熔化以后轻轻一提即可将电子元器件取下。

（2）引脚较多但引脚间距较宽的贴片电子元器件（如许多 SO 型封装的集成电路，引脚的数目在 6~20 之间，引脚间距在 1.27mm 左右）也可采用类似的方法。先对一个焊盘上锡，然后左手用镊子夹持电子元器件将一只引脚焊好，再用焊锡丝焊其余引脚。这类电子元器件的拆卸一般用热风枪较适宜，一手持热风枪将焊锡吹熔，另一手用镊子等夹具趁焊锡熔化之际将电子元器件取下。热风枪是拆装贴片电子元器件的常用工具，读者可以自行查找热风枪的使用方法。

（3）对于引脚密度比较大（如 0.5mm 间距）的电子元器件，其焊接步骤与其他电子元器件的焊接步骤类似，即先焊一只引脚，然后用焊锡丝焊其余引脚。但这类电子元器件的引脚比较多且密，引脚与焊盘的对齐是关键。对一个焊盘上锡后，用镊子或手将电子元器件与焊盘对齐，注意要使所有引脚的边都对齐，然后左手（或通过镊子）稍用力将电子元器件按在印制电路板上，右手用电烙铁将已上锡焊盘对应的引脚焊好。焊好后左手可以松开，但不要大力晃动印制电路板，要轻轻将其转动，将其余角上的引脚先焊上。

当 4 个角上的引脚都被焊好以后，电子元器件基本不会动了，这时可以从容不迫地将剩下的引脚一一焊上。焊接的时候可以先涂一些松香水，让烙铁头带少量锡，一次焊一只引脚。如果不小心将相邻两只引脚短路了不要着急，等全部焊完后用铜编织带进行吸锡清理即可。高引脚密度电子元器件的拆卸工具主要为热风枪，一只手用适当工具（如镊子）夹住电子元器件，另一只手用热风枪来回吹所有引脚，等焊锡全部熔化时将电子元器件提起。如果拆下的电子元器件还要使用，那么吹的时候尽量不要对着电子元器件的中心，时间也要尽量短。电子元器件被拆下后，用烙铁头清理焊盘。

实训 8　焊接实用电路（电子产品）

1．实训目的

本实训主要是在焊接练习板上焊接电子元器件，组成实用电路（可以适当加些贴片电子元器件，以使学生练习对贴片电子元器件的焊接和对热风机的使用），使学生对之前掌握的焊接技术进行实践应用，按要求组装成电子产品。

2．实训器材

电子元器件、电烙铁、热风枪、印制电路板、焊锡丝等。

3. 实训时间

本实训安排在学生练习焊接的第三阶段。

4. 实训内容

按所给原理图，在空焊接练习板上自行规划和设计电路，将电子元器件焊接成一个具备设计功能的电子产品。

5. 技术要求

掌握电子元器件安装的一般规律、电路布局技巧、导线和各种电子元器件的焊接技术、焊接的焊锡用量、电子元器件引脚在焊点处的修剪长度。

6. 评价标准

评价标准：电子元器件布局合理、美观；焊位恰当；跨焊美观，无毛刺；焊点圆润光亮，无毛刺、虚焊、假焊；导线焊头长度合理，焊接牢固；紧固连接件连接正确；产品整体通电工作正常，能实现设计功能。

实训 9 检测与评价焊点质量

（1）直观检测。

直观检测是最常用的一种非破坏性检测方法，可用万能投影仪或 10 倍放大镜进行检测。检测速度和精度与检测人员的能力有关，评价标准如下。

① 润湿状态：焊料完全覆盖焊盘及引线的焊接部位，接触角最好小于 20°，通常以小于 30°为标准，最大不超过 60°。

② 焊点外观：焊料流动性好，表面完整且平滑光亮，无针孔、砂粒、裂纹、桥连和拉尖等微小缺陷。

③ 焊料量：焊接引线时，焊料轮廓薄且引线轮廓明显可见。

（2）电气检测。

电气检测是指对产品在加负载条件下通电，以检测其是否满足规范的要求。它能有效地查出直观检测所不能发现的微小裂纹和桥连等，可使用各种电气测量仪，以检测导通不良及在焊接过程中引起的电子元器件热损坏。前者是由微小裂纹、极细丝的锡蚀和松香黏附等引起的，后者是由于过热使电子元器件失效或助焊剂分解，气体引起电子元器件的腐蚀和变质等造成的。

实训 10 装焊技术综合训练（焊接考核）

热风枪拆焊和焊接集成电路

1. 印制电路板装焊

按照图 11-32 装焊印制电路板。其中，$R_1 \sim R_8$ 采用卧式安装，要求如图 11-33（a）所示；

R₉～R₁₆采用立式安装，要求如图 11-33（b）所示。

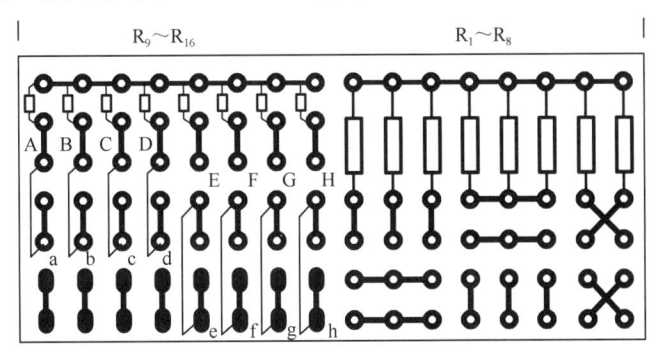

图 11-32　印制电路板装配图

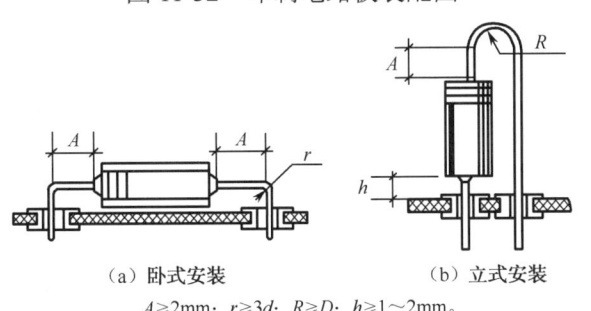

$A \geq 2\text{mm}$；$r \geq 3d$；$R \geq D$；$h \geq 1 \sim 2\text{mm}$。
d 为引线直径，D 为电阻体直径。

图 11-33　安装要求

图 11-32 中有 8 根多股导线，8 根单股导线，将单股导线弯成直角与多股导线焊接。其中，A—a、B—b、C—c、D—d 按图 11-34（a）焊接；E—e、F—f、G—g、H—h 按图 11-34（b）焊接。

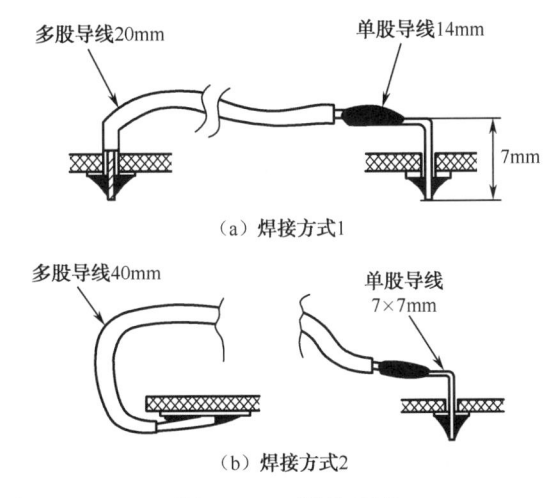

图 11-34　焊接要求

2. 立方体框架焊接

立方体框架焊接如图 11-35 所示，焊接要求如下。

（1）立方体框架平直、方正。

（2）导线及外皮无损伤。

（3）焊点光亮、大小适中。

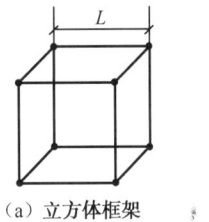

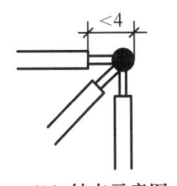

图 11-35　立方体框架焊接

实训 11　调光台灯电路的制作与调试

1. 调光台灯电路的识读

在图 11-36 所示的电路中，VT、R_1、R_2、R_3、R_4、R_P、C 组成单结晶体管张弛振荡器。接通电源前，电容器 C 上电压为零。接通电源后，电容器经由 R_4、R_P 充电，电压 V_E 逐渐升高。当达到峰点电压时，E-B_1 间导通，电容器上电压向电阻器 R_3 放电。当电容器上的电压降到谷点电压时，单结晶体管恢复阻断状态。此后，电容器又重新充电，重复上述过程，结果在电容器上形成锯齿状电压，在电阻器 R_3 上则形成脉冲电压。此脉冲电压作为单向晶闸管 VS 的触发信号。在 VD_1～VD_4 桥式整流输出的每一个半波时间内，振荡器产生的第一个脉冲为有效触发信号。调节 R_P 的电阻，可改变触发脉冲的相位；调节单向晶闸管 VS 的导通角，可调整灯泡亮度。

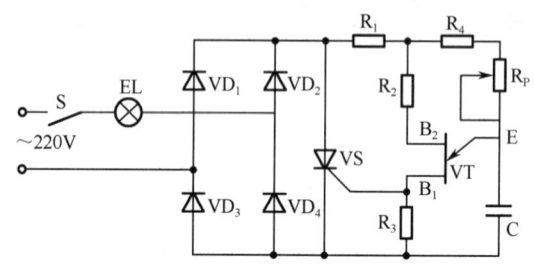

图 11-36　调光台灯电路

2. 制作与调试

（1）按表 11-1 清点调光台灯电路中的电子元器件。

表 11-1　调光台灯电路中的电子元器件清单

电子元器件	名　称	规　格	数　量
VD_1～VD_4	二极管	1N4007	4
VS	单向晶闸管	3CT	1
VT	单结晶体管	BT33	1
R_1	电阻器	51kΩ	1
R_2	电阻器	300Ω	1
R_3	电阻器	100Ω	1
R_4	电阻器	18kΩ	1
R_P	带开关电位器	470kΩ	1
C	涤纶电容器	0.022μF	1
EL	灯泡	220V/25W	1
	灯座		1
	电源线		1
	导线		若干
	印制电路板		1

（2）对照图 11-36 画出调光台灯电路装配图，如图 11-37 所示，将图 11-37 中的电路符号与实物进行对照。

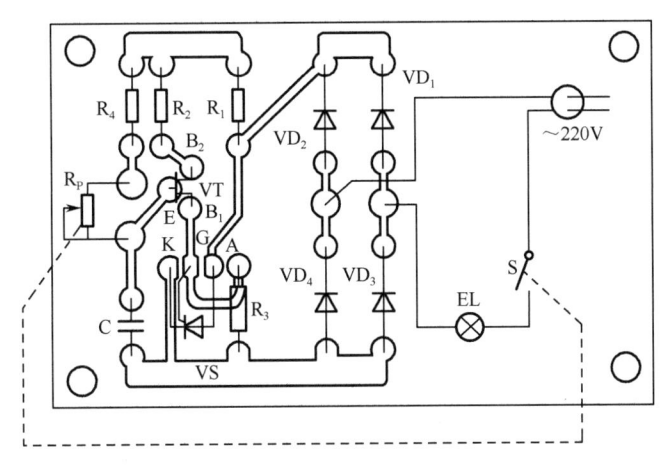

图 11-37　调光台灯电路装配图

（3）根据调光台灯电路电子元器件布局图（见图 11-38），检查印制电路板，查看是否有开路、短路隐患。

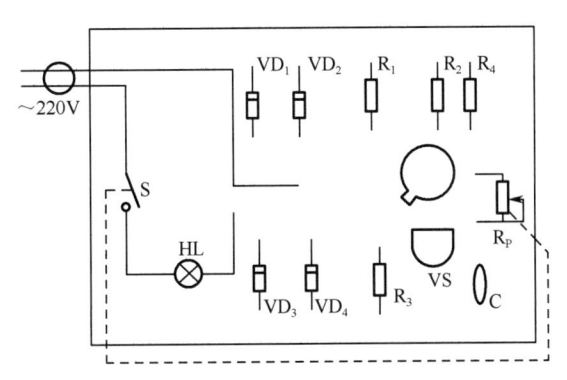

图 11-38　调光台灯电路电子元器件布局图

3．技能训练——调光台灯电路的制作与调试

1）装接前的准备

（1）用万用表测量各电子元器件的主要参数，及时更换存在质量问题的电子元器件。

（2）将所有电子元器件引脚上的漆膜、氧化膜清除干净，对导线进行上锡。

（3）根据要求对各电子元器件引脚进行整形。

2）装接

（1）对于有极性的电子元器件，如二极管、单向晶闸管、单结晶体管等，在安装时要注意极性，切勿装错。

（2）所有电子元器件应尽量贴近印制电路板安装。

（3）对于带开关电位器，要用螺母将其固定在印制电路板开关的孔上，电位器用导线连接到印制电路板的对应位置。

（4）印制电路板四周用螺母固定支撑。

3）调试

（1）检查电路连接是否正确，确认无误后方可接上灯泡，开始调试。调试过程中应注意安全，防止触电。

（2）接通电源，打开开关，旋转电位器的转轴，观察灯泡亮度的变化。

（3）根据表 11-2 中的灯泡状态测量电路中各点电压及带开关电位器的电阻，并将结果填入表 11-2。

表 11-2　测量结果

灯泡状态	电子元器件各点电压						断开交流电源，带开关电位器的电阻
	VS			VT			
	V_A	V_K	V_G	V_{B_1}	V_{B_2}	V_E	
灯泡最亮时							
灯泡微亮时							
灯泡不亮时							

附录 A

电子元器件识别与检测技能

综合训练 1 电阻器的识别与检测

一、实训概要

本实训主要讲解各种电阻器的电路符号、标识及检测方法，要求学生能正确识别各种电阻器的标称电阻及允许偏差，了解其应用范围，掌握电阻器的检测方法。

二、实训目的

1. 通过实训，深入了解电阻器的分类，正确识别电阻器的标称电阻、允许偏差。
2. 掌握电阻器、电位器的检测方法。
3. 熟悉各种电阻器的特点。

三、实训原理

1. 电阻器的分类

（1）电阻器可按电阻体材料、用途进行分类，分别如图 A-1、图 A-2 所示。

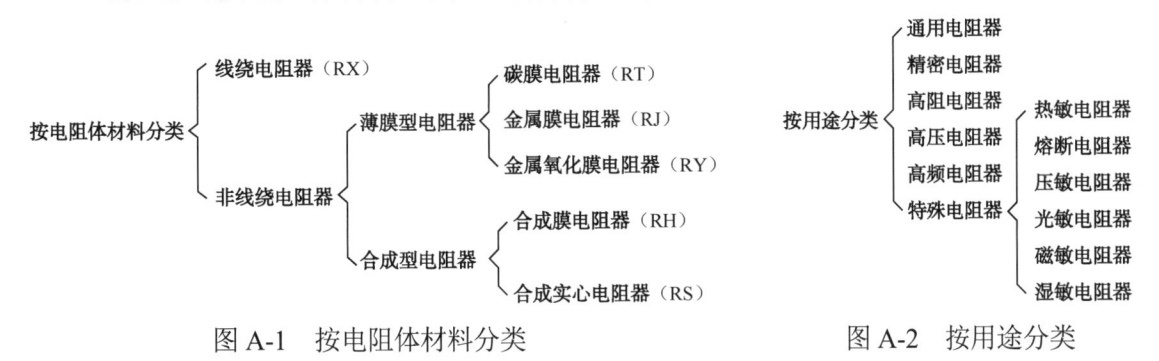

图 A-1　按电阻体材料分类　　　　图 A-2　按用途分类

（2）电阻器按电阻是否可变可分为固定电阻器和可变电阻器，它们在电路中的符号如图 A-3 所示。

(a) 固定电阻器　　　(b) 可变电阻器

图 A-3　固定电阻器和可变电阻器的电路符号

2. 电阻器的特点

任何电阻器都有自己的型号，电阻器型号常由四部分组成，各部分所表示的含义如表 2-1 所示。

（1）碳质电阻器。

碳质电阻器由碳粉、填充剂等压制而成，价格便宜但性能较差，现在已不常用。

（2）线绕电阻器。

线绕电阻器是在电阻率较大且性能稳定的锰铜、康铜等合金线上涂上绝缘层，再将其绕在绝缘棒上制成的。其电阻 $R=\rho l/s$，其中 ρ 为合金线的电阻率，l 为合金线长度，s 为合金线的截面积。当 ρ、s 为定值时，线绕电阻器的电阻和合金线长度具有很好的线性关系，因此精度高、稳定性好，但其具有较大的分布电容，较多用在需要精密电阻的仪器仪表中。

（3）碳膜电阻器。

碳膜电阻器是由结晶碳沉积在磁棒或瓷管骨架上制成的，稳定性好、高频特性较好，并能工作在较高的温度（70℃）下，目前在电子产品中得到了广泛应用，其涂层多为绿色。

（4）金属膜电阻器。

与碳膜电阻器相比，金属膜电阻器只是用合金粉替代了结晶碳，除具有碳膜电阻器的特性外，能耐更高的工作温度，其涂层多为红色。

（5）贴片电阻器。

该类电阻器目前常用在高集成度的印制电路板上，它的体积很小，分布电感、分布电容都较小，适合在高频电路中使用。贴片电阻器一般用自动安装机安装，对印制电路板的设计精度有很高的要求，是新一代印制电路板设计的首选组件。

（6）合成型电阻器。

合成型电阻器有合成膜电阻器和合成实心电阻器等类型。合成膜电阻器是通过将导电合成物悬浮液均匀涂在绝缘基体表面，再经固化形成的。合成实心电阻器是将碳末（或石墨粉）、黏合剂、填充物混合后，压制成一个实体的电阻器而制成的。

（7）电阻排。

电阻排又称网络电阻器，是将若干只参数完全相同的电阻器集中封装在一起组合而成的电阻器。使用电阻排比同时使用若干只固定电阻器更方便。

常见的电阻排有 A 型电阻排和 B 型电阻排两种类型。

A 型电阻排与 B 型电阻排的区别如下。

① A 型电阻排的引脚数量是奇数。其将所有电阻器的其中一只引脚连接在一起作为公共引脚，其余引脚正常引出，所以如果一只电阻排是由 n 只电阻器构成的，那么它就有 $n+1$ 只引脚。

② B 型电阻排的引脚数量是偶数。它没有公共端，常见的 B 型电阻排由 4 只电阻器构成，所以有 8 只引脚。表面安装式电阻排的体积小，目前已在多数电子产品中取代了单列直插封

装电阻排。常用的表面安装式电阻排有 8P4R（8 引脚 4 电阻器）和 10P8R（10 引脚 8 电阻器）两种规格。

电阻排的电阻识别方法如下。

电阻排的电阻通常标注在其本体表面上。电阻排的电阻表示方法与电阻器的三位数表示方法、四位数表示方法相同。

A 型电阻排与 B 型电阻排的共同点：电阻排数字后面的第一个英文字母代表允许偏差，常见的有 G（2%）、F（1%）、D（0.25%）、B（0.1%）等。

电阻排的识别技巧如下。

① 查看电阻排公共引脚的方法是在电阻排上寻找一个色点（一般为白色、黑色或黄色的点），靠近该色点的引脚为公共引脚。常见的电阻排由 4、7 或 8 只电阻器构成，所以电阻排的引脚共有 5、8 或 9 只。通常情况下，电阻排最左边的那只引脚是公共引脚。

② 有些电阻排内包括两种电阻的电阻器，通常会在其表面标注出这两种电阻，如 220Ω/330Ω，所以单列直插封装电阻排在应用时有方向性，应注意。

③ 表面安装式电阻排是没有极性的，不过部分表面安装式电阻排由于内部电路连接方式不同，在应用时需要注意连接方向，如 10P8R。表面安装式电阻排的 1、5、6、10 引脚内部连接不同，有 L 型和 T 型之分。L 型表面安装式电阻排的 1、6 引脚相通，T 型表面安装式电阻排的 5、6 引脚相通。在使用表面安装式电阻排时，应确认该电阻排表面是否有 1 引脚的标注。

当整机电路较复杂时，为了看图方便，能够尽快识别同一电阻排，电路中同一电阻排会标注相同的编号，如 RA1A、RA1B、RA1C、RA1D 为同一只电阻排，而 RA3A、RA3B、RA3C、RA3D 为另一只电阻排。

（8）熔断电阻器。

熔断电阻器（见图 A-4）具有双重功能，在正常工作时，起电阻作用；过载时，电阻器将迅速熔断，起熔丝的作用。

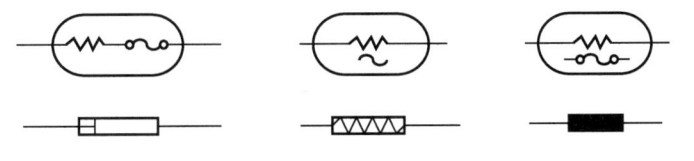

图 A-4　熔断电阻器

（9）热敏电阻器。

热敏电阻器是指电阻随温度变化而变化的电阻器，热敏电阻器分为正温度系数热敏电阻器（PTC）和负温度系数热敏电阻器（NTC）两大类。

正温度系数热敏电阻器：电阻随温度的升高而增大的热敏电阻器。

负温度系数热敏电阻器：电阻随温度的升高而减小的热敏电阻器。

热敏电阻器的型号命名方法如表 2-1 所示。

热敏电阻器的外形及电路符号如图 A-5 所示。

热敏电阻器在结构上分为直热式和旁热式两种。直热式热敏电阻器利用电阻体本身通过的电流产生热量，使其电阻发生变化，旁热式热敏电阻器由两只电阻器组成，一只电阻器为热源电阻器，另一只为热敏电阻器。

圆顶形　　圆柱形　　方形

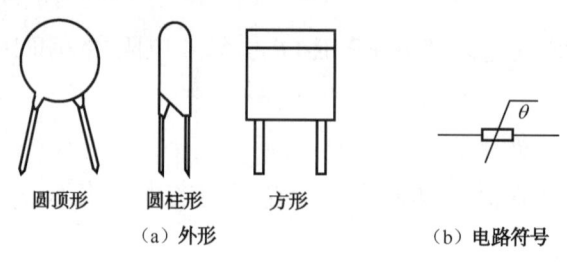

（a）外形　　　　　　　　（b）电路符号

图 A-5　热敏电阻器的外形及电路符号

热敏电阻器的好坏可通过万用表进行判断，在常温下，若测得的电阻与标称电阻接近，用电烙铁加热后，电阻又能发生明显变化，说明热敏电阻器的性能正常；否则，说明热敏电阻器已损坏。

（10）压敏电阻器。

压敏电阻器用于电路的过电压保护。将压敏电阻器和电路并联，当其两端电压正常时，电阻很大，不起作用。一旦超过保护电压，它的电阻就迅速变小，使电流尽量从自己身上流过，从而保护电路。正规的电话机中都有压敏电阻器，调制解调器中也有这种电子元器件。

压敏电阻器的特点是当其两端所加的电压较小时，压敏电阻器的电阻很大，流过它的电流几乎为零；当其两端电压增加到某一值时，压敏电阻器的电阻急剧减小，流过它的电流急剧增大。

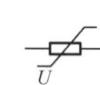

压敏电阻器的外形大多数是圆顶形，如图 A-6（a）所示。压敏电阻器的电路符号如图 A-6（b）所示。

（11）光敏电阻器。

光敏电阻器是一种电阻随光照强度变化而变化的电阻器。某些物质受光照射时，其电导率会增加，这种效应称为光电导效应，利用这种效应可以制造出光敏电阻器。

（12）磁敏电阻器。

（a）外形　　　　　　　　（b）电路符号

图 A-6　压敏电阻器

某些半导体材料的电阻率能随磁场强度的增大而增大，这种效应称为磁电阻效应。磁敏电阻器就是利用半导体材料的磁电阻效应制成的，它的电阻随磁场强度的变化而变化，又称磁控电阻器。

（13）力敏电阻器。

通常电子秤中有力敏电阻器，常用的压力传感器有金属应变片和半导体力敏电阻器。力敏电阻器一般采用桥式连接，受力后电桥平衡被破坏，使之输出电信号。

（14）气敏电阻器。

有一种煤气泄漏报警器，在煤气泄漏后会报警，甚至启动油烟机通风。这种报警器内就安装了气敏电阻器。这种半导体在表面吸收了某种自身敏感的气体之后会发生反应，从而使自身的电阻改变。它一般有四个电极，两个为加热电极，另两个为测量电极。气敏电阻器根据半导体材料不同而对不同的气体敏感，有的是对汽油敏感，有的是对一氧化碳敏感，有的对酒精敏感。

（15）湿敏电阻器。

湿敏电阻器对环境湿度敏感，它吸收环境中的水分，直接把湿度变成电阻的变化。

3. 电阻器的标称电阻和允许偏差的认知

（1）直标法。

直标法是指直接用数字和单位标出电阻器的标称电阻，允许偏差直接用百分数来表示。

（2）文字符号法。

文字符号法是指用阿拉伯数字和字母来表示标称电阻，允许偏差也用字母来表示。

（3）色标法。

色标法是指采用色环来表示电阻器的标称电阻和允许偏差。

电阻器的参数主要包括标称电阻、允许偏差、额定功率、最高工作温度、最高工作电压、噪声系数及高频特性等。在挑选电阻器时，主要考虑其标称电阻、额定功率及允许偏差。至于其他参数，如最高工作温度、高频特性等只在特定的电气条件下才予以考虑。

① 标称电阻。

标称电阻是指标注在电阻器上的电阻。电阻器的实测电阻与标称电阻之间一般会存在偏差，允许的最大偏差范围称为允许偏差或允许误差。

电阻器的标称电阻值通常在电阻器的表面标出。标称电阻值包括标称电阻和允许偏差两部分，通常所说的电阻即标称电阻值中的标称电阻，这是一个近似值。它与实际电阻之间是有一定偏差的。标称电阻值按允许偏差等级分类，国家规定有E24、E12、E6系列。

a. 色标法：用不同的颜色表示不同的标称电阻和允许偏差，详见表A-1，电阻器有三环表示、四环表示、五环表示三种表示方法。

表 A-1 电阻色环与数值的对应关系

颜　　色	黑	棕	红	橙	黄	绿	蓝	紫	灰	白	金	银	无色
表 示 数 值	0	1	2	3	4	5	6	7	8	9	10^{-1}	10^{-2}	
允许偏差/%	±1	±2	±3	±4							±5	±10	±20

下面以四环表示法为例来具体说明电阻是如何用色环表示的。

若第一色环（从电阻器上看是离端头最近的一环）、第二色环、第三色环分别表示数值 X、Y、Z，则电阻为 $R=XY \times 10^Z$，第四色环仅表示该电阻器的允许偏差。采用三环表示法时，只有第一色环表示基数，第二色环表示十的指数，第三色环表示允许偏差。

速记方法如下。

首先，记住颜色与其对应的数字：棕1红2橙为3，4黄5绿6是蓝，7紫8灰9雪白，黑色是0需牢记。

其次，明确第三环表示的数量级。

金环——欧姆级，黑环——几十欧姆，棕环——几百欧姆，红环——几千欧姆，橙环——几十千欧姆，黄环——几百千欧姆，绿环——兆欧姆级。

金色欧姆黑几十，棕为几百红是千，几十千级橙色当，几百千级是黄环，登上兆欧涂绿彩，二环出黑是整数。

最后，把两者结合起来，加上允许偏差就能很快地把标称电阻值读出来了。

b. 直标法和文字符号法：直标法就是在电阻器上直接标出标称电阻和允许偏差。文字符号法是把字母、数字有规律地结合起来表示电阻器的标称电阻和允许偏差。符号规定如下：

欧姆用"Ω"来表示，千欧姆用"kΩ"来表示，兆欧姆用"MΩ"来表示。

② 电阻器的额定功率表示符号。

电阻器的功率反映了电阻器对电流的承受能力。功率大的电阻器，允许流过的电流也大；功率小的电阻器，允许流过的电流也小。电阻器表面所标的功率通常是额定功率，单位为 W。

4．可变电阻器的分类及特点

可变电阻器是一种机电元件，它依靠滑片在电阻体上滑动来改变电阻。

可变电阻器按其用途不同可分为变阻器和电位器，它们的符号如图 A-7 所示，滑片所对应的引脚称为中心抽头。

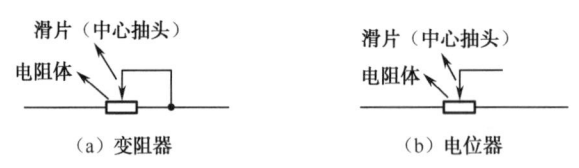

图 A-7 可变电阻器的符号

变阻器的特点是通过改变滑片的位置来改变电阻。

电位器是一种分压元件，它依靠滑片在电阻体上的滑动，取得与滑片位移成一定关系的输出电压。电位器也可用作变阻器，只要将中心抽头与其他两只引脚中的任意一只引脚相连，就成了变阻器。

电位器通常由两个固定输出端和一个中心抽头组成。

按结构不同，电位器可分为单圈电位器和多圈电位器，单联电位器和双联电位器，带开关电位器和不带开关电位器，锁紧电位器和非锁紧电位器。按调节方式不同，电位器可分为旋转式电位器、直滑式电位器。在旋转式电位器中，按照电位器的电阻与旋转角度的关系可分为直线式电位器、指数式电位器、对数式电位器。常用电位器的外形如图 A-8 所示。表 A-2 所示为电位器使用的材料与标志符号。

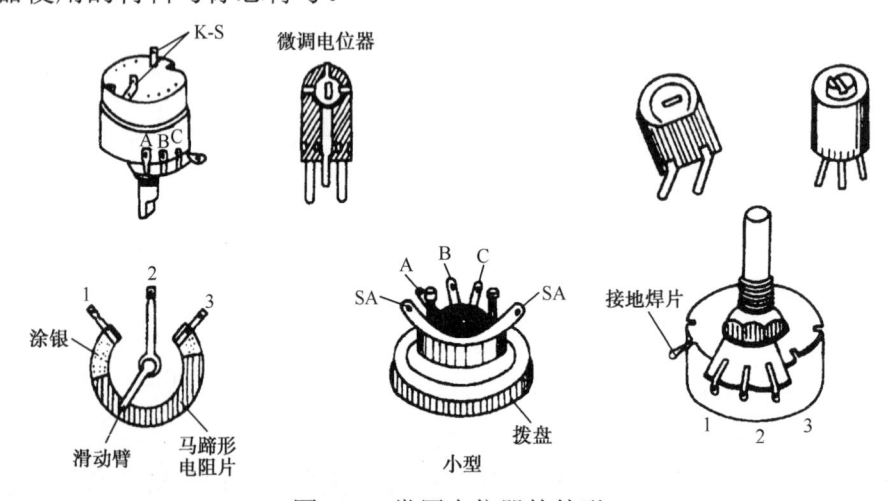

图 A-8 常用电位器的外形

表 A-2 电位器使用的材料与标志符号

类　　别	碳膜电位器	合成碳膜电位器	线绕电位器	有机实芯电位器	玻璃釉电位器
标志符号	WT	WTH（WH）	WX	WS	WT

5．用万用表测量电阻器、电位器的电阻

（1）电阻器的测量。

在检修故障时，常常离不开对电阻器的检测。检测电阻器的方法有直观法和测量法。直观法是用肉眼直接观察电阻器，查看其有无烧焦、烧黑、断脚及帽头松脱现象，若出现这些现象，说明电阻器有问题，应予以更换。测量法是指用万用表测量电阻器的电阻，查看其电阻是否正常。

在使用电阻器前要对其进行测量，查看其电阻与标称电阻是否相符。用万用表测量电阻器时，应用万用表的电阻挡进行测量，测量电阻时应根据电阻的大小选择合适的量程，以提高测量精度。同时应注意，测量时手不能同时接触被测电阻器的两只引脚，以避免人体电阻对测量结果造成影响。

（2）带开关电位器的测量。

带开关电位器的引脚分别为 A、B、C，开关引脚为 K 和 S。首先用指针式万用表测量带开关电位器的全部电阻；然后测量 A、B 两端或 B、C 两端的电阻，并慢慢地旋转转轴，若这时指针平稳地朝一个方向移动，没有跳跃现象，则表明滑片与电阻体接触良好；最后检测 K 与 S 之间的开关功能。

这种电阻器是将金属（或金属氧化物）粉末与玻璃釉粉末按比例混合后，再用黏合剂将两种粉末调成浆料，并均匀涂布在绝缘基体上形成的。

四、实训仪器和设备

指针式万用表 1 块，数字万用表 1 块，元件盒，电阻器若干，电位器若干。

五、实训内容和步骤

1．对给定的电阻器及电位器进行区分。
2．特殊电阻器的认识：熔断电阻器、有机实芯电阻器、水泥电阻器、敏感型电阻器等。
3．电阻器的标称电阻值系列的认识：E6、E12、E24 等系列电阻器的允许偏差。
4．电阻器标称电阻值的认识：直标法、文字符号法、色标法等方法。
5．电位器的认知与测量。
6．用万用表检测电阻器和电位器好坏的方法训练。

六、实训数据

1．电路符号识别练习：要求至少画出 20 种电阻器的电路符号。
2．色环电阻器识别练习：要求至少写出 40 种色环电阻器的标称电阻值。
3．电位器检测技能训练：要求用万用表对直线式电位器、指数式电位器、对数式电位器进行检测，并对其电阻变化规律进行分析。
4．电阻器检测技能训练：要求对至少 3 种固定电阻器、3 种微调电阻器和 2 种热敏电阻器进行检测，并分析其电阻变化规律。

5．色环含义的快速记忆测试：要求对四环电阻器的标称电阻值进行一分钟测试。（满分：12个/分钟）

七、实训思考题

1．怎样确认色环电阻器的第一色环？
2．用指针式万用表测量电阻时，若将两表笔短接后，指针不指向零位，应该怎么办？

八、注意事项

1．使用万用表时，应严格遵守操作规程。
2．在使用完各种电阻器和电位器后，应将其放回元件盒。

九、实训报告要求

1．根据自己的理解，用自己的话描述实训原理。
2．根据实训过程写出关键实训步骤。
3．根据自己的实训经验，描述实训的整个经过，并针对每一个问题详细写出自己发现问题、分析问题及解决问题的过程。
4．根据自己的实训经验，写出本实训的注意事项。
5．简述本实训使自己哪些方面的能力得到了提高。

综合训练2 电容器的识别与检测

一、实训概要

本实训主要介绍电容器的基本知识及结构特点。要求学生掌握三方面内容：（1）电容器的电路符号、标识及分类；（2）各种电容器的特点及应用环境；（3）电容器的检测方法。实训时，要自始至终以认识电容器、检测电容器、了解电容器的应用为重点。

二、实训目的

1．了解电容器的分类和常用电容器的性能。
2．了解电容器的电路符号。
3．掌握电容器的检测方法。

9.4.3 三端可调集成稳压器的基本应用电路

下面以三端可调集成稳压器 CW317 为例，简要介绍其工作原理、基本使用方法及注意事项。

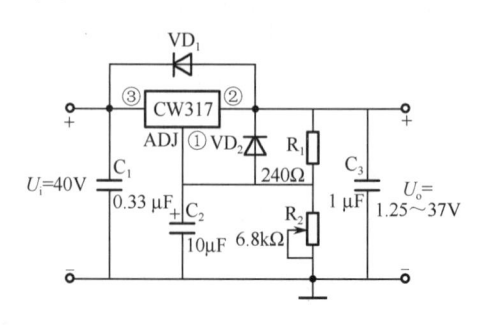

图 9-6 CW317 的基本应用电路

CW317 的基本应用电路如图 9-6 所示。其中，③为直流电压的输入端；②为稳定电压的输出端；①ADJ 为调整端。与 78×× 系列集成稳压器相比，CW317 把内部误差放大器、偏置电路的恒流源等的公共端改接到了输出端，所以它没有接地端。CW317 内部的 1.25V 基准电压设在误差放大器的同相输入端与 CW317 的调整端之间，由恒流源供给 50μA 的恒定电流，I_{ADJ} 为调整电流，此电流从调整端（ADJ）流出。

R_1 为取样电阻器，R_2 为变阻器，当 R_2 的电阻调到零时，相当于 R_1 下端接地，此时，U_o=1.25V。如果将 R_2 的可动臂下调，随着其接入电路的电阻不断增大，U_o 也不断升高，但最大不得超过极限值 37V。若取 R_1=120Ω、R_2=3.4kΩ 或取 R_1=240Ω、R_2=6.8kΩ，则均能获得 1.25～37V 连续可调的电压范围。CW317 输出电压的表达式为

$$U_o=1.25（1+R_2/R_1）$$

图 9-6 所示的应用电路及 U_o 表达式对其他同类型的集成稳压器也同样适用。此外，电路中其他几个电子元器件的作用分别为：C_1 是防自激振荡电容器，要求使用 1μF 的钽电容器；C_2 是滤波电容器，可滤除 R_2 两端的纹波电压；VD_1 和 VD_2 是保护二极管，可防止输入端及输出端对地短路时烧坏 CW317 的内部电路。

使用三端可调集成稳压器时，应重点注意以下几点。

（1）防止将引脚接错。无论是测试还是上机安装使用，只有将各引脚正确接入电路后方可加电。

（2）输入电压范围要选择正确。三端可调集成稳压器内部的三极管有一定的耐压，在工作时要保证输入的直流脉动电压峰值不大于三端可调集成稳压器允许的最大输入电压。

（3）外部接线的位置要选择正确。取样电阻器 R_1 要紧接在三端可调集成稳压器的输出端和调整端。三端可调集成稳压器的接地端应接在负载的接地端，负载的正极则要紧靠三端可调集成稳压器的输出端。

（4）必须外接保护二极管，如图 9-6 中的 VD_1 和 VD_2。这两只二极管能有效地防止输入端、输出端对地短路时损坏三端可调集成稳压器。

（5）在大功率条件下使用时，要加装适当散热器。对于 TO-220 塑封和 TO-3 金属封装的三端可调集成稳压器，在不加散热器时，室温下最大功率分别为 1W 和 2W。若需增大功率，必须加装适当的散热器。

9.4.4 三端可调集成稳压器的检测方法

三端可调集成稳压器的检测方法

检测三端可调集成稳压器的方法主要有两种：测量引脚间电阻法和加电测试法。

三、实训原理

电容器是储存电荷的容器，它的电容量决定了它对电荷的存储能力。若将两块彼此绝缘的金属极板面对面放置，就构成了一个最简单的电容器。

电容器的电容量单位为法拉，简称法，用 F 表示。法这个单位量级太大，常用比法更小的单位，如毫法（mF）、微法（μF）、纳法（nF）、皮法（pF）等。

1．电容器

（1）电容器的电路符号。

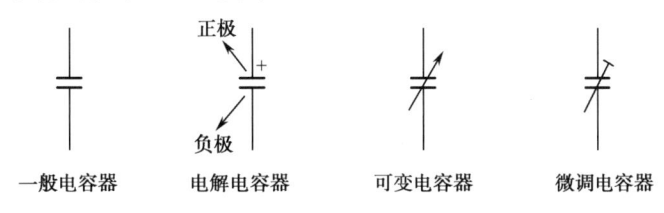

常用电容器的电路符号如图 A-9 所示。

图 A-9　常用电容器的电路符号

（2）电容器的标识。

例如，某电容器标注为 CZD-250-0.47-±10%，其含义如下。

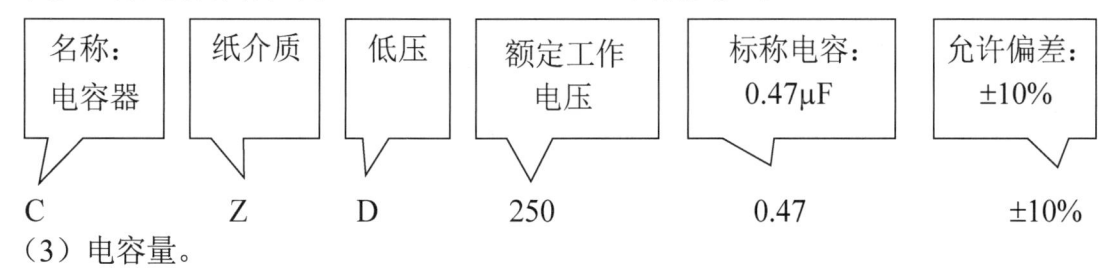

名称：电容器	纸介质	低压	额定工作电压	标称电容：0.47μF	允许偏差：±10%
C	Z	D	250	0.47	±10%

（3）电容量。

电容量是指电容器能够储存的电荷量，常用单位为法（F）、微法（μF）、皮法（pF）。三者的关系为 $1pF=10^{-6}μF=10^{-12}F$。

通常情况下，对于电容量在微法级的电容器，直接在电容器上面标注其电容量，如 47μF；对于电容量在皮法级的电容器，用数字标注其电容量，如 332（表明该电容器的电容量为 3300pF），最后一位数字为 10 的指数，这和用数字表示电阻器的电阻的方法是一样的。

国家规定了一系列电容量作为产品标称电容量。固定电容器的标称电容量系列如表 A-3 所示。

表 A-3　固定电容器的标称电容量系列

系　列	允许偏差	偏差等级	标　称　值
E24	±5%	Ⅰ	1.0，1.1，1.2，1.3，1.5，1.6，1.8，2.0，2.2，2.4，2.7，3.0，3.3，3.9，4.3，4.7，5.1，5.6，6.2，6.8，7.5，8.2，9.1
E12	±10%	Ⅱ	1.0，1.2，1.5，1.8，2.2，2.7，3.3，3.9，4.7，5.6，6.8，8.2
E6	±20%	Ⅲ	1.0，1.5，2.2，3.3，4.7，6.8

2. 电容器的分类

按电容器的电容量是否可调来划分，可将电容器分为固定电容器、可变电容器及微调电容器。

按电容器所用的介质来划分，可将电容器分为有机介质电容器、无机介质电容器、气体介质电容器、电解电容器。

1）固定电容器

① 电解电容器。

电解电容器的介质是一层极薄的金属氧化膜，氧化膜的金属基体是电容器的正极（阳极），另一块未氧化的金属极板是电容器的负极（阴极）。氧化膜及负极均浸泡在电解液中，电解电容器的电极有正、负之分。

电解电容器的电容量很大，一般为微法级以上，最大的可以达到法级。

电解电容器可分为铝电解电容器、钽电解电容器及无极性电解电容器等。

铝电解电容器是以铝氧化膜为介质构成的。铝电解电容器具有电容量范围宽、容易制作、价格低廉等特点，因此应用十分广泛。

钽电解电容器是以钽氧化膜为介质构成的，由于钽氧化膜的介电常数比铝氧化膜的介电常数大得多，因此，在同等电容量下，钽电解电容器的体积可以做得更小。钽电解电容器的性能比铝电解电容器要好，它的主要特点是工作温度范围宽、频率特性好、电容量稳定度高、可靠性高。

无极性电解电容器是将两只有极性电解电容器的负极对接后，再封装于同一外壳中而形成的。

② 云母电容器。

云母电容器是以云母为介质的电容器，其体积大、电容量往往较小，一般在 $0.1\mu F$ 以下。云母电容器的主要特点是高频性能好、稳定性和可靠性高、耐压高（几百伏～几千伏）、漏电流小，能用于要求较高的场合中。

③ 陶瓷电容器。

陶瓷电容器是以陶瓷材料为介质的电容器，又称瓷介电容器。片形陶瓷电容器应用最为广泛，常说的瓷片电容器指的就是这种电容器。陶瓷电容器常用于高频滤波、高频信号耦合及谐振等场合。

陶瓷电容器的体积小、损耗小、绝缘电阻大、漏电流小、性能稳定，可工作在超高频段，但耐压低，机械强度较差。

④ 玻璃釉电容器。

玻璃釉电容器具有陶瓷电容器的优点，但比同等电容量的陶瓷电容器体积小，工作频带较宽，可在 125℃ 下工作。

⑤ 纸介电容器。

纸介电容器的电极由铝箔、锡箔制作而成，绝缘介质是浸醋的纸，锡箔或铝箔与纸相叠后卷成圆柱状，外包防潮物质。其体积小、电容量大，但性能不稳定、高频性能差。

⑥ 聚苯乙烯电容器。

聚苯乙烯电容器是一种有机薄膜电容器，以聚苯乙烯为介质，用铝箔或直接在聚苯乙烯薄膜上蒸一层金属膜为电极。其绝缘电阻大、耐压高、漏电流小、精度高，但耐热性差，焊接时，过热会损坏。

⑦ 片状电容器。

目前，片状电容器广泛用在混合集成电路、电子手表电路和计算机中，有瓷片电容器、片状钽电容器、瓷片微调电容器等。其体积小、电容量大。

⑧ 独石电容器。

独石电容器是由以钛酸钡为主的陶瓷材料烧结而成的一种陶瓷电容器，体积小、耐高温、绝缘性能好、成本低，多用于小型和超小型电子设备中。

2）塑料薄膜电容器

① 分类。

塑料薄膜电容器是以塑料薄膜为介质构成的，塑料薄膜电容器可分为聚苯乙烯电容器、聚丙烯电容器、聚四氟乙烯电容器、涤纶（聚酯）电容器、聚碳酸酯漆膜电容器及复合膜电容器等多种类型。

② 特点。

聚苯乙烯电容器的主要特点是绝缘电阻高、电容量精度高、稳定性好，工作环境的温度不能太高，一般不能超过 70℃。

聚丙烯电容器的特点与聚苯乙烯电容器相似，但工作环境的上限温度比聚苯乙烯电容器更高一些。它的电容量稳定性比聚苯乙烯电容器稍差。

聚四氟乙烯电容器的特点是损耗小、耐温性能好、参数稳定性好。

涤纶（聚酯）电容器的特点是介电常数大、耐热性好，工作上限温度可达 120～130℃。但其损耗随频率的增大而增大，因此不宜用于高频环境。

聚碳酸酯漆膜电容器具有体积小、质量轻、电容量大等特点，但耐压往往较低，一般只有几十伏。

3）可变电容器

可变电容器是指应用时，其电容量可调节的电容器。可变电容器广泛用于调谐电路，它既可用于选频，也可用于校正频率。

（1）变容原理。

可变电容器的电容量调节原理非常简单，例如在图 A-10 中，若该电容器的一块金属极板 A 固定，而另一块金属极板 B 可以转动，则通过转动金属极板 B，就可以改变 AB 之间的正对面积，从而达到改变电容量的目的。

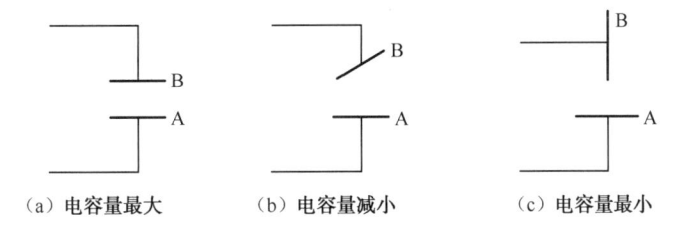

（a）电容量最大　　　（b）电容量减小　　　（c）电容量最小

图 A-10　可变电容器的电容量调节原理

（2）可变电容器的主要类型及特点。

① 空气介质可变电容器。

这种电容器的介质为空气，它由两组金属片组成电极，一组固定，称为定片，另一组可以转动，称为动片。当动片全部旋进定片中时，电容器的电容量最大；当动片全部旋出定片时，电容器的电容量最小。

这种可变电容器的电容量可在几皮法到数百皮法之间变化。

② 固体介质可变电容器。

这种电容器的动片和定片之间常以塑料薄膜为介质，动片和定片之间距离极近，因此该电容器的体积比空气介质可变电容器小。这种可变电容器的电容量变化范围一般为 5～300pF。

③ 微调电容器。

微调电容器在电路中主要用于补偿和校正，电容量调节范围为几十皮法。常用的微调电容器有有机薄膜介质微调电容器、瓷介微调电容器、拉线微调电容器和云母微调电容器等。

3．电容器的型号

国产电容器的型号常由四部分组成。第一部分为产品的主称，第二部分用字母表示产品的材料，第三部分用数字或字母表示产品的特征分类，第四部分用数字表示产品的序号。

4．电容器的标识

一只电容器上除标有型号外，还常标有耐压、标称电容、允许偏差、工作温度范围等内容，这些统称为电容器的标识。电容器的标识通常有直标法、文字符号法、数码表示法、数值表示法四种。

（1）直标法。

直标法是一种最直观的方法，它直接在电容器的表面标出型号、耐压、标称电容、允许偏差、生产日期等内容。

（2）文字符号法。

文字符号法是一种比较直观的标识方法，它是一种利用数字和文字符号在电容器表面标出有关参数的方法。

（3）数码表示法。

数码表示法是一种用数字表示电容器的标称电容量的方法。

（4）数值表示法。

数值表示法是一种利用具体数值来表示电容器的标称电容量的方法。

5．电容器的检测

检测电容器的方法很多，这里主要介绍两种常用的方法。

（1）直观检查法。

当判断一只电容器的好坏时，首先应采用直观检查法进行初步判断，若电容器出现开裂、穿洞、烧焦、引脚松脱或锈断、外部有电解液漏出、顶部明显隆起、发热比较严重等现象，说明电容器已损坏。

（2）用指针式万用表检测电容器。

① 如何判断电容器是否开路。

在使用电容器前，必须对电容器进行测量，应用专用仪器测量电容器，如电容测量仪。

在某些情况下，对于电容量大于 0.1μF 的电容器，可用指针式万用表对其进行检测。检测方法：首先根据电容器的电容量选择合适的量程，通常为 0.1~10μF 选用 R×1k 挡，10~300μF 选用 R×10k 挡；然后用两表笔分别接触电容器的两只引脚，指针应先顺时针转动，再慢慢地向反方向退回到 $R=\infty$ 的位置（零点位置）。若指针不能回到零点，说明电容器漏电；如果指针距零点位置较远，说明电容器漏电严重，不能使用。

对于电容量在 0.1μF 以上的电容器来说，用指针式万用表可以很容易判断其是否开路。先将指针式万用表调至 R×1k 挡或 R×10k 挡，再测量电容器，若指针不摆动，说明电容器开路。对于电容量在 0.1μF 以下的电容器来说，由于其充电速度太快，因此用指针式万用表难以判断其是否开路。

② 如何判断电容器是否击穿。

针对电容器是否击穿，用指针式万用表可以很容易判断出来。用指针式万用表电阻挡测量电容器时，若测得的电阻很小，且指针总是停在某固定读数上，不再回摆，说明该电容器已击穿。

③ 如何判断电容器漏电。

针对电容器是否漏电，也可以用指针式万用表电阻挡（R×1k 挡或 R×10k 挡）进行测量。若测量时，指针先偏转一定角度，然后回摆至初始位置，说明电容器不漏电；若指针未能回摆至初始位置，说明存在一定的漏电现象。

④ 如何判断电容器的电容量是否减小。

对于大电容量电容器来说，其电容量是否减小可通过指针式万用表进行判断。例如，某电容器的标称电容为 100μF，用指针式万用表 R×1k 挡测量其正向电阻，若指针偏转角度明显减小，说明其电容量减小。

四、实训仪器和设备

指针式万用表 1 块，数字万用表 1 块，元件盒，电容器若干，可变电容器若干。

五、实训内容和步骤

1. 针对给定的电容器，区分固定电容器及可变电容器。
2. 电容器的标称电容量系列的认识：E6、E12、E24 等系列电容器的允许偏差。
3. 电容器的标称电容和允许偏差的认识：直标法、文字符号法、数码表示法、数值表示法等方法的训练。
4. 可变电容器的识别与检测。
5. 用万用表检测电容器的好坏。

六、实训数据

1. 电路符号识别练习：要求至少画出 10 种电容器的电路符号。
2. 标称电容量识别练习：要求至少写出 20 种电容器的标称电容和允许偏差。

3．电容器检测技能训练：要求用万用表对固定电容器的性能进行检测，并制作表格。
4．电容器检测技能训练：要求用万用表对可变电容器的性能进行检测，并制作表格。
5．电容器快速记忆测试：要求针对固定电容器进行三分钟测试。

七、实训思考题

1．电解电容器的极性为什么不能接反？
2．有的电解电容器的标识看不清了，如何判断其极性呢？
3．已知三只电容器上的标识分别为 CLX-63V-1200P、CC12-63V-300P、CT4D-40V-0.33u，它们的含义是什么？

八、注意事项

1．使用万用表时，应严格遵守操作规程，并特别注意，测量大电容量电容器前应放电。
2．在使用完电容器后，应将其放回元件盒。

九、实训报告要求

1．根据自己的理解，用自己的话描述实训原理。
2．根据实训过程写出关键实训步骤。
3．根据自己的实训经验，描述实训的整个经过，并针对每一个问题详细写出自己发现问题、分析问题及解决问题的过程。
4．根据自己的实训经验，写出本实训的注意事项。
5．本实训使自己哪些方面的能力得到了提高。

综合训练3 电感器、变压器的识别与检测

一、实训概要

本实训主要介绍电感器、变压器及压电元件的分类、基本结构、基本功能、检测方法。通过学习，要求学生能正确识别这三类电子元器件，并掌握这三类电子元器件的基本结构、基本功能及检测方法。

完成本实训时，自始至终要以电子元器件的电路符号、功能及检测方法为重点。

二、实训目的

1．了解电感器、变压器的用途和分类。
2．了解色码电感器的识别方法。

3．掌握电感器、变压器的检测方法。

三、实训原理

1．电感器的分类及电路符号

（1）电感器的分类。

电感器是由线圈绕制而成的，如图 A-11 所示。它又称电感线圈，简称电感。

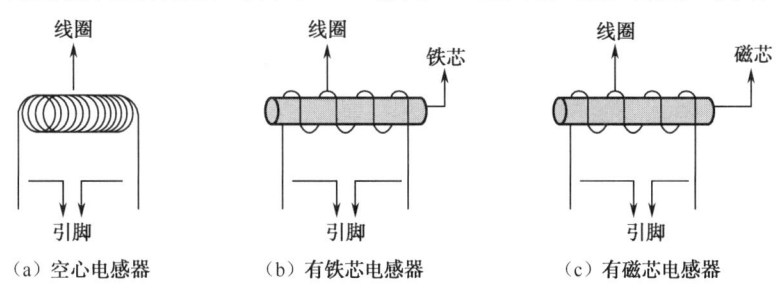

(a) 空心电感器　　(b) 有铁芯电感器　　(c) 有磁芯电感器

图 A-11　电感器

（2）电感器的电路符号。

不同类型的电感器在电路中具有不同的电路符号，如图 A-12 所示。

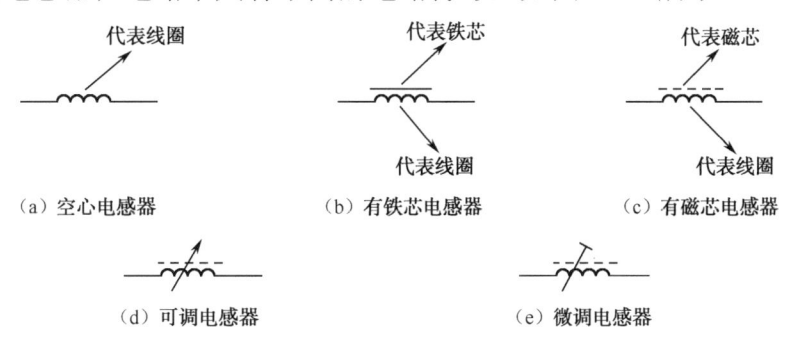

(a) 空心电感器　　(b) 有铁芯电感器　　(c) 有磁芯电感器

(d) 可调电感器　　(e) 微调电感器

图 A-12　常用电感器的电路符号

2．电感器的主要参数

直流电阻：绕制电感器的导线所呈现的电阻。由于绕制电感器的导线常用铜丝，且长度不会很长，故电感器的直流电阻往往很小，一般忽略不计。

电感量：电感量又叫电感系数或自感系数，它是反映电感器的电磁感应能力强弱的物理量。

电感量的基本单位是 H（亨），常用单位有 mH（毫亨）和 μH（微亨）。它们之间的换算关系为 $1H=10^3 mH=10^6 \mu H$。

感抗：感抗是指电感器对交流电（或突变电流）的阻碍作用。

品质因数：品质因数是衡量电感器质量的重要参数，常用 Q 表示。

分布电容：由于电感器是由导线绕制而成的，因此匝与匝之间具有一定的电容量，线圈与地之间也有一定的电容量。

3．电感器的识别及检测

（1）电感器的识别。

电感器一般为二端或三端元件，其外表具有如下特点，根据这些特点可以很容易地识别出电感器。

① 可以看到线圈。

② 表面标有"μH"或"mH"。

③ 部分电感器带有一个可以旋转的磁芯。

（2）电感器的检测。

电感器在使用过程中，常会出现开路、短路等现象，可通过测量和观察来判断。

① 利用万用表 R×1 挡或 R×10 挡可以很容易判断出电感器是否开路或短路。

② 对于某些电感器，可通过观察其表面来判断好坏。

4．变压器

（1）变压器的基本结构。

变压器是由具有同一闭合磁路的铁（磁）芯及绕在铁（磁）芯上的线圈构成的，如图 A-13 所示。

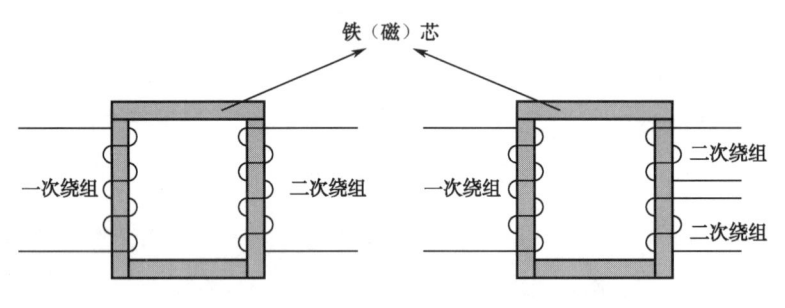

图 A-13　变压器

变压器的线圈又称绕组。接电源（或信号源）的绕组叫作一次绕组，其余绕组叫作二次绕组。

① 变压器的铁（磁）芯。

变压器的铁（磁）芯结构形式多种多样，但大致可分为四类，即 EI 形、双 F 形、ⅢI 形、C 形。

铁芯通常由硅钢片、矽钢片或坡莫合金制成，磁芯通常由铁氧体材料制成。

② 变压器的线包。

线包是对一次、二次线圈进行绝缘包装处理后的称呼。芯式变压器的铁芯上常绕有两个线包，壳式变压器的铁芯上一般只有一个线包。

（2）变压器的分类。

根据不同的分类方法，变压器可以分为多种不同的类别。

按铁芯结构分，可分为芯式变压器、壳式变压器、环形变压器、其他变压器。

按频率来分，可分为低频变压器、中频变压器和高频变压器。

按耦合方式来分，可分为自耦变压器和互耦变压器。

按用途来分，可分为电源变压器、音频变压器、脉冲变压器等。

(3) 变压器的电路符号。

变压器的电路符号如图 A-14 所示，其中的黑点代表同名端（同相端）。

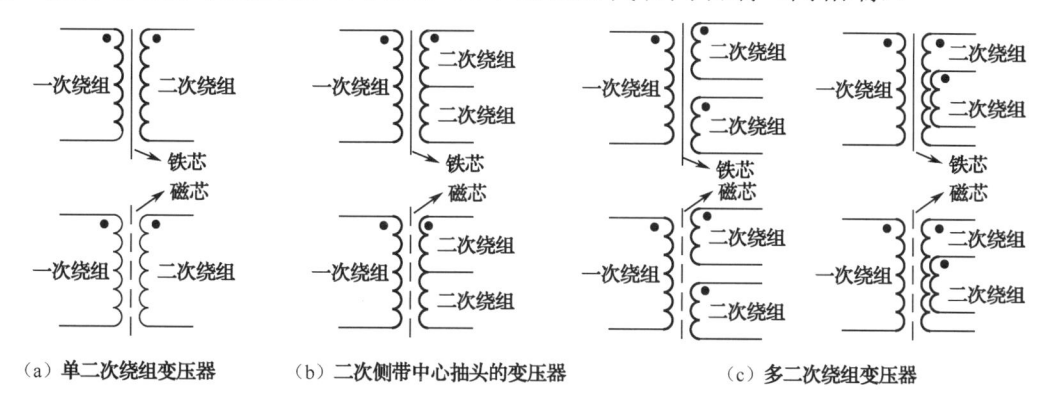

(a) 单二次绕组变压器　　(b) 二次侧带中心抽头的变压器　　(c) 多二次绕组变压器

图 A-14　变压器的电路符号

(4) 变压器的主要参数。

变压器的主要参数如下。

① 功率。

② 变压比（简称变比）。

③ 直流电阻。

④ 效率。

⑤ 铁损耗与铜损耗。

(5) 几种常用的变压器。

① 电源变压器。

电源变压器是一种提供能量的器件，它的主要任务是变换电压。

为了防止电网中的高频干扰通过电源变压器进入电子设备内部，许多电源变压器的一次、二次绕组之间设有静电屏蔽层，如图 A-15（a）所示。为了防止电源变压器一次绕组因受过电流冲击而损坏，一些电源变压器的一次绕组上带有保险丝（管），如图 A-15（b）所示。

(a) 带有静电屏蔽层　　(b) 带有保险丝（管）

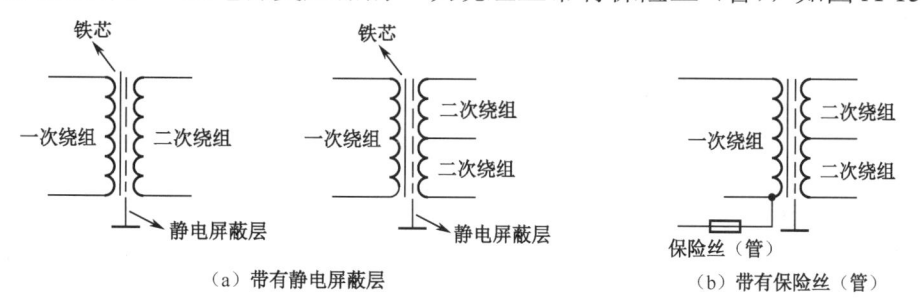

图 A-15　电源变压器

② 开关变压器。

开关变压器又称开关电源变压器，起脉冲变压作用。开关变压器具有体积小、质量轻、安装方便、在印制电路板上所占的面积小、传输损耗低、热稳定性能好、工作频率高、工作电压范围宽等特点。

③ 音频变压器。

音频变压器广泛用于收录机、扩音机中，早期的电视机中也使用音频变压器。

音频变压器的作用是传输音频信号，实现阻抗变换。

④ 中频变压器。

中频变压器具有变换电压、电流、阻抗的作用，还具有选频作用。中频变压器的电路符号如图 A-16 所示。

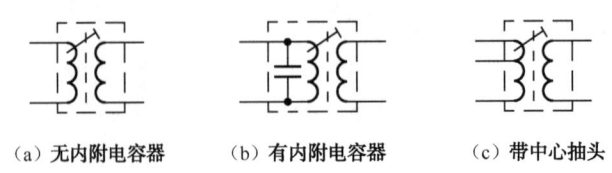

(a) 无内附电容器　　(b) 有内附电容器　　(c) 带中心抽头

图 A-16　中频变压器的电路符号

图 A-16 中，虚线框代表屏蔽罩。屏蔽罩能防止外部电磁场干扰。中频变压器的磁芯是可以调节的，当调节磁芯时，中频变压器的谐振频率就会发生变化。为了简化外部电路，许多中频变压器的内部接有电容器，该电容器与线圈构成谐振回路，这样，外部就无须再接电容器了。

⑤ 电源滤波器。

电源滤波器又称互感滤波器或共模滤波器，是一种专门用于电子设备交流输入电路的滤波元件。它能阻止电网中的高频脉冲串入电子设备的电源电路中，对电子设备具有一定的保护作用。

(6) 变压器的检测。

① 如何判断开路。

对于开路故障，利用万用表的 R×1 挡或 R×10 挡，可以很容易检测出来。

② 如何判断短路。

对于短路故障，可采用直观法、电阻测量法、电压测量法进行判断。

③ 变压器质量好坏的判断。

判断变压器质量好坏的方法有空载电流测定法和铜损耗测定法。

四、实训仪器和设备

指针式万用表 1 块，数字万用表 1 块，元件盒，电感器若干，变压器若干。

五、实训内容和步骤

1. 针对给定的电感器，区分空心电感器、有铁芯电感器、有磁芯电感器、可变电感器、色码电感器、片状电感器等，认识其外形与电路符号。

2. 电感器的型号命名方法、标注方法的训练。

3. 用万用表检测电感器的训练。

4. 变压器的认识：低频变压器、中频变压器、天线变压器、电源变压器的外形与电路符号。

5. 变压器的一般检测方法的训练。

六、实训数据

1. 电路符号识别练习：要求至少画出 20 种电感器和变压器的电路符号。
2. 色码电感器识别练习：要求至少写出 20 种色码电感器的标称电感和允许偏差。
3. 电感器检测技能训练：要求用万用表对电感器的质量进行检测，并进行分析总结。
4. 变压器检测技能训练：要求对至少 3 种变压器进行检测，并进行分析总结。
5. 色码电感器的快速记忆测试：要求对色码电感器进行一分钟测试。

七、实训思考题

1. 怎样识别色码电感器的标称电感量？
2. 如何区分收音机的输入和输出变压器？

八、注意事项

1. 使用万用表时，应严格遵守操作规程。
2. 在使用完电感器、变压器后，应将其放回元件盒。

九、实训报告要求

1. 根据自己的理解，用自己的话描述实训原理。
2. 根据实训过程写出关键实训步骤。
3. 根据自己的实训经验，描述实训的整个经过，并针对每一个问题详细写出自己发现问题、分析问题及解决问题的过程。
4. 根据自己的实训经验，写出本实训的注意事项。
5. 简述本实训使自己哪些方面的能力得到了提高。

综合训练 4　半导体器件的识别与检测

一、实训概要

本实训主要介绍半导体器件的基本知识，要求学生掌握各种半导体器件的作用、型号命名方法、结构特点、主要参数及检测方法等内容。特别是要能正确识别各类二极管、三极管及晶闸管，并熟悉这些半导体器件的检测及代换要领。

二、实训目的

1．了解不同半导体器件的型号命名方法。
2．了解不同半导体器件的基本用途。
3．掌握各类半导体器件的检测方法。
4．掌握使用、代换半导体器件的基本方法。

三、实训原理

1．半导体器件概述

1）半导体器件的分类

半导体器件是以半导体材料为基体构成的。半导体器件的种类很多，按电极数目及器件特点来分，可分为二极管、三极管、晶闸管、场效应管、集成电路等类型；按所用的半导体材料来分，可分为硅半导体器件、锗半导体器件及其他半导体器件。

2）半导体器件的型号命名方法

（1）国产半导体器件的型号命名方法。

国产半导体器件的型号由五部分组成，如表 5-2 和表 6-2 所示。

例如，2CW15 表示一只稳压二极管；3DD15D 表示一只低频大功率三极管。

（2）日本半导体器件的型号命名方法。

日本半导体器件的型号命名方法与我国不同，其型号虽然也由五部分组成，但各部分含义已发生了变化，如表 A-4 所示。

表 A-4　日本半导体器件型号各部分的含义

第 一 部 分		第 二 部 分		第 三 部 分		第 四 部 分	第 五 部 分
用数字表示半导体器件的电极数目		用字母表示半导体器件		用字母表示半导体器件的结构和类型		用 2～3 位数字表示半导体器件的登记顺序号	用字母表示同一种型号半导体器件的改进型
符　号	含　义	符　号	含　义	符　号	含　义		
0	光电器件	S	半导体器件	A	高频及快速开关 PNP 型三极管		
1	二极管	^	^	B	低频大功率 PNP 型三极管		
2	三极管	^	^	C	高频及快速开关 NPN 型三极管		
3	有三个 PN 结的器件	^	^	D	低频大功率 NPN 型三极管		
^	^	^	^	F	P 控制极晶闸管		
^	^	^	^	G	N 控制极晶闸管		
^	^	^	^	H	N 基极单结晶体管		
^	^	^	^	J	P 沟道场效应管		
^	^	^	^	K	N 沟道场效应管		
^	^	^	^	M	双向晶闸管		

例如，1S1555 表示一只普通二极管；2SA733 表示一只高频 PNP 型三极管。

（3）美国半导体器件的型号命名方法。

美国半导体器件的型号也由五部分组成，各部分的含义如表 A-5 所示。

表 A-5　美国半导体器件型号各部分的含义

第一部分		第二部分		第三部分		第四部分		第五部分	
用符号表示半导体器件的等级		用数字表示 PN 结数目		用字母表示材料		用数字表示半导体器件的登记顺序号		用字母表示同一半导体器件的不同档次	
符号	含义	符号	含义	符号	含义	符号	含义	符号	含义
J	军品	1	二极管	N	EIA 注册标志	2~4位数字	EIA 登记顺序号	A、B、C……	表示器件改进型
无	非军品	2	三极管						
		3	四极管						

例如，1N4007 中，"1"表示二极管，"N"表示 EIA 注册标志，"4007"表示 EIA 登记顺序号；2N3055 中，"2"表示三极管，"N"表示 EIA 注册标志，"3055"表示 EIA 登记顺序号。

（4）欧洲半导体器件的型号命名方法。

欧洲半导体器件的型号一般由四部分组成，各部分的含义如表 A-6 所示。

表 A-6　欧洲半导体器件型号各部分的含义

第一部分		第二部分				第三部分		第四部分	
用字母表示半导体器件的材料		用字母表示半导体器件的类型及主要特性				用数字或字母加数字表示登记号		用字母对同一型号半导体器件进行分档	
符号	含义	符号	含义	符号	含义	符号	含义	符号	含义
A	锗材料	A	检波、开关和混频二极管	M	封闭磁路中的霍尔元件	三位数字	通用半导体器件的登记号（同一类型半导体器件使用同一登记号）	A B C D E L	
		B	变容二极管	P	光敏器件				
B	硅材料	C	低频小功率三极管	Q	发光器件				
		D	低频大功率三极管	R	小功率晶闸管				
		E	隧道二极管	S	小功率开关管				
C	砷化镓	F	高频小功率三极管	T	大功率晶闸管				
		G	复合器件及其他器件	U	大功率开关管	一个字母加两位数字	专用半导体器件的登记号（同一类型半导体器件使用同一登记号）		
D	锑化铟	H	磁敏二极管	X	倍增二极管				
R	复合材料	K	开放磁路中的霍尔元件	Y	整流二极管				
		L	高频大功率三极管	Z	稳压二极管（齐纳二极管）				

例如，BU508A 中，"B"表示硅材料，"U"表示大功率开关管，"508"表示通用半导体器件的登记号，"A"表示分档。

2. 二极管

二极管实际上就是一个 PN 结，它的基本特性是单向导电性。

1）二极管的分类及主要参数

（1）二极管的分类。

二极管的种类很多，按用途来分，可分为普通二极管、变容二极管、发光二极管、光电二极管等。不同类型的二极管在电路中有不同的电路符号，如图 A-17 所示。

普通二极管　　变容二极管　　稳压二极管　　发光二极管　　光电二极管

图 A-17　二极管的电路符号

（2）二极管的主要参数。

二极管的主要参数如下。

① 正向工作电压 V_F。

② 正向直流电流 I_F。

③ 反向直流电流（反向漏电流）I_R。

④ 正向不重复浪涌电流 I_{FSM}。

⑤ 最高反向工作电压 V_R。

⑥ 最高结温 T_J。

2）各类二极管的主要特点

（1）整流二极管。

整流二极管常用于电源电路中，它利用二极管的单向导电性来完成整流。

整流二极管的表面上标有极性。

整流二极管具有工作电流大、截止频率低等特点。

（2）检波二极管。

利用二极管的单向导电性，可以实现整流，也可以实现检波。整流是针对低频信号而言的，检波则是针对高频小信号而言的。

检波二极管具有工作电流小、正向压降小、检波效率高、结电容小、频率特性好等特点。

（3）开关二极管。

它利用单向导电性来实现开关特性，能对脉冲电压进行整流。

从工作原理来看，开关二极管与整流二极管似乎一样，但开关二极管的开关时间比整流二极管短。

（4）阻尼二极管。

阻尼二极管是一种高频、高压整流二极管，可以把它看作一种高反压开关二极管。阻尼二极管能承受较高的反向工作电压和较大的峰值电流，且正向压降小。

（5）稳压二极管。

稳压二极管是利用其反向击穿特性来实现稳压的，它总是工作在反向击穿状态，当其击穿后，只要限制工作电流，稳压二极管就不会损坏。当然，若工作电流太大，稳压二极管仍会损坏，击穿变成不可逆。

稳定电压 V_Z：又称额定电压，是指规定的反向工作电流 I_Z 所对应的反向工作电压。它是稳压二极管最主要的参数之一。

（6）变容二极管。

变容二极管是利用 PN 结的静电容量随反向电压的增大而减小的特性制成的。

3）二极管的检测与代换

（1）二极管的检测。

二极管的基本特性是单向导电性，因此通过测量二极管的正、反向电阻，便可判断二极管的好坏。

（2）二极管的代换。

当二极管损坏后，应选用同型号二极管进行代换，若无同型号二极管，也可按下列原则来挑选备用管。

① 对稳压二极管来说，可选用相同功率和相同稳压值的稳压二极管进行代换。

② 对低频整流二极管来说，可以用普通整流二极管来代换，但要注意其正向直流电流和反向耐压不得低于原管。

③ 对开关二极管来说，可以选用反向恢复时间等于或小于原管，但最高反向工作电压和正向电流与原管接近或大于原管的二极管。

④ 对阻尼二极管来说，要求备用管的反向工作电压、正向峰值电流不低于原管，且正向压降越小越好。

3．三极管

三极管由两个 PN 结构成，它的基本特性是电流放大性。

1）三极管的分类及主要参数

（1）三极管的分类。

按所用的半导体材料来分，三极管可分为硅三极管和锗三极管。

按 PN 结的结构来分，三极管可分为 NPN 型三极管和 PNP 型三极管两大类。

按用途来分，三极管可分为普通三极管、复合三极管及其他特殊用途三极管。

（2）三极管的主要参数。

三极管的主要参数如下。

① 直流电流放大倍数（β）。

② 交流电流放大倍数（h_{FE}）。

③ 共射极截止频率 f_T。

④ 特征频率 f_a。

⑤ 集电极最大允许电流 I_{CM}。

⑥ 集电极最大耗散功率 P_{CM}。

⑦ 击穿电压。

2）三极管的主要特点

（1）低频小功率三极管。

低频小功率三极管的截止频率一般在 3MHz 以下，输出功率小于 1W。这类三极管的体积较小，一般在低频电路中用作放大管或控制管等。

（2）高频小功率三极管。

高频小功率三极管的截止频率大于 3MHz，输出功率小于 1W。在实际应用中，高频小功率三极管的使用量相当大，且在很多场合下，可用高频小功率三极管来替代低频小功率三极管。

（3）开关三极管。

开关三极管工作于开关状态（饱和或截止）。开关三极管和其他三极管相比，多了两个时间方面的参数，一个为开启时间，另一个为关闭时间。开启时间和关闭时间越短，说明开关三极管的开关特性越好。

（4）低频大功率三极管。

低频大功率三极管具有输出功率大、输出电流大、带负载能力强等特点。

低频大功率三极管有两种封装形式：塑封和金属封装。

由于大功率三极管往往工作于大电流状态，自身的发热比较严重，因此为了不使大功率三极管被烧坏，常常要求将其安装在散热片上，以增大散热面积。

（5）功率达林顿管。

功率达林顿管是将两只功率三极管、分流电阻器及保护二极管集成在一块芯片上制成的。常见的形式有三种：一种是由两只 PNP 型功率三极管复合而成，它等效于一只 PNP 型三极管；另一种是由两只 NPN 型功率三极管复合而成，它等效于一只 NPN 型三极管；还有一种是由一只 PNP 型三极管和一只 NPN 型三极管复合而成，它等效于一只 PNP 型三极管。

（6）带电阻器、阻尼二极管的三极管。

带电阻器、阻尼二极管的三极管的电路符号如图 A-18 所示。

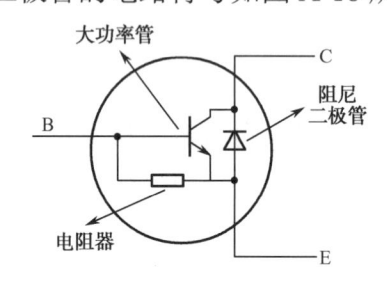

图 A-18　带电阻器、阻尼二极管的三极管的电路符号

带电阻器、阻尼二极管的三极管的最大优点是应用时，外部无须再接电阻器，线路比较简洁，缺点是互换困难，一旦损坏，就只能寻找同型号的三极管来替换，而同型号的三极管有时很难找到，从而给维修带来不便。

3）三极管的检测与代换

三极管有 NPN 型和 PNP 型两种，利用指针式万用表 R×100 挡或 R×1k 挡，可检测其好坏。

（1）NPN 型三极管和 PNP 型三极管的判别。

如果能够在某只三极管上找到一只引脚，将黑表笔接至此引脚，将红表笔依次接至另外两引脚，指针式万用表的指针均偏转，而反过来，却不偏转，说明此三极管是 NPN 型三极管，且黑表笔所接的引脚为基极。

如果能够在某只三极管上找到一只引脚，将红表笔接至此引脚，将黑表笔依次接至另外两引脚，指针式万用表的指针均偏转，而反过来，却不偏转，说明此三极管是 PNP 型三极管，且红表笔所接的引脚为基极。

(2) 三极管各电极的判别。

三极管各电极可按图 A-19 所示的原理图进行判别，也可用舌头来代替手指，舔一下基极和集电极，此时，指针偏转角度更大。

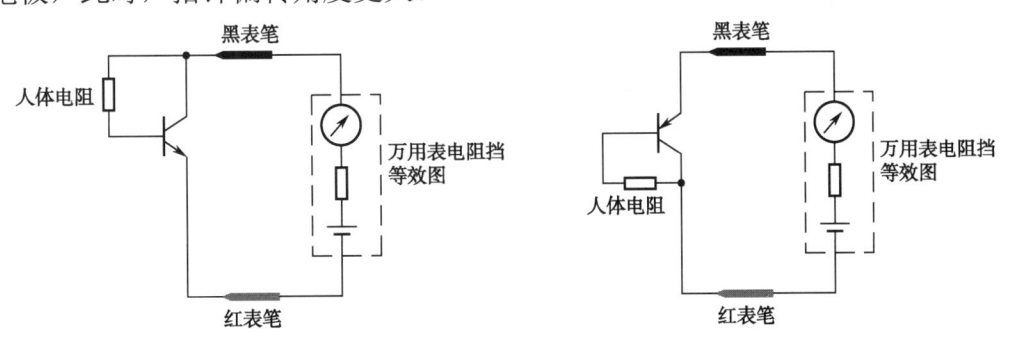

图 A-19 判别三极管的电极

(3) 三极管好坏的判断。

三极管的好坏可利用指针式万用表的 R×100 挡或 R×1k 挡进行判断，如果按照上述方法无法判断出三极管的管型及基极，说明此三极管已损坏。

(4) 带阻行管的检测。

带阻行管的基极与发射极之间接有一只几十欧姆的电阻器，集电极与发射极之间接有一只阻尼二极管，带阻行管好坏的判断方法与普通三极管有所不同。

将指针式万用表置于 R×1 挡（或 R×10 挡），将黑表笔接至带阻行管的基极，将红表笔接至带阻行管的发射极，此时，指针偏转，并测得一个电阻；交换两表笔位置，再次测量，指针也偏转，又测得一个电阻。若第一次测得的电阻小于第二次测得的电阻，说明带阻行管正常；若两次测得的电阻相同，说明带阻行管已损坏。将指针式万用表调至 R×100 挡，将黑表笔接至基极，将红表笔接至集电极，此时，指针应偏转。交换两表笔后，指针不应偏转，若仍偏转，说明带阻行管已损坏。若将黑表笔接至集电极，将红表笔接至发射极，此时，指针应不偏转，若偏转，说明带阻行管已损坏；交换两表笔，此时，指针应偏转，若不偏转，说明带阻行管已损坏。

(5) 三极管的代换。

三极管是决定电路性能好坏的重要元件，三极管损坏后，应选用同型号三极管进行代换。在无同型号三极管的情况下，也可选用参数相近的三极管进行代换。

4．场效应管

1) 场效应管的分类

场效应管可分为结型场效应管和绝缘栅场效应管，如图 A-20 所示。

2) 结型场效应管

(1) 结构。

结型场效应管的结构简图及电路符号如图 A-21 所示。N 沟道结型场效应管是在 N 型硅片上采用扩散的工艺产生两个 P 区而形成的。它有三个电极，N 型硅片上端所引出的电极叫作漏极，用 D 表示；下端所引出的电极叫作源极，用 S 表示；两个 P 区所引出的电极连在一起，叫作栅极（又称控制极），用 G 表示。漏极与源极之间靠 N 沟道来导电。

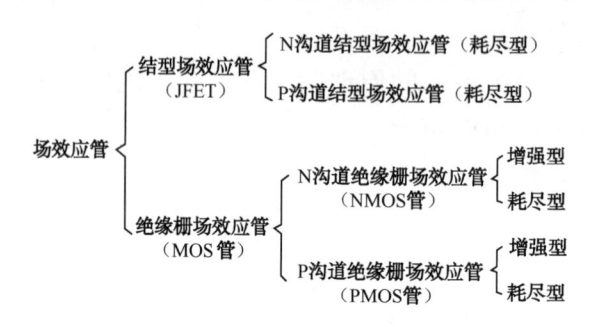

图 A-20 场效应管的分类

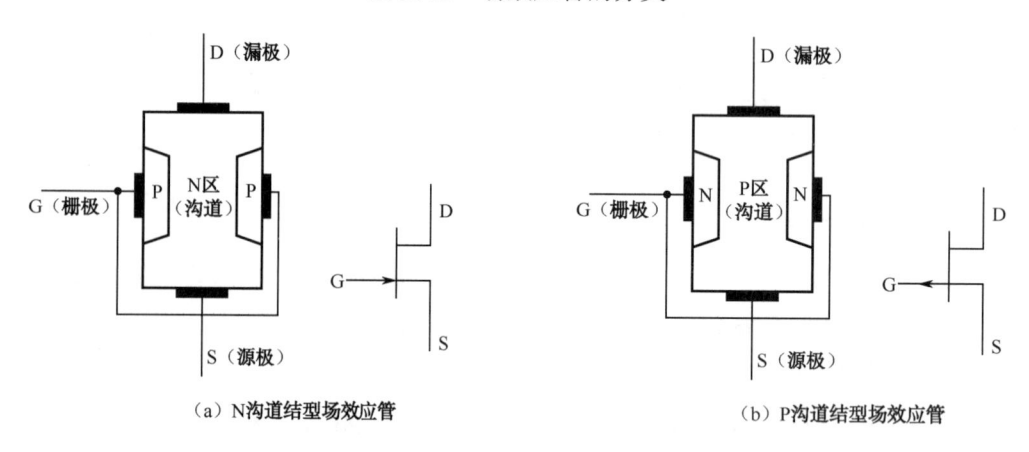

图 A-21 结型场效应管的结构简图及电路符号

（2）耗尽区的形成。

场效应管中的 PN 结往往是不对称的。对 N 沟道场效应管来说，耗尽区主要分布在 N 区。如图 A-22（a）所示。如果在 PN 结上施加反向电压，则耗尽区会进一步向 N 区扩展。

同理，对 P 沟道场效应管来说，耗尽区主要分布在 P 区，如图 A-22（b）所示。如果在 PN 结上施加反向电压，则耗尽区会进一步向 P 区扩展。

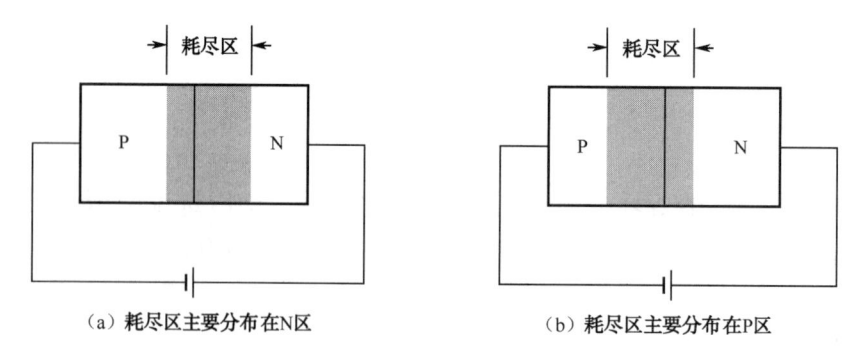

图 A-22 耗尽区

（3）导电原理。

场效应管是电压控制器件，应用时，其栅极和源极之间是不导通的，应加反向偏置电压。N 沟道结型场效应管的导电特性如图 A-23 所示。

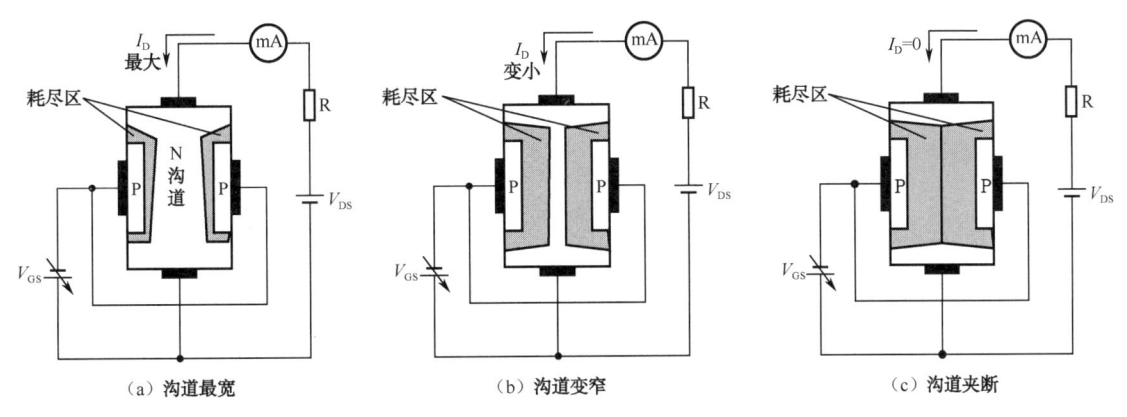

(a) 沟道最宽　　　　　　　　(b) 沟道变窄　　　　　　　　(c) 沟道夹断

图 A-23　N 沟道结型场效应管的导电特性

3）绝缘栅场效应管

绝缘栅场效应管又称 MOS 管，绝缘栅场效应管有 4 种类型，即 N 沟道增强型绝缘栅场效应管、N 沟道耗尽型绝缘栅场效应管、P 沟道增强型绝缘栅场效应管及 P 沟道耗尽型绝缘栅场效应管。在应用中，常将 N 沟道绝缘栅场效应管称为 NMOS 管，将 P 沟道绝缘栅场效应管称为 PMOS 管。

（1）N 沟道增强型绝缘栅场效应管。

N 沟道增强型绝缘栅场效应管的结构如图 A-24（a）所示。衬底电极一般与源极相连，如图 A-24（b）所示。N 沟道增强型绝缘栅场效应管的电路符号如图 A-24（c）所示。

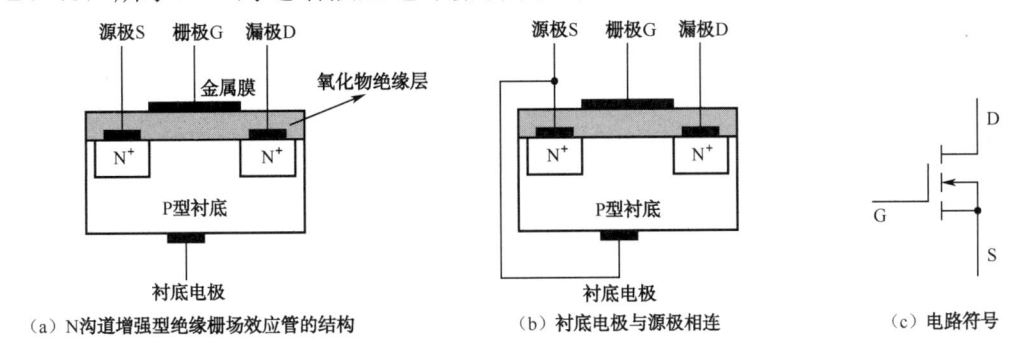

(a) N沟道增强型绝缘栅场效应管的结构　　(b) 衬底电极与源极相连　　(c) 电路符号

图 A-24　N 沟道增强型绝缘栅场效应管

N 沟道增强型绝缘栅场效应管的导电原理如下。

当 $V_{GS}=0$ 时，如图 A-25（a）所示，故 $I_D=0$。

当 $V_{GS}>0$ 时，如图 A-25（b）所示，随着 V_{GS} 的升高，平板电容器上所积累的电荷也越多。

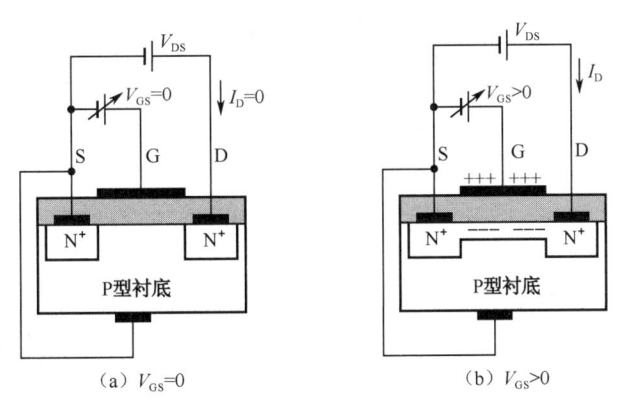

(a) $V_{GS}=0$　　　　　　　　　　(b) $V_{GS}>0$

图 A-25　N 沟道增强型绝缘栅场效应管的导电原理

当 V_{GS} 大到一定程度 V_T（开启电压）后，形成漏-源之间的导电沟道，此时，会形成漏极电流 I_D。V_{GS} 越大，导电沟道也就越宽，I_D 也越大。显然，I_D 受控于 V_{GS}。

（2）N 沟道耗尽型绝缘栅场效应管。

① 结构。

N 沟道耗尽型绝缘栅场效应管的结构如图 A-26 所示。

② 电路符号。

N 沟道耗尽型绝缘栅场效应管的电路符号如图 A-27 所示。

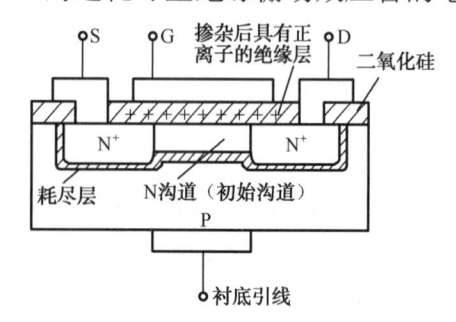

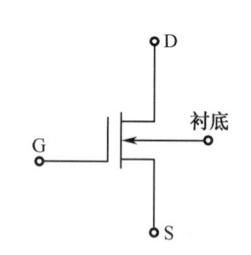

图 A-26　N 沟道耗尽型绝缘栅场效应管的结构　　图 A-27　N 沟道耗尽型绝缘栅场效应管的电路符号

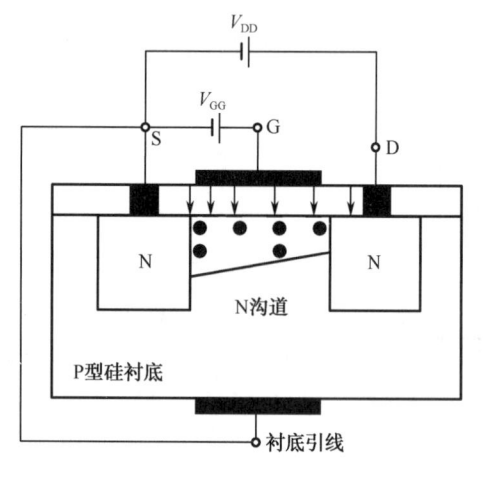

③ 导电原理。

a．建立导电沟道。

如图 A-28 所示，当外加正向的栅-源电压，即 $V_{GS}>0$ 时，栅极下方的氧化层上出现上正下负的电场，该电场将吸引 P 区中的自由电子，使其在氧化层下方聚集，同时会排斥 P 区中的空穴，使之离开该区域。V_{GS} 越大，电场强度越大，这种效果越明显。当 V_{GS} 达到 V_T 时，该区域因聚集的自由电子浓度足够大而形成一个新的 N 型区域，像一座桥梁把漏极和源极连接起来。该区域就称为 N 型导电沟道，简称 N 沟道，而 V_T 就称为开启电压，$V_{GS}>V_T$ 是建立该导电沟道的必备条件。

图 A-28　N 沟道耗尽型绝缘栅场效应管的导电原理图

b．建立漏极电流。

当 N 沟道建立之后，如果漏极和源极之间存在一定的驱动电压 V_{DS}，那么当漏-源电压 V_{DS} 出现之后，漏极电位高于源极，故 $V_{GS}>V_{GD}$，造成氧化层上的电场分布不均匀，靠近源极的电场强度大，靠近漏极的电场强度小。相应的 N 沟道也随之变化，靠近源极的 N 沟道宽，靠近漏极的 N 沟道窄。

所以，N 沟道耗尽型绝缘栅场效应管的漏极电流 I_D 主要受电压 V_{GS} 和 V_{DS} 的影响，前者通过控制 N 沟道来影响 I_D，后者直接作为驱动电压来影响 I_D。但需要强调的是，如果导电沟道没有建立，只有 V_{DS}，漏极电流是不会出现的。

若在栅-源极之间加上电压 V_{GS}，则可控制 I_D 的大小。例如，V_{GS} 越大，I_D 就越大；反之，V_{GS} 越小，I_D 也越小。当 V_{GS} 为负压，且达到一定程度时，导电沟道被夹断，此时，$I_D=0$，N 沟道耗尽型绝缘栅场效应管截止。

由以上分析可知，N 沟道耗尽型绝缘栅场效应管在 $V_{GS}=0$ 时，就有导电沟道存在，它的夹断电压 V_P 为负值。

5. 其他半导体器件

1）晶闸管

（1）晶闸管的分类。

晶闸管的分类如图 A-29 所示。

- 按功率分
  - 大功率晶闸管（电流容量在50A以上）
  - 中功率晶闸管（电流容量为5～50A）
  - 小功率晶闸管（电流容量在5A以下）
- 按特性分
  - 单向晶闸管（电流只能单向流通）
  - 双向晶闸管（电流能双向流通）

图 A-29　晶闸管的分类

（2）单向晶闸管的结构与检测。

单向晶闸管的外形与三极管相似，但内部结构不一样，它内含三层 PN 结，等效于两只三极管。它的三个电极分别为控制极（又称栅极，用 G 表示）、阴极（用 K 表示）及阳极（用 A 表示）。

利用 PN 结的单向导电性可以识别单向晶闸管的控制极和阴极。

利用单向晶闸管具有触发导通的特点可以判断单向晶闸管的好坏。

当单向晶闸管损坏后，应选用同型号的单向晶闸管进行代换。

（3）单向晶闸管的主要参数。

单向晶闸管的主要参数如下。

① 额定正向平均电流 I_{T}。

② 维持电流 I_{H}。

③ 控制极触发电压 V_{GT}。

④ 触发电流 I_{GR}。

⑤ 导通时间 t_{on}。

⑥ 关断时间 t_{off}。

2）光电耦合器

光电耦合器简称光耦，它内部包含一只高灵敏度发光二极管和一只高灵敏度光敏三极管。发光二极管导通后便会发光，光照射到光敏三极管的基极，使光敏三极管也导通，光敏三极管的导通程度与发光二极管的发光强度成正比。

光电耦合器的检测方法也很简单，根据二极管的单向导电性，可以轻松地找到发光二极管所对应的引脚及正、负极。光敏三极管所对应的两只引脚之间的电阻应为无穷大。要想对光敏三极管的好坏做出准确无误的判断，需借助两块万用表。

3）集成电路

（1）集成电路的分类。

集成电路有两种分类方法。按用途来分，可分为模拟集成电路和数字集成电路两大类；按集成电路内部所含的电子元器件数量来分，可分为小规模集成电路、中规模集成电路、大规模集成电路及超大规模集成电路。

（2）集成电路的主要参数。

集成电路的主要参数如下。

① 供电电压范围。

② 最大端子电压 V_{x}。

③ 最大输入电压 V_{Imax}。

④ 最大耗散功率 P_{Dmax}。

⑤ 静态电流 I_{CD}。

（3）集成电路的检测。

① 电压测量法。

通过测量集成电路各引脚的对地电压来判断集成电路的好坏。

② 波形测量法。

通过测量集成电路各输入端子和输出端子的波形来判断集成电路的好坏。

③ 电阻测量法。

通过测量集成电路各引脚的对地电阻来判断集成电路的好坏。

四、实训仪器和设备

晶体管特性图示仪 1 台，指针式万用表 1 块，数字万用表 1 块，元件盒，半导体器件若干。

五、实训内容和步骤

1．二极管的检测

（1）了解二极管的分类和型号命名方法（重点）。

（2）了解整流二极管、稳压二极管、检波二极管、开关二极管、阻尼二极管、发光二极管、光电二极管、变容二极管等的特性、用途。

（3）用万用表检测二极管（重点）。

① 整流二极管、稳压二极管、检波二极管、开关二极管、阻尼二极管、变容二极管、双向触发二极管、肖特基二极管、快恢复二极管、整流全桥、整流半桥、硅堆。

② 电压型发光二极管、闪烁发光二极管、双色发光二极管、变色发光二极管、红外发光二极管、红光半导体激光二极管、LED 数码管、光电二极管。

2．三极管的检测

（1）了解三极管的分类和型号命名方法。

（2）了解三极管的引脚排列。

（3）用万用表检测小功率三极管（重点）。

三颠倒，找基极；PN 结，定管型；顺箭头，偏转大；测不准，动嘴巴（重点）。

（4）用万用表检测大功率三极管。

3．晶闸管的检测

（1）了解晶闸管的外形与封装。

（2）用万用表检测单向晶闸管、双向晶闸管。

（3）晶闸管的应用。

4．光敏器件的检测

（1）光敏电阻器的分类、外形、电路符号、应用、检测方法的训练。
（2）光电二极管的外形、原理、参数、检测方法的训练。
（3）光敏三极管的外形、原理、参数、检测方法的训练。
（4）光电耦合器的类型、参数、应用、检测方法的训练。

六、实训数据

1．电路符号识别练习：要求至少画出20种半导体器件的电路符号。
2．半导体器件检测技能训练：二极管、三极管、场效应管、晶闸管等半导体器件的检测训练。
（1）要求在规定的时间内快速区分各种不同类型的二极管。
（2）要求在规定的时间内正确区分三极管、晶闸管。
（3）要求在规定的时间内正确区分发光器件与光电器件。

七、实训思考题

1．如何识别整流全桥4只引脚的极性？
2．为什么三极管的集电极与发射极不能颠倒使用？
3．如何用万用表判别场效应管的电极？

八、注意事项

1．使用万用表时，应严格遵守操作规程。
2．在使用完半导体器件后，应将其放回元件盒。

九、实训报告要求

1．根据自己的理解，用自己的话描述实训原理。
2．根据实训过程写出关键实训步骤。
3．根据自己的实训经验，描述整个实训经过，并针对每一个问题详细写出自己发现问题、分析问题及解决问题的过程。
4．根据自己的实训经验，写出本实训的注意事项。

参 考 文 献

[1] 张国华. 看图巧学无线电电子元器件的使用. 北京：中国电力出版社，2009.
[2] 陈永甫. 常用电子元件及其应用. 北京：人民邮电出版社，2005.
[3] 王吉华. 电子元器件选用与测试入门. 合肥：安徽科学技术出版社，2008.
[4] 杜虎林. 用万用表检测电子元器件. 沈阳：辽宁科学技术出版社，1998.
[5] 张大彪. 电子技术技能训练. 北京：电子工业出版社，2002.
[6] 朱永金. 电子技术实训指导. 北京：清华大学出版社，2005.
[7] 杨清学. 电子产品组装工艺与设备. 北京：人民邮电出版社，2007.